Reinhard Tröger · Peter Hübsch

Einheimische Großpilze

Einheimische Großpilze

Bestimmungstafeln für Pilzfreunde

Von
Reinhard Tröger und Peter Hübsch

109 Tafeln mit 814 Strichzeichnungen

SEMPER BONIS ARTIBUS

Gustav Fischer Verlag · Stuttgart · New York
1990

Die Verfasser:

Professor Dr. rer. nat. habil. Reinhard Tröger
Sektion Biologie der Friedrich-Schiller-Universität, Jena

Dr. rer. nat. Peter Hübsch
Sektion Biologie der Friedrich-Schiller-Universität, Jena

CIP-Titelaufnahme der Deutschen Bibliothek

Tröger, Reinhard:
Einheimische Grosspilze : Bestimmungstafeln für Pilzfreunde / von Reinhard Tröger u. Peter Hübsch. – Stuttgart ; New York : Fischer, 1990
ISBN 3-437-20443-2
NE: Hübsch, Peter:; HST

Lizenzausgabe für Gustav Fischer Verlag, Stuttgart, New York

Printed in the German Democratic Republic
Gesamtherstellung: Druckerei „Märkische Volksstimme", Potsdam

Inhaltsverzeichnis

Einleitung 7

Tafeln 11

1 Übersichtstafel: Einteilung der Großpilze in 10 Hauptgruppen **12/13**
2–9 Röhrlinge **14–29**
10 Lamellenpilze: Einordnung in Gruppen **30/31**
11 Lamellenpilze: Einordnung der Gruppen nach der Sporenpulver-Farbe **32/33**
12 Lamellenpilze: Stiel zentral, Sporenpulver-Farbe weiß bis mehlfarbig **34/35**
13–15 Lamellenpilze: Stets an Holz oder Stubben, büschelig wachsend **36–41**
16–19 Wachsblätter: Schnecklinge, Saftlinge, Ellerlinge **42–49**
20–25 Milchlinge **50–61**
26–39 Täublinge **62–89**
40–44 Ritterlinge **90–99**
45–47 Rüblinge **100–105**
48, 49 Helmlinge **106–109**
50 Schwindlinge **110/111**
51–53 Trichterlinge **112–117**
54 Streiflinge **118/119**
55 Lamellenpilze: Weißsporer, mit Ring am Stiel (sowie Wulstlinge, Hallimasch) **120/121**
56–58 Körnchenschirmlinge, Schirmpilze, Riesenschirmlinge **122–127**
59 Wulstlinge **128/129**
60–62 Seitlinge **130–135**
63 Lamellenpilze: Sporenpulver-Farbe rosa bis rotbraun (sowie Scheidlinge, Dachpilze) **136/137**
64 Rötelritterlinge **138/139**
65 Rötlinge **140/141**
66 Lamellenpilze: Sporenpulver-Farbe braun **142/143**
67–70 Schüpplinge, Ackerlinge, Flämmlinge, Samthäubchen, Mistpilze **144–151**
71, 72 Rißpilze **152–155**
73–78 Haarschleierlinge: Rauh-, Haut-, Kahl-, Schleim- und Wasserköpfe; Klump-, Gürtel-, Dick- und Schleimfüße und Fälblinge **156–167**
79 Lamellenpilze: Sporenpulver-Farbe dunkelbraun, purpur, schwarzbraun, schwarz **168/169**
80 Träuschlinge **170/171**
81, 82 Egerlinge (Champignons) **172–175**
83 Schwefelköpfe, Mürblinge, Düngerlinge, Kahlköpfe **176/177**
84 Schmierlinge (Gelbfüße), Tintlinge **178/179**
85 Tintlinge **180/181**
86 Düngerlinge, Saumpilze, Mürblinge **182/183**
87 Bauchpilze: Einordnung in Gruppen (sowie Hartboviste und Boviste) **184/185**
88 Stäublinge **186/187**
89 Erdsterne, Rutenpilze (Stinkmorcheln) **188/189**
90 Stachelpilze: Stachelinge, Stoppelpilze, Stachelbärte **190/191**
91 Korallenpilze, Hörnlinge **192/193**
92 Keulenpilze **194/195**
93 Leistenpilze: Pfifferlinge, Leistlinge, Gabelinge, Trompetenpilze **196/197**
94 Becherlinge **198/199**
95 Becherlinge, Lorcheln **200/201**
96 Morcheln **202/203**
97, 98 Verpeln, Lorcheln, Gallertkäppchen, Haubenpilze **204–207**
99 Porlinge: Einteilung der Gruppen **208/209**
100–109 Porlinge, Trameten, Blättlinge, Wirrlinge **210–229**

Literaturverzeichnis 231

Verzeichnis der wissenschaftlichen Pilznamen 233

Verzeichnis der deutschen Pilznamen 241

Einleitung

Das Sammeln von Pilzen ist für viele Bürger eine beliebte Freizeitbeschäftigung. Meist werden jedoch fast alle Pilze mitgenommen, die in Wäldern und auf Wiesen oder Feldern zu finden sind. Diese Art des Pilzesammelns schadet der Natur und ist äußerst unergiebig, denn nach Durchsicht des Sammelgutes – von einem Pilzberater oder -spezialisten – bleibt für die Küche nicht viel Verwertbares übrig. Viele Pilzfreunde möchten sich deshalb mit der Pilzbestimmung näher befassen, um die häufigsten Pilze sicher unterscheiden zu können. Diesen Hobbymykologen sollen unsere Bestimmungstafeln (die übrigens aus langjährigen Erfahrungen in Studentenpraktika und -seminaren entstanden sind) das „Handwerkliche" der Pilzbestimmung erleichtern oder schon vorhandene Kenntnisse vertiefen helfen, denn der vom Laien meist praktizierte Vergleich, den gefundenen Pilz einem Bild in Pilzbüchern zuzuordnen, erlaubt keine sichere Diagnose.

In unseren Breiten kommen sehr viele Arten vor, und die Fülle von farbigen Abbildungen in führenden Pilzbüchern verstärkt noch die Zweifel, wenn ein Pilz anhand einer Abbildung bestimmt werden soll. Unsere Bestimmungstafeln bieten hier nun eine zusätzliche Hilfe an. Für den Bestimmungsgang sind keine wissenschaftlichen Vorkenntnisse notwendig.

Jeder Pilz läßt sich aufgrund sicher feststellbarer Merkmale (z. B. Form, Größe, Beschaffenheit, Hutfarbe, Vorkommen usw., siehe Tafel 1) einzelnen Gruppen (Gattungen) verwandter oder ähnlicher Pilze zuordnen. Von den Gruppen werden dann durch Vergleich und Beurteilung speziellerer Merkmale die Exemplare (Arten) ausgesondert, die mit dem gefundenen Pilz nicht übereinstimmen. Dazu wird im Bestimmungsgang ein „Wegesystem" genutzt, das sich immer wieder verzweigt, wobei von den beiden Wegabzweigungen (mit je einer unterschiedlichen Merkmalsbezeichnung versehen) nur eine gegangen werden darf. Wenn die Pilzmerkmale sorgfältig beurteilt und verglichen wurden (z. B. Sporenfarbe, Hut-Ø, Stiellänge, Geruch, Lamellenansatz am Stiel usw.), dann müßte im weiteren Bestimmungsgang der gefundene Pilz bald mit den Merkmalen eines in den Pilzbüchern abgebildeten und beschriebenen Pilzes im wesentlichen übereinstimmen. Zahlreiche Pilze wurden im Bestimmungsgang durch Strichzeichnungen (mit Pfeil auf wichtige Merkmale) dargestellt. Für Größenvergleiche sind diese Skizzen nicht geeignet, dazu sind Zahlenangaben im Text vorhanden.

Der Bestimmungsgang endet auf den Tafeln mit der Angabe des deutschen und lateinischen Artnamens sowie mit Hinweisen auf Abbildungen und Beschreibungen in führenden Pilzbüchern, mit denen nach Möglichkeit der gefundene Pilz verglichen werden sollte; dabei wird insbesondere auf **MHK** = Michael/Hennig/Kreisel, Handbuch für Pilzfreunde, Bd. 1–5; **E** = Engel/Gröger, Pilzwanderungen; **He** = Hennig/Kreisel, Taschenbuch für Pilzfreunde; **Ce** = Cetto, Der große Pilzführer, Bd. 1–4 und **SKE** = Svrček/Kubička/Erhart, Pilzführer, hingewiesen.

Pilzfruchtkörper sind in Form und Farbe oft sehr veränderlich, und eine Abbildung allein (insbesondere ein Foto) zeigt meist nicht alle für das Bestimmen wichtigen Merkmale. Der Text dagegen kann über die verschiedenen Farbtönungen, den Größenbereich, die altersbedingten Veränderungen usw. oft viel besser Auskunft geben.

Die Bestimmungstafeln enthalten mit etwa 700 Arten die bei uns am häufigsten vorkommenden Pilze sowie Hinweise auf Arten, die bei uns selten sind oder nicht vorkommen, deren Besonderheit (z. B. Form, Giftigkeit) aber erwähnenswert ist. Die getroffene Auswahl begrenzt die Möglichkeiten der Bestimmung aller in einem speziellen Gebiet vorkommenden Pilze. Wir haben deshalb in den meisten Fällen darauf hingewiesen, daß es in den einzelnen Pilzgruppen noch weitere Arten gibt. Nach Aneignung von Grundkenntnissen der Pilzbestimmung sollte dann, durch Hinzuziehen von Spezialliteratur, die weitere Qualifizierung möglich sein.

Wer ein Mikroskop (etwa 400fache Vergrößerung) besitzt und die Anwendung von Chemikalien beherrscht, kann diese Hilfsmittel für die Bestimmung weiterer Arten, z. B. bei den Haarschleierlingen, Rißpilzen, Täublingen und Morcheln nutzen. Die Bestimmungswege auf den Tafeln können dann durch Einfügung spe-

ziellerer Merkmale noch weiter verzweigt werden; damit läßt sich die Zahl der bestimmbaren Arten beträchtlich vergrößern. In Zweifelsfällen sollte das Ergebnis der Bestimmung immer von einem Pilzsachverständigen überprüft werden, insbesondere dann, wenn es um die Entscheidung geht, ob ein Pilz für Speisezwecke genutzt werden kann. Auch Kenner lassen sich Pilze, die sie bisher nur selten bestimmt oder gesehen haben, von Fachkollegen nachbestimmen oder bestätigen.
Für das Einarbeiten in einen Bestimmungsschlüssel ist es immer sinnvoll, zunächst mit einer gut bekannten Art zu beginnen. Die Besonderheiten des Schlüssels lernt man damit am schnellsten kennen.
Auf einen Gesichtspunkt möchten wir noch besonders hinweisen: Pilze sind Lebewesen, sie erfüllen im Kreislauf der Natur wichtige Funktionen und dürfen deshalb nie sinnlos zerstört werden. Dies gilt auch für Giftpilze. Grundsätzlich sollte nur die Pilzmenge als Speisepilze gesammelt werden, die für den Eigenbedarf notwendig ist. Vertreter seltener Arten sind selbst dann nicht für Speisezwecke zu entnehmen, wenn sie als eßbar bekannt sind. Für sie sollten gleiche Kriterien gelten wie für geschützte Pflanzen. Das Sammeln von Pilzen in Naturschutzgebieten ist generell verboten. Entsprechend einer Empfehlung, die im April 1987 in Prag anläßlich eines Symposiums zum Thema „Pilze in Hinsicht auf den Naturschutz und die Gesundheit des Menschen" gegeben wurde, haben wir in unseren Tafeln folgende 5 Kriterien der Verwertbarkeit von Pilzen verwendet: Speisepilz, Speisepilz n. V. (=Speisepilz nach besonderer Vorbehandlung oder Zubereitung), Würzpilz, kein Speisepilz und Giftpilz.

In die ersten drei Gruppen wurden nur solche Arten aufgenommen, deren Existenz nicht bedroht ist.

Wichtige Hinweise für das Bestimmen:

- Das Bestimmen eines **einzelnen** Fruchtkörpers kann schwierig oder unmöglich sein, da er nicht immer alle Merkmale zeigt, die für die Bestimmung wichtig sind. Es sollten deshalb stets mehrere Fruchtkörper vom gleichen Vorkommen, möglichst in verschiedenen Entwicklungsstadien, gesammelt werden.

- Farbe, Geruch und Schleimschicht (z. B. auf Hut oder Stiel) der Pilze sind zu registrieren, da sie sich beim Transport verändern können. Auch die Zeit des Vorkommens ist oft wichtig.

- Die Begleitflora (in unmittelbarer Nähe stehende Bäume oder Sträucher, das Vorkommen auf Wiesen, Weiden oder die Holzart, an der der Pilz wuchs) ist zu notieren. Diese Angaben sind für die Bestimmung oft sehr wichtig, da manche Pilze nur an speziellen Hölzern wachsen oder nur in Gemeinschaft mit bestimmten Bäumen die Fruchtkörper ausbilden.

- Für die Bestimmung ist der Pilz immer mit der gesamten Stielbasis (sie kann im Boden verborgen sein) zu entnehmen. Die Stielbasis enthält oft sehr wichtige Merkmale (Hüllreste, Scheide, wurzelartige Verlängerungen).

- Ist im Bestimmungsgang nicht exakt festzustellen, welches Kriterium zutrifft, dann sind ausnahmsweise beide Bestimmungswege zu gehen. Nach Abschluß der Bestimmung muß der Pilz aber mit den Merkmalen einer in den Pilzbüchern beschriebenen und abgebildeten Art im wesentlichen übereinstimmen. Trifft dies nicht zu, dann sind entweder während der Bestimmung fehlerhafte Entscheidungen getroffen worden, oder der Pilz ist auf unseren Tafeln nicht vorhanden. Zuweilen kommen in der Natur auch mißgebildete oder untypische Exemplare vor, die dann schwierig zu bestimmen sind.

- Ist ein zweifelsfreies Bestimmungsergebnis nicht zu erzielen, sollte stets ein Pilzberater oder -spezialist befragt werden, dem dann meist eine weiterführende Bestimmung bei Nutzung von Spezialliteratur möglich ist.

Den Mitarbeitern des VEB Gustav Fischer Verlag, Jena, insbesondere Frau Schlüter und Frau Koch, danken wir für ihre Unterstützung bei der Herausgabe unserer Bestimmungstafeln, dem Zeichner, Herrn Jähnichen, für die sorgfältige Reinzeichnung unserer Abbildungsentwürfe und die graphische Darstellung der Tafeln sowie Herrn Prof. Dr. Kreisel (Greifswald) für wertvolle fachliche Hinweise.

Reinhard Tröger
Peter Hübsch

Tafeln

Gesamtübersicht

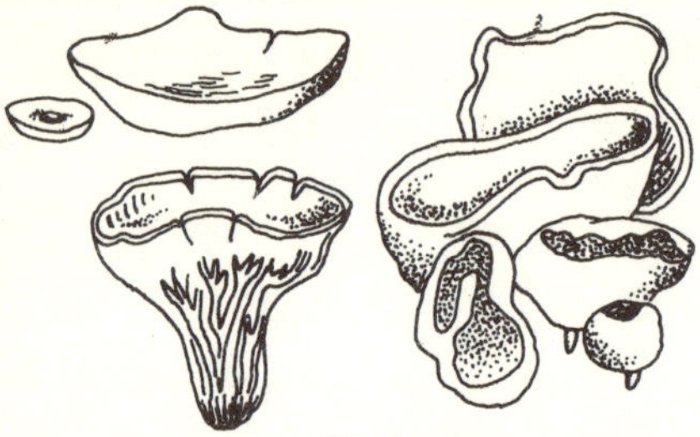

Pilze becher-, schüssel- od. urnenförmig
siehe Tafel 94

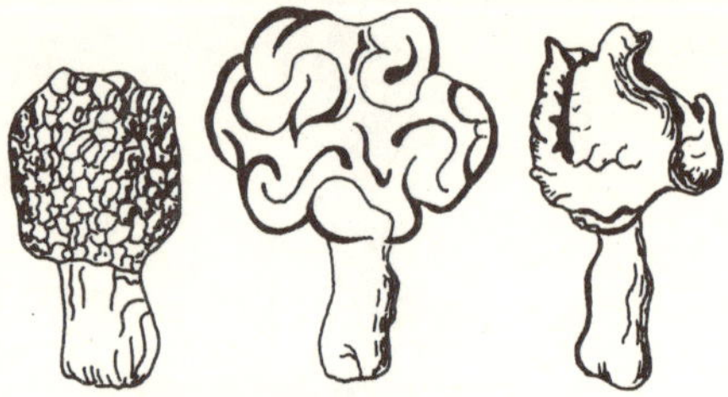

Pilze gestielt mit wabig-grubigem, lappigem Hutteil
siehe Tafel 96

Pilze becher-, schüssel-, urnenförmig od. gestielt mit wabig-grubigem bzw. lappigem Hutteil

Pilze mit Lamellen, Röhren, Stacheln od. Leisten am Hutteil bzw. Pilze kugelig, korallen- od. keulenförmig

Pilze nicht kugelig od. gestielt kugelig, nicht eiförmig, alt nicht mit sternförmigem Unterteil

Pilze fleischig, leicht schneid- u. zerdrückbar

Pilze in Hut u. Stiel gegliedert; Stiel auch seitlich am Hut bzw. Pilze auch kreisel- od. tütenförmig

Pilze kugel-, eiförmig, auch gestielt kugelig od. im Alter mit sternförmigem Unterteil
siehe Tafel 87

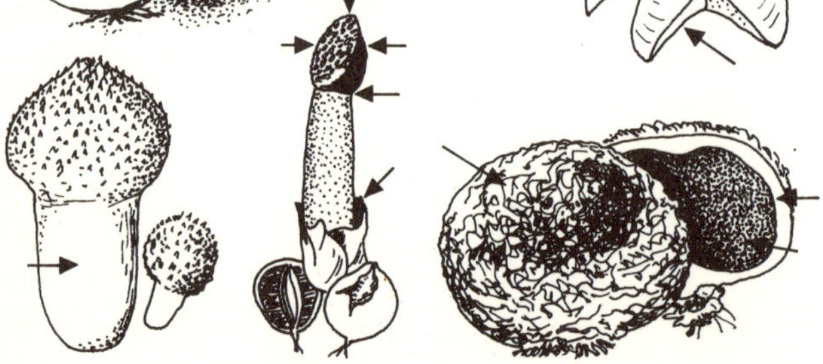

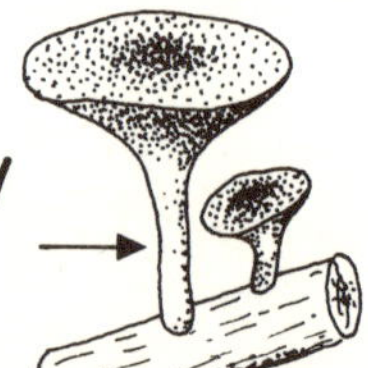

Pilze keulen-, zungen- od. fadenförmig

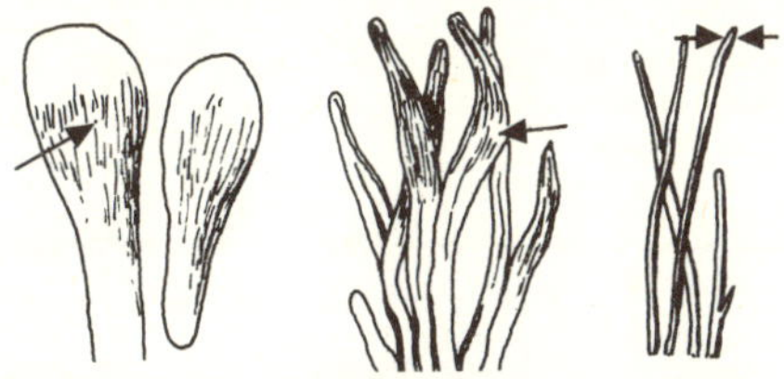

siehe Tafel 92

Pilze keulig, fädig, zungenförmig od. korallenartig

Pilze korallenartig verzweigt, die Äste mit Stacheln besetzt

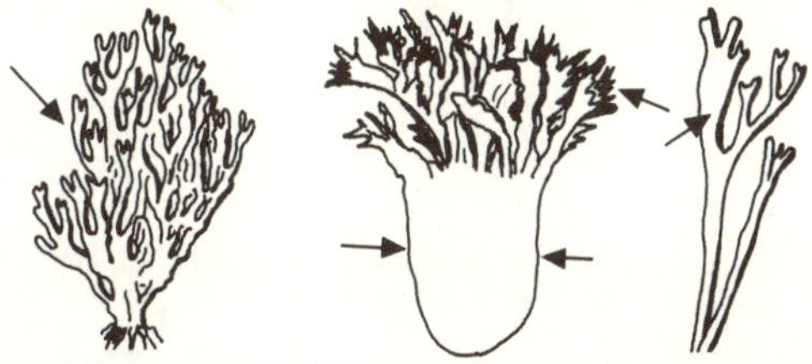

siehe Tafel 91

an der Unterseite des Hutteiles sind Leisten, Adern, Wülste (Pilze meist kreisel- od. tütenförmig)

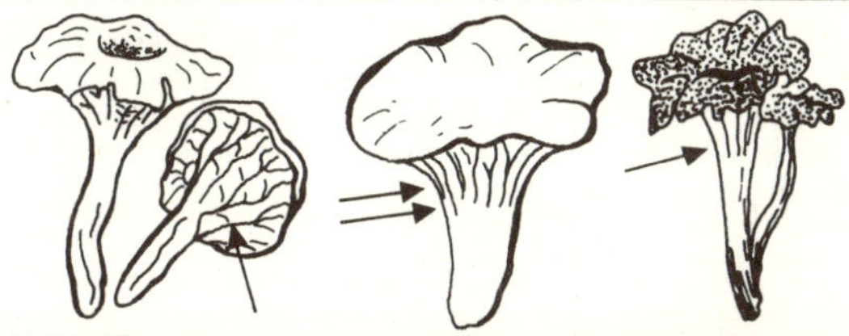

siehe Tafel 93

an der Unterseite des Hutes sind Stacheln, Röhren od. Lamellen

an der Unterseite des Hutes sind Stacheln od. Röhren

an der Unterseite des Hutes sind Stacheln

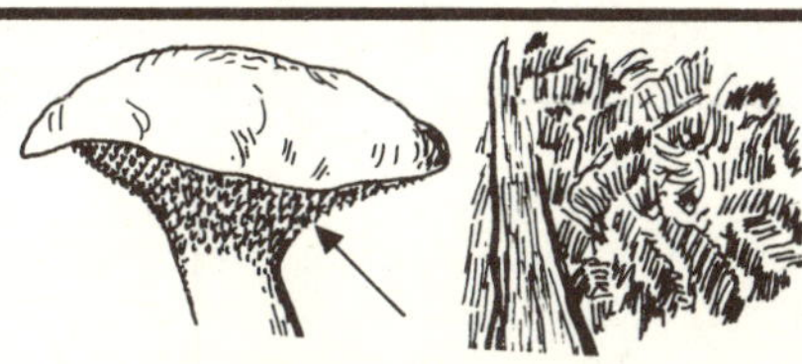

siehe Tafel 90

an der Unterseite des Hutes sind Röhren (Röhrenschicht leicht vom Hutfleisch ablösbar)

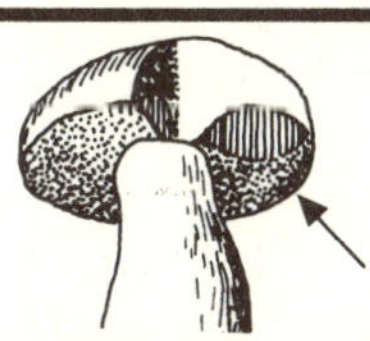

siehe Tafel 2

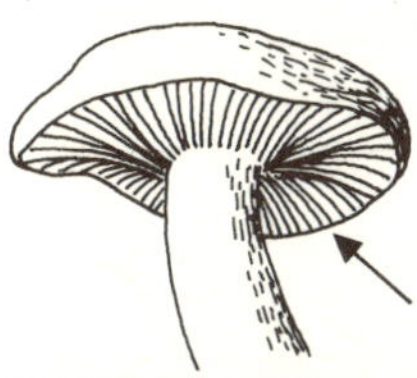

an der Unterseite des Hutes sind Lamellen

siehe Tafel 10

Pilze holzig, korkig-fasrig, schwer zerschneidbar

Konsole längs aufgeschnitten

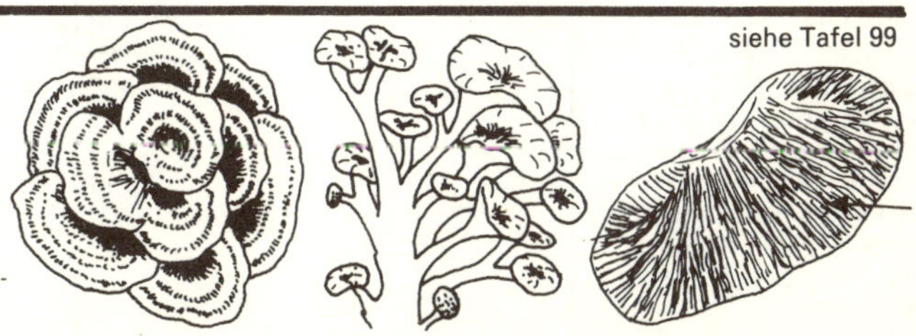

siehe Tafel 99

Röhrlinge

(von Tafel 1)

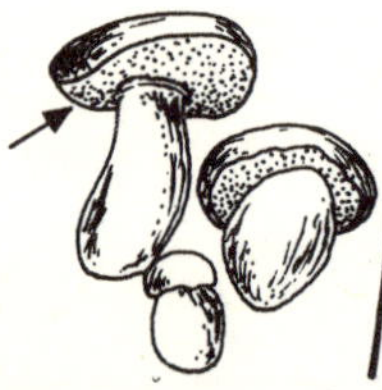

Pilze mit leicht ablösbarer Röhrenschicht an der Unterseite des Hutes; Pilz leicht zerschneidbar (wenn holzig-korkig, siehe Tafel 99, Porlinge)

Pilze auf Kartoffelbovisten wachsend

meist mehrere Pilze auf einem Kartoffelbovist wachsend; im Mischwald, meist auf Sandböden

Pilze auf dem Erdboden wachsend

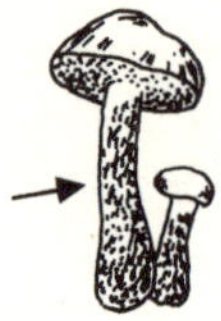

Stiel schuppig, warzig-rauh od. mit Flocken besetzt

Hut mit groben dachziegelartigen Schuppen

Stiel 8–15 cm lang, 1–2 cm ∅, mit vergänglichem Ring, unter diesem ist der Stiel braungrau u. flockig-filzig; Stiel an der Basis schwarzgrau

Hut feinfilzig od. glatt; Stiel deutlich rauhschuppig od. mit Flocken besetzt

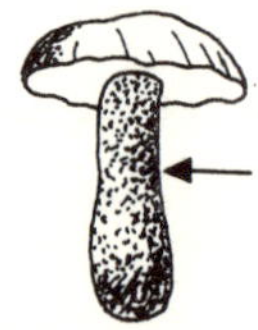

Stiel glatt od. mit feinen Körnchen od. mit Netzzeichnung

Röhrenmündungen braungrau od. braunschwarz

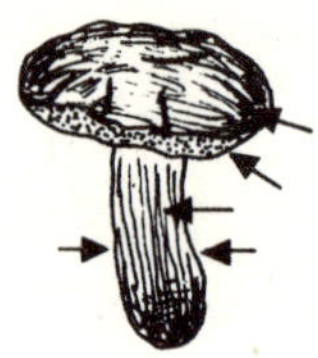

Fleisch weißgrau, im Anschnitt rötlichgrün verfärbend; durch Pilzfleischsaft wird Papier grün gefärbt; Geruch unangenehm

Röhrenmündungen weiß, weißgrau, gelblich od. rötlich

Stiel ohne Ring

Röhrlinge:
Pilzgruppe, deren Vertreter auch ein Nichtspezialist relativ sicher bestimmen kann. Keine tödlich giftigen Pilze in dieser Gruppe. Unbekömmliche und bittere Vertreter sind an ihren auffälligen Merkmalen sicher zu bestimmen. Im Gebiet etwa 60 Arten, davon werden hier 47 aufgeschlüsselt.

Hut 3–7 cm ∅, olivgelb, trocken feldrig aufgerissen; Röhrenmündungen gelbbraun, etwas am Stiel herablaufend; Stiel gelbbraun, streifig-filzig, 3–7 cm lang, 0,5–1 cm ∅; Fleisch gelbbraun; 8–9	**Schmarotzer-Röhrling** *Xerocomus parasiticus* Kein Speisepilz; als Seltenheit zu schonen MHK II,16 / Ce 271 / E 61
Hut 5–15 cm ∅, zwischen den Schuppen gelbbraun; Röhrenmündungen bräunlich; Fleisch jung weißlich, alt schwärzlich, unangenehm schmeckend; in Gebirgsnadelwäldern od. bei Buchen im Flachland; 7–10	**Strubbelkopf** *Strobilomyces floccopus* Kein Speisepilz MHK I,164 / Ce 305
Rauhfuß-Röhrlinge, Birkenpilze, Rotkappen	siehe Tafel 3
Hut 6–16 cm ∅, jung mausgrau, alt dunkelbraun, feinfilzig, samtig; Röhrenmündungen jung weißgrau, alt dunkelbraun, am Stiel grubig angewachsen; Stiel 4–16 cm lang, 1,5–4 cm ∅, oben punktiert; in sandigen Gebirgsnadelwäldern; 6–10	**Porphyr-Röhrling** **Düsterer Röhrling** *Porphyrellus porphyrosporus* = *Boletus pseudoscaber* Kein Speisepilz MHK II,8 / Ce 304 / E 37
Stiel mit Ring, Fleisch nicht bitter od. scharf schmeckend 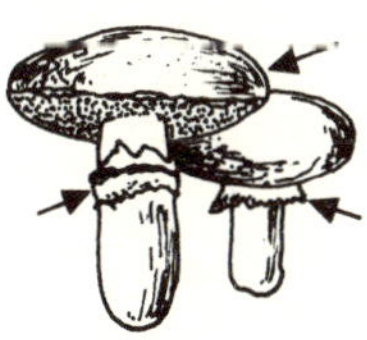	siehe Tafel 4
Röhrenmündungen mit roter Farbtönung (rot, rotbraun, purpurrot, orange), zumindest in jungem Zustand	siehe Tafel 5
Röhrenmündungen (jung) weiß, weißgrau, gelblich, grünlich	siehe Tafel 6

Röhrlinge

(von Tafel 2)

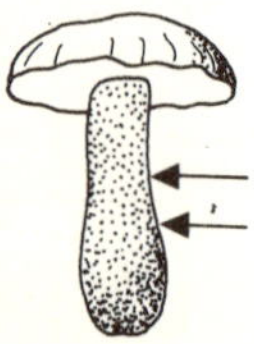

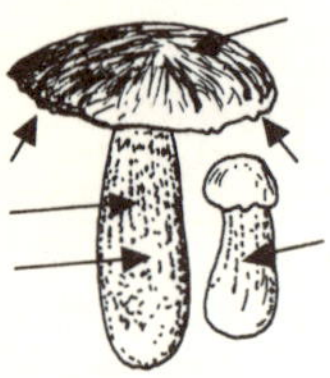

Röhrlinge, Stiel deutlich **rauhschuppig** od. mit Flöckchen besetzt (**Rauhfuß-Röhrlinge**)

Hut weiß od. weißlich (meist sehr hell gefärbt) — nur bei Birken

Hut braun, braungrau, braunschwarz od. braungelb gefärbt (Braunkappen)

Fleisch weiß, im Anschnitt höchstens grau verfärbend, nicht rötend (Fleischverfärbung einige Zeit beobachten) — nur bei Birken

Hut mit gelben, orangen, roten od. braunen Farbtönen

Fleisch weiß od. gelblich, im Anschnitt rötend od. erst rötend u. dann schwärzend od. grünend (Fleischverfärbung einige Zeit beobachten)

Hut graubraun, dunkelbraun; nicht mit gelben Farbtönen; Röhren weißlich

nur bei Birken
Fleisch im Stiel von rötlich nach grünlich verfärbend

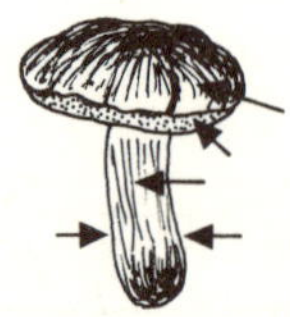

Fleisch im Stiel von rötlich nach schwärzlich verfärbend

Hut gelbbraun; Stiel u. Röhren mit gelben Farbtönen

Hut orange, orangegelb od. orangerot (Rotkappen)

nur bei Zitterpappeln (Espen)

nur bei Birken

Die **Rauhfuß-Röhrlinge** werden von verschiedenen Autoren (Pilat/Dermek; Watling) nach ihrem Vorkommen bei Mykorrhiza-Bäumen bestimmt. Von den etwa 14 Arten wurden hier 8 aufgeschlüsselt. Alle Rauhfuß-Röhrlinge sind gekocht/gebraten eßbar, einige gelten roh als giftig

Hut weiß od. weißlich, 4–7 cm Ø; Röhrenmündungen weißlich; Stiel weiß mit bräunlichen Schüppchen, bis 10 cm lang, 1–1,5 cm Ø; Fleisch weiß, schwach grünlich verfärbend; in Mooren; 7–10

Moor-Birkenpilz
Leccinum holopun
Speisepilz
MHK II,13 a / Ce 1136

Hut graubraun, 5–15 cm Ø; Röhren grau, -mündungen blaßgrau; Stiel weiß mit graubraunen Schüppchen, 5–15 cm lang, 1–3 cm Ø; in Wäldern, meist auf neutralen Böden; 6–10

Birkenpilz
Kapuziner
Leccinum scabrum
Speisepilz
MHK I,162 / He 90 / E 65 / SKE 246 / Ce 302

Hut dunkelgraubraun, 4–15 cm Ø, Röhren ockergrau, -mündungen braunrötlich; Stiel 15–17 cm lang, 1–3 cm Ø, braunschwarze Schüppchen auf graubraunem Grund, -basis grünblau; auf sauren Böden (Mooren); 6–10

Rötender Birkenpilz
Leccinum oxydabile
= *L. variicolor*
Speisepilz
MHK I,162 a / SKE 246

---

nur bei Pappeln; Hut graubraun, 6–30 cm Ø; Röhren weißlich, -mündungen blaßgrau; Stiel bis 20 cm lang, 2,5–4 cm Ø, oft blaugrün, meist weißer Grund mit schwärzlichen Körnchen; 7–10

Pappel-Rauhfuß
Braune Rotkappe
Leccinum duriusculum
Speisepilz n. V.
MHK II,12

---

bei Weißbuche, Buche, Eiche, Birke; Hut dunkelbraun, 5–10 cm Ø; Röhren olivgelb, -mündungen gelbbraun; Stiel mit grauschwarzen Schüppchen (oft in Längsreihen), Stielbasis u. -fleisch nicht grünlich; 6–10

Hainbuchen-Rauhfuß
Leccinum griseum
Speisepilz
MHK II,13

Hut jung gelb, alt braungelb, 5–10 cm Ø, Röhren, -mün dungen, Fleisch im Hut u. Stiel gelb, dann rötlich, zuletzt schwarz; Stiel durch gelbe Schuppen längsrillig, 5–20 cm lang, 1–2 cm Ø, Laubwälder auf Kalk; 7–10

Gelber Rauhfuß
Leccinum nigrescens
Speisepilz
MHK II,11

Hut dunkelorangebraun, 6–25 cm Ø; Huthaut bis 4 mm am Rand überhängend; Röhrenmündungen jung weißlich, alt olivgrau; Stiel mit orangebraunen Schüppchen; Fleisch erst weiß, dann lila, später schwärzlich, in der Stielbasis schieferblau verfärbend; 6–10

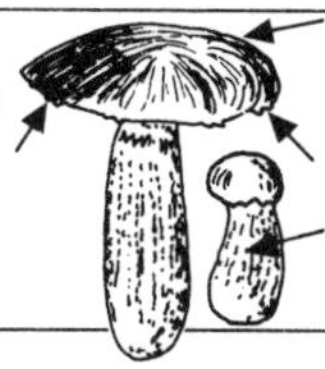

Espen-Rotkappe
Leccinum rufum, *L. aurantiacum*
Speisepilz n. V.; Fleisch beim Erhitzen od. Trocknen schwarz verfärbend
MHK I,163 / Ce 303

Hut gelborange, 5–20 cm Ø; Röhrenmündungen weißgrau; Stiel auf weißem Grund mit schwarzen Schüppchen; Fleisch weiß, dann weinrosa, in der Stielbasis blaugrün verfärbend; 6–10

Schwarzschuppige Rotkappe
Leccinum versipelle
= *L. testaceoscabrum*
Speisepilz n. V.; Fleisch beim Erhitzen u. Trocknen schwarz verfärbend
SKE 248 / Ce 306

Röhrlinge
(von Tafel 2)

Röhrlinge mit Ring am Stiel

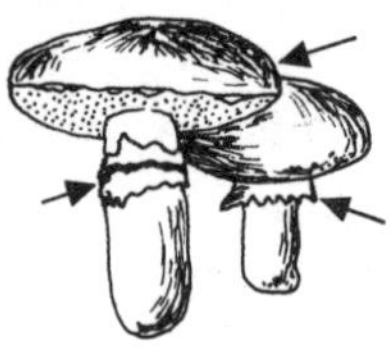

Hutoberfläche fasrig od. feinschuppig

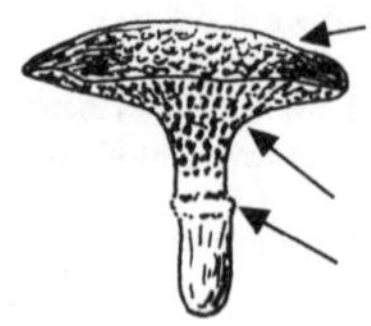

Hutoberfläche schleimig-schmierig od. glänzend

Pilz grau gefärbt

Pilz mit gelben, braunen od. roströtlichen Farbtönen

Röhrenmündungen rötlich

Röhrenmündungen gelb od. orange

Hut zitronengelb, gelb-orange

nur bei Lärchen

bei Kiefern

Hut dunkelbraun

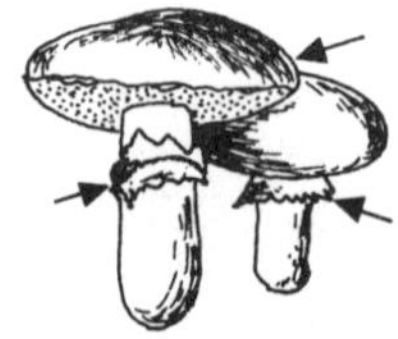

Hut zimtbraun, auch orange- bis zitronengelb; Röhrenmündungen grüngelb, langgezogen in radialen Reihen, am Stiel herablaufend; Fleisch gelblich, weich; nur bei Lärchen; 7–10

Hohlfuß-Röhrling
Boletinus cavipes
Speisepilz
MHK I,142 / Ce 300

Hut 5–10 cm ∅, graubraun od. hellgrau, schmierig-schleimig; Röhren grauweißlich, weit und am Stiel herablaufend; Stiel 6–8 cm lang, 1–2 cm ∅, wie der Hut gefärbt; der Pilzsaft färbt Zeitungspapier blau; nur bei Lärchen; 5–10

Grauer Lärchen-Röhrling
Suillus viscidus
= *S. aeruginascens*
Speisepilz
MHK I,143 / Ce 294

Hut roströtlich, 5–12 cm ∅, alt bräunlich; Stiel auf gelbem Grund rötlich punktiert; Ring bald vergänglich; Fleisch gelblich, säuerlich schmeckend; nur auf Kalkboden, selten; nur bei Lärchen; 7–10

Rostroter Lärchen-Röhrling
Suillus tridentinus
Kein Speisepilz
MHK II,22 / Ce 293

Hut goldgelb, zitronengelb, sehr schmierig-schleimig, 5–12 cm ∅; Röhren gelb bis orangegelb; Stiel oben gelb, unten braun, 5–12 cm lang, 1–2 cm ∅; Fleisch gelb; in Wäldern, Parks, auf Friedhöfen; nur bei Lärchen; 6–11

Goldgelber Lärchen-Röhrling,
Gold-Röhrling
Suillus grevillei
= *S. elegans*
= *S. flavus*
Speisepilz
MHK I,144 / Ce 292 / E 43

Hut trübgelb od. hellgelb, dünnfleischig, 3–6 cm ∅; Röhrenmündungen schmutziggelb, etwas herablaufend; Stiel dünn (1–1,5 cm ∅), gelb; Ring dunkelbraun, Fleisch gelb; an sumpfigen u. moorigen Stellen im Nadelwald; 7–10

Blaßgelber Röhrling
Moor-Röhrling
Suillus flavidus
Kein Speisepilz, selten
MHK II,19 / Ce 1 137

Hut dunkelbraun, 5–10 cm ∅, Oberhaut leicht abziehbar; Röhrenmündungen olivgelb; Stiel über dem auffälligen Ring gelb mit dunklen Pünktchen, unten bräunlich; Ring oberseits weißlich, unterseits violettlich; Fleisch weißgelblich; im Nadelwald; 7–11

Butterpilz
Butter-Röhrling
Suillus luteus
Speisepilz
MHK I,145 / Ce 296 / E 47

Hexenröhrlinge

(von Tafel 2)

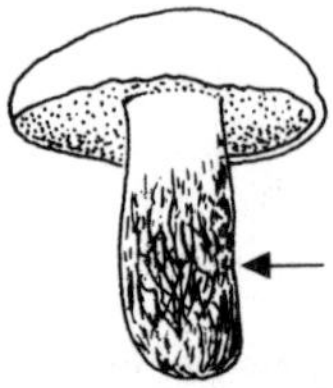

Hexenröhrlinge (rote Röhrenmündungen); Stiel **ohne** Ring

Hinweis: Rote Röhrenmündungen; aber Stiel **mit** Ring siehe Tafel 4

- Stiel mit deutlicher Netzzeichnung
  - Hut dunkel gefärbt, dunkelbraun, olivbraun

    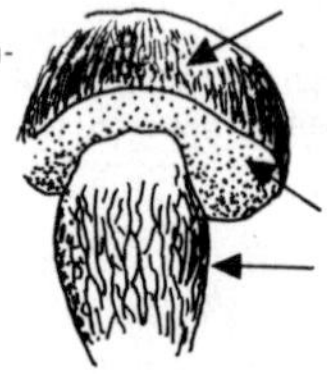

    Fleisch blaßgelblich; Hutfleisch gelblich; Stielfleisch rötlich durchzogen, bei Verletzung od. im Anschnitt stark blauend
  - Hut hell gefärbt, hellgrau, silbergrau od. schwach rosa

    - Fleisch weißlich, bei Verletzung od. im Anschnitt bläulichweiß, im Hut u. im Stiel rötlich (Basis gelblich) verfärbend
    - Hutfleisch goldgelb, im Anschnitt über den Röhren u. in der Stielspitze schwach blauend

    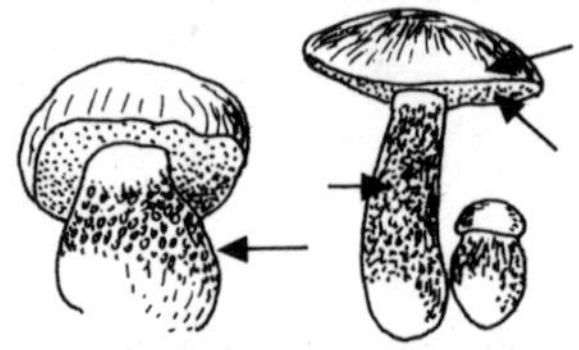

- Stiel ohne Netzzeichnung; Stiel glatt od. feinflockig
  - Stiel mit feinen roten Flöckchen besetzt

    Fleisch aprikosengelb, bei Verletzung u. im Anschnitt sofort dunkelblau verfärbend, Farbe später ausblassend
  - Stiel glatt, ohne Flöckchen
    - Fleisch mild schmeckend, gelb, im Anschnitt nur schwach blauend
    - Fleisch pfeffrig-scharf schmeckend; Röhrenmündungen rotbraun

    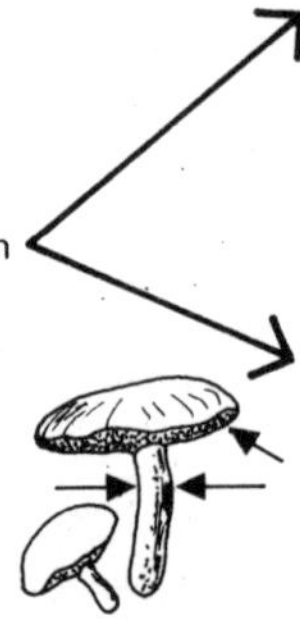

Hut 8–20 cm ∅, wildlederartig, filzig; Stiel 5–13 cm lang, 2–5 cm ∅; Stielbasis purpurrötlich; in Wäldern, Parks, auf Kalkboden; 6–10	**Netzstieliger Hexen-Röhrling** *Boletus luridus* Speisepilz n.V. MHK I,158 / He 93
Hut 6–12 cm ∅; Stiel 5–12 cm lang, ∅ bis 8 cm, oben u. unten gelb, Stielmitte rötlich; Geruch unangenehm, wie Schweinekot; bei Eichen u. Buchen, nur auf Kalk; 7–9	**Satanspilz** **Satans-Röhrling** *Boletus satanas* Giftpilz MHK I,159 / SKE 240 / He 95 / Ce 280
Hut 7–20 cm ∅, hell- bis schwachrosa; Stiel 5–12 cm lang, 3–6 cm ∅, auf gelbem Grund purpurrotes Netz; in Laubwäldern, bei Eiche, Rot- u. Weißbuche, auf Kalkböden; 7–9 weiter hier einzuordnen: (Für die Bestimmung ist Spezialliteratur notwendig)	**Purpur-Röhrling** *Boletus rhodoxanthus* Kein Speisepilz MHK II,5 *Boletus satanoides* *Boletus legaliae* *Boletus purpureus* *Boletus torosus* *Boletus lupinus*
Hut 7–20 cm ∅, dunkelbraun, samtig; Stiel auf gelbem Grund rötlich geflockt, 5–12 cm lang, 2–4 cm ∅; in Wäldern ohne Kalk; 5–10	**Flockenstieliger Hexen-Röhrling** *Boletus erythropus* *– B. miniatoporus* Speisepilz n.V. MHK I,157 / SKE 240 / He 92
Hut 6–15 cm ∅; Röhrenmündungen orangerot; Stiel gelb, Stielbasis braunrot; im Laubwald auf Kalkböden; 6–9	**Glattstieliger Hexen-Röhrling** *Boletus queletii* Kein Speisepilz Ce 701
kleine Pilze; Hut 2–6 cm ∅; Stiel 0,5–1 cm ∅	siehe **Pfeffer-Röhrling** Tafel 8

Röhrlinge

(von Tafel 2)

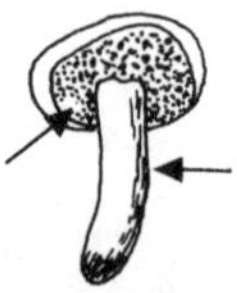

Röhrlinge ohne Ring am Stiel; Röhrenmündungen jung weißlich od. gelb, im Alter gelboliv od. grünoliv

Hinweis: Junge Pilze nicht sicher bestimmbar

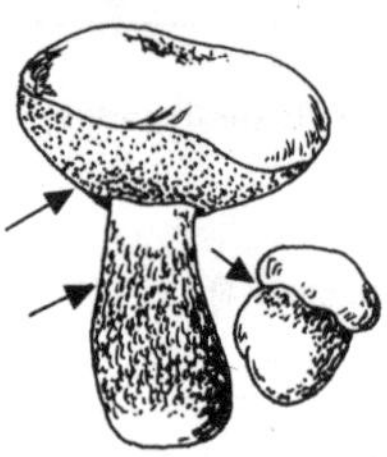

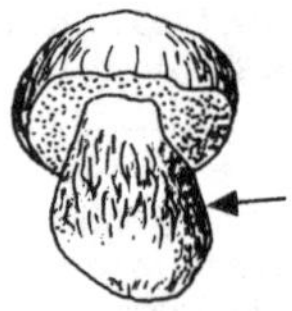

Stiel mit Netzzeichnung

Fleisch stets mild schmeckend

Fleisch weiß, verändert die Farbe beim Anschneiden nicht

nur bei Nadelbäumen

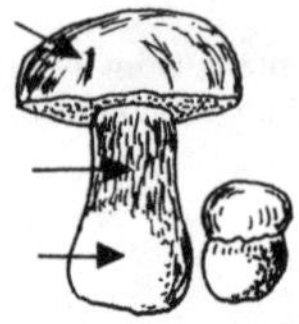

von der Stielmitte nach oben grobmaschiges, weißes Netz auf braunem Grund

---

rotbraun bis weinrot gefärbtes Netz, fast über den ganzen Stiel

---

nur bei Laubbäumen

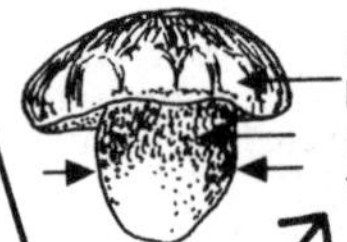

Hut schwarzbraun bis dunkelbraun; feines, braunes Netz nur am oberen Stielteil

---

Hut hellbraun bis braungelb; grobmaschiges Netz fast von oben bis zur Stielbasis

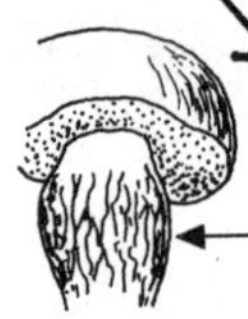

Fleisch gelb, im Anschnitt blauend od. rötend

Hinweis: Alte Pilze mit kaum erkennbarem Stielnetz, siehe Tafel 7 unten

Hut hellgrau bis silbergrau

Druckstellen u. Wunden des Hutes rötlichbraun; Fleisch weiß, im Anschnitt über den Röhren blauend

---

Hut rot od. braun

Hut rot od. rotbraun/purpur auf gelbem Grund

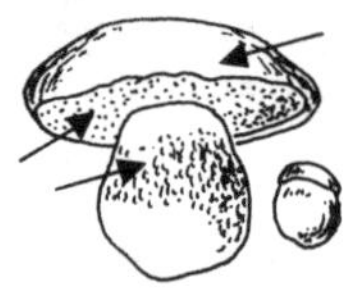

Hut hell- bis dunkelbraun (ohne Rottönung), Fleisch blauend

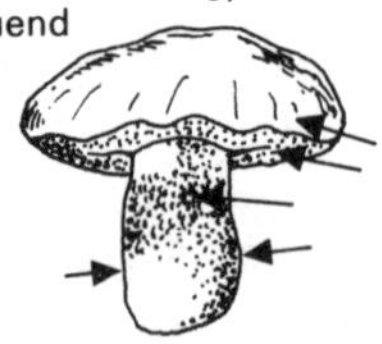

Stiel ohne Netzzeichnung (junge Pilze untersuchen), siehe Tafel 7

Fleisch bitter od. unangenehm schmeckend, siehe Tafel 8

Hut hell- bis dunkelbraun, alt etwas schmierig, 7–20 cm ∅; Röhrenmündungen jung weiß, alt gelbolivgrün; Röhren fast frei; Stiel 7–15 cm lang, 3–6 cm ∅; unter Kiefern u. Fichten, in Gebirgswäldern; 7–10	**Steinpilz, Herrenpilz** *Boletus edulis* Speisepilz MHK I,153 / He 78 / E 87 / SKE 242 / Ce 262 falls Stiel ungenetzt, vergleiche: *Boletus impolitus*
Hut dunkelrotbraun bis purpurbraun, alt etwas schmierig, 10–20 cm ∅; Röhrenmündungen jung weiß, alt olivgelb; Stiel 6–10 cm lang, 2–5 cm ∅; Fleisch weiß, unter der Huthaut stets eine weinrote Schicht; bei Fichten u. Kiefern, meist im Gebirge; 7–10	**Rothütiger Steinpilz** **Kiefern-Steinpilz** **Tannen-Steinpilz** *Boletus pinophilus* = *B. pinicola* Speisepilz MHK II,23 / SKE 242 / Ce 263
Hut 10–15 cm ∅, feinsamtig; Röhrenmündungen jung weiß, alt gelbbraun; Stiel knollig, kurz u. dick; Fleisch weiß, unter der Oberhaut eine graubraune Schicht, in Laubwäldern wärmerer Gegenden; 5–10	**Bronze-Röhrling** **Schwarzhütiger Steinpilz** *Boletus aereus* Kein Speisepilz, selten MHK I,155 / Ce 273
Hut 6–30 cm ∅, filzig-schorfig-körnig, oft rissig-feldrig; Röhrenmündungen jung weiß, alt gelbgrün, Röhren am Stiel fast frei; Fleisch weiß, unter der Oberhaut hellbräunlich; im Laubwald; 5–9	**Sommer-Steinpilz** **Eichen-Steinpilz** *Boletus reticulatus* Speisepilz MHK I,154
Hut 6–20 cm ∅, seidig-haarig; Röhrenmündungen jung hellgelb, alt goldgelb, bei Druck grünblau; Stiel goldgelb, an der Basis rosa; Stieloberteil feinadrig genetzt; nur auf Kalkböden im Laubwald; 6–9	**Sommer-Röhrling** *Boletus fechtneri* Kein Speisepilz, selten MHK II,3 / Ce 697
Hut 6–15 cm ∅, haarig-fasrig; Röhrenmündungen jung goldgelb, alt olivgelb, bei Druck blauend; Stiel oben gelb, mit feinem gelben Adernetz, 5–12 cm lang, 3–6 cm ∅; Fleisch an Fraßstellen rötlich; in Laubwäldern auf Kalkböden; 7–9	**Königs-Röhrling** *Boletus regius* Kein Speisepilz, selten MHK II,1 / Ce 695
Hut 8–22 cm ∅, haarig, Wunden gelbbraun; Röhrenmündungen jung hellgelb, alt gelbolivbraun; Röhren um den Stiel verkürzt; Stiel gelbbraun, oben feine gelbe Netzzeichnung; im Laubwald, nur auf Kalkböden; 6–10	**Anhängsel-Röhrling** **Gelber Bronze-Röhrling** **Gelber Steinpilz** *Boletus appendiculatus* Speisepilz MHK II,2 / SKE 244 / E 83 / Ce 261

Röhrlinge

(von Tafel 6)

Stiel markig, kammrig-hohl

Pilzlängsschnitt

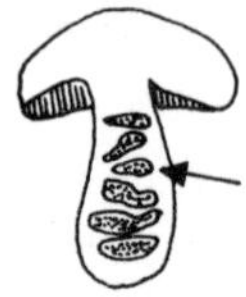

Fleisch im Anschnitt weiß, sofort kornblumenblau anlaufend

Fleisch bitter schmeckend

Stielbasis stets zugespitzt u. tief im Boden wurzelnd; Stiel 4–12 cm lang u. 3–8 cm ∅

Fleisch im Anschnitt blauend

Fleisch gelb, sofort im Anschnitt tiefblau bis schwarzblau verfärbend

Stiel fest u. voll

Stiel ohne Netzzeichnung

Röhrlinge, Stiel **ohne** Netzzeichnung

Fleisch nicht bitter schmeckend

Hut dunkelbraun, Stiel braun

Fleisch weiß bis gelb-orange, nur langsam u. schwach blauend

Hut hellbraun bis mittelbraun, Stiel gelb bis gelbbräunlich

Röhrenmündungen olivgelb bis olivgrün

Stielbasis zugespitzt, im Boden; Stiel gelbbraun; Hut braun

junge Pilze mit Stielnetz; bei alten Pilzen Stielnetz undeutlich od. nicht erkennbar

Fleisch im Anschnitt **nicht** blauend, siehe Tafel 9

Stielbasis abgerundet u. gelb; Stielmitte rötlich; Hut silberweiß bis gelbweiß (Fraßstellen rötlich)

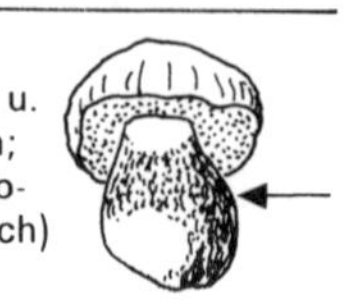

Hut 6–15 cm ∅, dickfleischig, haarig-filzig-zottig; Röhrenmündungen gelb; Stiel gelb, fein flockig-filzig, 5–10 cm lang u. 2–3 cm ∅; in sandigen Mischwäldern; 7–11	**Kornblumen-Röhrling** *Gyroporus cyanescens* Speisepilz MHK II,24 / Ce 277
Hut graubraun, 6–30 cm ∅; Röhrenmündungen stets gelbgrünlich; Fleisch gelblich, beim Anschnitt od. bei Druck sofort stark blauend; im Laubwald wärmerer Gegenden; 7–9	**Wurzelnder Bitter-Röhrling** *Boletus radicans* Kein Speisepilz MHK II,4 / E 78 / Ce 699
Hut 5–10 cm ∅, braun bis olivgrau, fein samtig-filzig; Röhrenmündungen jung goldgelb, alt grüngelb; Stiel oben gelb u. unten braun, 4–10 cm lang, 1–2 cm ∅; in Mischwäldern, Parkanlagen (Eichen); 7–10	**Schwarzblauender Röhrling** *Boletus pulverulentus* Speisepilz MHK II,17 / Ce 288
Hut 5–12 cm ∅, trocken feinfilzig, feucht etwas schmierig; Röhrenmündungen jung gelb, alt olivgrün, bei Druck blauend; Stiel 5–10 cm lang, 1–2 cm ∅, glatt; in Nadelwäldern (selten im Laubwald); 6–11	**Maronen-Röhrling** **Braunhäuptchen** *Xerocomus badius* Speisepilz MHK I,151 / Ce 286 / SKE 236
Hut 5–12 (–20) cm ∅; Stiel orangegelb, 2–3 cm ∅; Fleisch orangegelb; in sandigen u. kalkfreien Kiefernwäldern; 6–11 siehe Tafel 9	**Sand-Röhrling** *Suillus variegatus* Speisepilz MHK I,147 / He 82 / E 52 / SKE 234 / Ce 285
Hut 8–22 cm ∅, feinhaarig; Fraßstellen gelbbraun; Röhrenmündungen jung blaßgelb, alt gelb-olivbraun; Röhren um den Stiel eingesenkt; Stiel 5–15 cm lang, 2–6 cm ∅; Fleisch im Anschnitt gelb, blauend; im Laubwald, nur auf Kalkböden; 6–10	**Anhängsel-Röhrling** **Gelber Steinpilz** *Boletus appendiculatus* Speisepilz MHK II,2 / SKE 244 / E 83 / Ce 261
Hut 6–20 cm ∅, seidig-haarig; Röhrenmündungen jung hellgelb, alt goldgelb, bei Druck grünblau; Stiel 5–12 cm lang, 2–6 cm ∅; Fleisch weiß, im Anschnitt meist nur über	**Sommer-Röhrling** *Boletus fechtneri* Kein Speisepilz, selten MHK II,3 / Ce 697

Röhrlinge

(von Tafel 6)

Röhrlinge, Fleisch **bitter** od. unangenehm schmeckend

→ kleine Pilze (Stiel-∅ 0,5–1 cm)

→ Fleisch mit pfeffrig-scharfem Geschmack

Stiel ohne Netzzeichnung

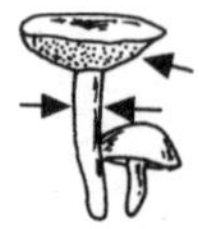

→ große Pilze (Stiel-∅ > 1 cm)

→ Fleisch bitter u. unangenehm schmeckend, aber nicht scharf-pfeffrig

→ Röhrenmündungen jung weiß, dann rosa bis graurosa; Stiel mit Netzzeichnung

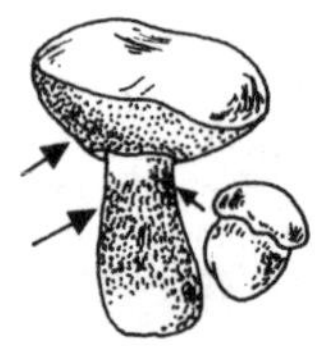

→ Röhrenmündungen jung gelb, dann grünoliv

→ Stiel ohne Netzzeichnung; Stielbasis nicht rot

→ Stiel mit Netzzeichnung; Stiel oben gelb, Basis stets deutlich rot

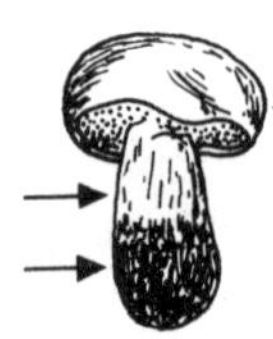

Hut 2–7 cm ∅; Röhren rotbraun, Mündungen eckig; Stiel oben wie der Hut gefärbt, Basis hellgelb, 4–7 cm lang, 0,5–1 cm ∅; Fleisch gelblich, weich; Nadel-, selten Laubwald; 7–10

Pfeffer-Röhrling
Boletus piperatus
= *Chalciporus piperatus*
Würzpilz
MHK I,161 / Ce 283 / SKE 234

Hut braun, filzig, 4–15 cm ∅; Stiel ockerbräunlich, 2–5 cm ∅, 8–15 cm lang; Fleisch weiß, nicht blauend; in Wäldern, stets auf sauren Böden; 7–10

Bitterpilz
Gallen-Röhrling
Bitter-Röhrling
Tylopilus felleus
Kein Speisepilz
MHK I,152 / He 79 / SKE 248 / E 71 / Ce 281

Hut graubraun, 6–30 cm ∅; Röhrenmündungen gelbgrünlich; Stielbasis angespitzt tief im Boden, 3–8 cm ∅, 4–12 cm lang; Fleisch gelblich, beim Anschnitt od. Druck sofort stark blauend; im Laubwald wärmerer Gegenden; 7–9

Wurzelnder Bitter-Röhrling
Boletus radicans
Kein Speisepilz
MHK II,4 / E 78 / Ce 699

Hut graubraun, 8–18 cm ∅; Röhrenmündungen olivgelb, bei Druck sofort blauend; Stiel nicht wurzelnd, 2–5 cm ∅, 6–8 cm lang; Fleisch gelblich, im Anschnitt grünblau verfärbend, Färbung verblaßt wieder; im Gebirgswald; 7–10

Dickfuß-Röhrling
Boletus calopus
Kein Speisepilz
MHK I,160 / He 94 / Ce 279 / E 77

Röhrlinge

(von Tafel 7)

Röhrlinge; Fleisch im Anschnitt **nicht** blauend; Stiel ohne Netzzeichnung

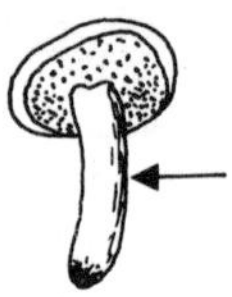

Röhrenmündungen bei alten Pilzen olivgelb bis olivgrün gefärbt

Hut trocken feinkörnig, wie mit Sand bestreut, semmelfarbig

Hut schmierig, glänzend, gelbrot, gelbbraun; Röhrenmündungen eckig;

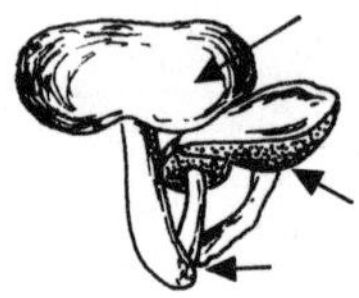

Röhrenmündungen leuchtend gelb bis schmutzig gelb (nur bei sehr alten Pilzen gelbgrün)

Hut jung weiß, dann elfenbeingelblich, an Druckstellen violett bis braun verfärbend

Stiel mit rötlichen Tröpfchen od. alt mit schwarzen Wärzchen

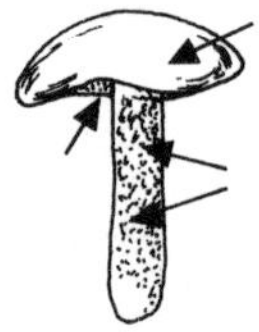

Hut braun, oliv-schwärzlich od. blutrot

Hut matt, lederartig

Huthaut im Alter rissigfeldrig, in den Rissen rosa gefärbt; unter der Hutoberhaut im Hutfleisch rote Schicht

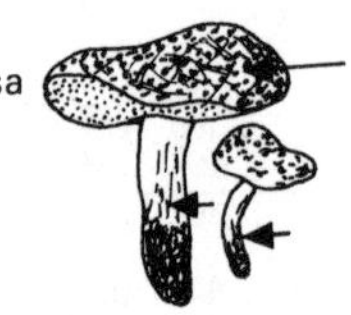

Huthaut nicht aufreißend, im Hutfleisch keine rote Schicht

Hut oliv-graugrün, auch braun

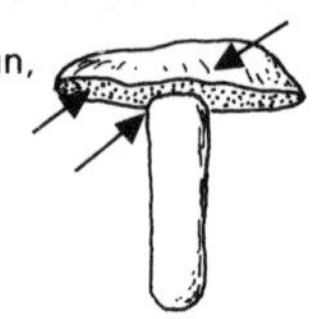

Hut blutrot

Hut glänzend, feucht schmierig; Stiel oben warzig-körnig

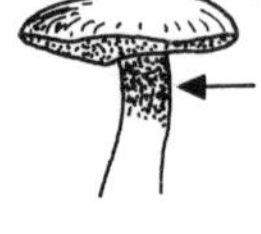

Hut gelbbraun, rötlichbraun; Stielbasis mit weißen Fasern

Hut dunkelbraun; Stielbasis u. anhängende Fasern rot

Hut 5–12 (–20) cm ∅; Stiel orangegelb, 2–3 cm ∅; Fleisch gelborange; auf sandigen u. kalkfreien Böden unter Kiefern; 6–11	**Sand-Röhrling** **Sandpilz** *Suillus variegatus* Speisepilz MHK I,147 / He 82 / E 52 / SKE 234 / Ce 285
Hut 3–8 cm ∅, dünnfleischig; Stiel wie der Hut gefärbt, elastisch verbiegbar-zäh, oft mehrere büschelig verwachsen; bei Kiefern, oft auf Waldwegen; 7–11	**Kuh-Röhrling, Kuhpilz** *Suillus bovinus* Speisepilz MHK I,148 / He 83 / Ce 299 / SKE 232
Hut 3–13 cm ∅; Röhrenmündungen oliv-goldgelb, oft mit milchigen Tropfen; Stiel weiß bis blaßgelb, mit Schleim u. Warzen, 4–12 cm lang, 1–2 cm ∅; nur bei 3nadligen Kiefern; 7–10	**Elfenbein-Röhrling** *Suillus placidus* Speisepilz MHK II,20 / Ce 290 / E 50
Hutfarbe sehr variabel von grau über oliv bis dunkelbraun, Hut 3–7 cm ∅; Röhrenmündungen jung gelb, alt olivgrün; Stiel oben gelb, dann rot, unten braun; Waldwiesen, Kahlschläge, Parks; 7–11 Hinweis: Hutfleisch mit roter Schicht, aber Huthaut nicht rissig, dkl.-braun = *X. fragilipes* SKE 236, rechts unten	**Rotfuß-Röhrling** **Rotfüßchen** *Xerocomus chrysenteron* Speisepilz MHK I,149 / He 88 / SKE 238
Hut 5–10 cm ∅, wildlederartig; Röhrenmündungen gelb u. eckig, nicht blauend; Stiel braun, rauh-filzig; Fleisch weißlich; in Laub- u. Nadelwäldern; 7–11	**Ziegenlippe** **Filziger Röhrling** *Xerocomus subtomentosus* Speisepilz MHK I,150 / He 89 / SKE 236 / Ce 287
Hut 3–8 cm ∅; Röhrenmündungen jung gelb, alt olivgrünbraun, am Stiel angewachsen; Stiel oben gelborange, Basis gelbbraun, 3–10 cm lang, 0,5–1,5 cm ∅; Fleisch schwach grünlich-blauend; Mischwälder; 7–10	**Blutroter Röhrling** *Xerocomus rubellus* Speisepilz MHK II,15 / SKE 236 / Ce 291
Hut 5–10 cm ∅, Oberhaut leicht abziehbar; Röhrenmündungen jung gelb, alt olivgelb, feucht mit milchweißen Tropfen; Fleisch hellgelb; in Schneisen, auf Waldwegen, bei Kiefern; 5–10	**Schmerling** **Körnchen-Röhrling** *Suillus granulatus* Speisepilz MHK I,146 / He 87 / SKE 234 / Ce 297
Beschreibung wie beim Schmerling für Größe u. Form; bei Kiefern, nur auf Kalkböden; 5–10	**Brauner Schmerling** *Suillus collinitus* = *S. fluryi* Speisepilz

Lamellenpilze

(von Tafel 1)

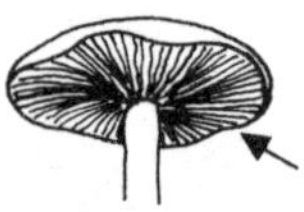

Pilze mit **Lamellen** an der Unterseite des Hutes; die Lamellen stehen deutlich mehr als 1 mm vom Hutfleisch ab

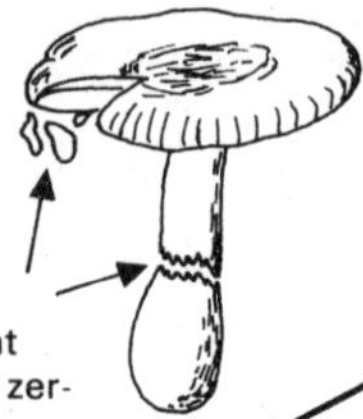

der Stiel läßt sich leicht (wie Kuchen od. Käse) zerkrümeln od. zerbrechen, ist also nicht fasrig-elastisch-biegbar; Lamellen splittern od. brechen beim Darüberstreichen

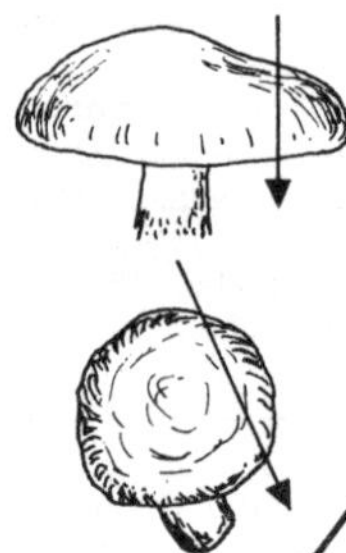

bei Verletzung von Lamellen u. Fleisch quillt Milchsaft (junge Pilze untersuchen)

bei Verletzung der Lamellen u. des Pilzes quillt kein Milchsaft (junge Pilze untersuchen)

der Stiel ist biegbar-elastisch

Hinweis: Wenn Stiel korkig, holzig, siehe Tafeln 62 u. 99

Pilzhut von oben quer anschneiden
im Anschnitt sind die Lamellen an der Hutfleischseite deutlich viel dicker als an der Lamellenschneide

im Anschnitt sind die Lamellen von der Hutfleischseite bis zur Schneide etwa gleichdick; die Lamellen sind elastisch-biegbar

Hutfleisch mit Lamellen

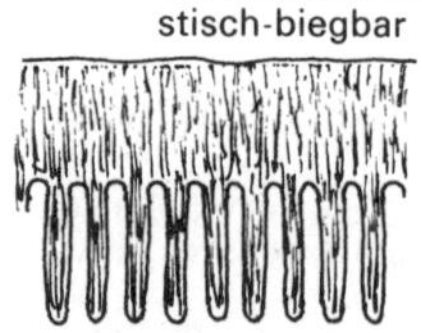

Hut seitlich angeschnitten

Hinweis: Sind am Hutfleisch nur 1 mm abstehende **Leisten** (od. Wülste), dann Bestimmung siehe Tafel 93

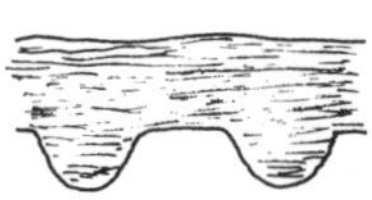

Hutfleisch mit Leisten, Hut seitlich aufgeschnitten

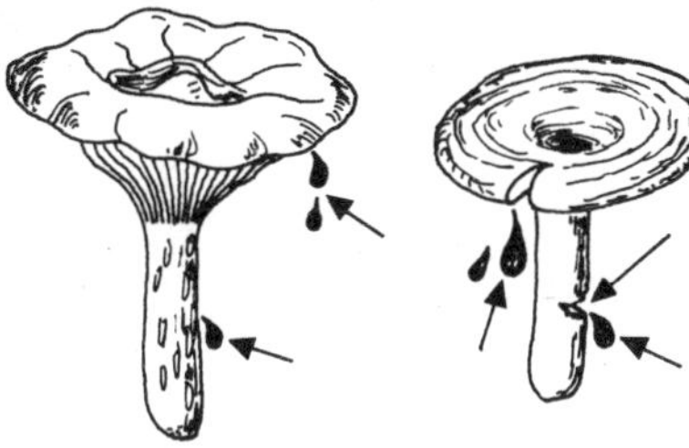

Bestimmung weiter bei Milchlingen

siehe Tafel 20

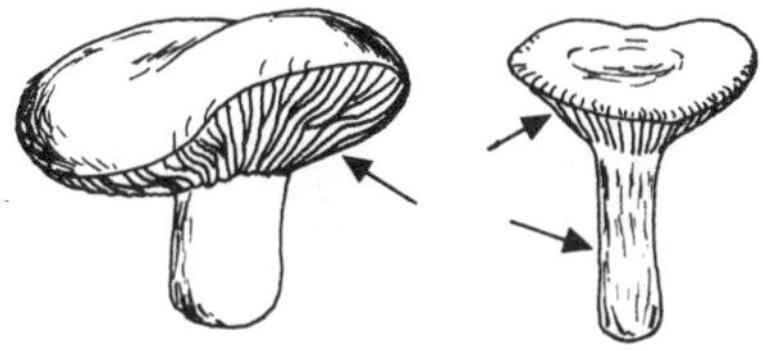

Bestimmung weiter bei Täublingen

siehe Tafel 26

---

die Lamellen sind wie Butter od. Wachs zerdrückbar (nicht elastisch)

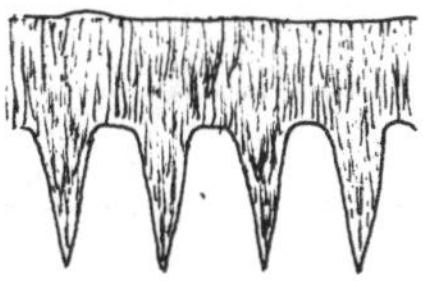

Hutfleisch mit Lamellen

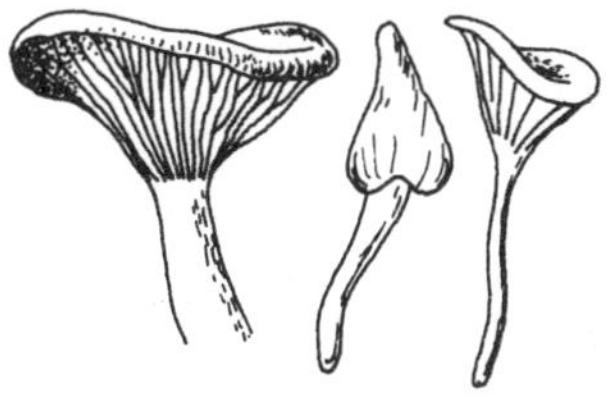

Bestimmung weiter bei Schnecklingen u. Saftlingen

siehe Tafel 16

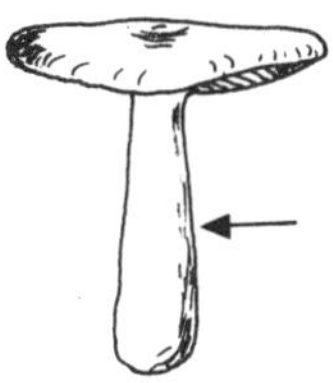

Pilzlängsschnitt

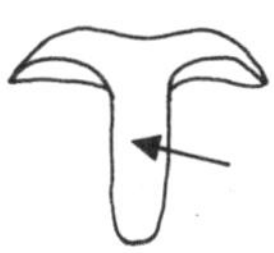

Stiel zentral angeordnet

siehe Tafel 11

Stiel seitlich angeordnet (od. fehlend)

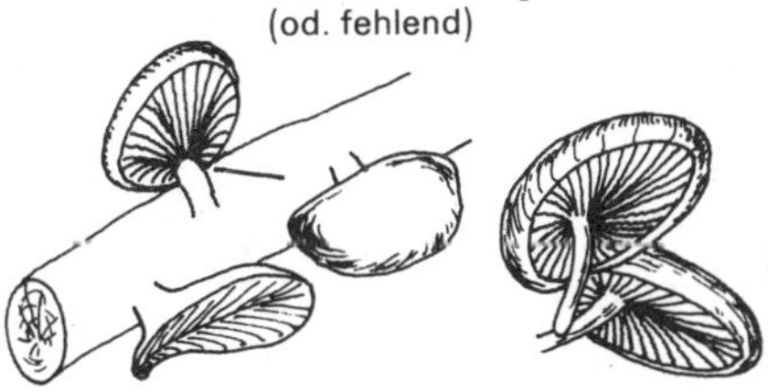

siehe Tafel 60

Lamellenpilze

(von Tafel 10)

Stiel zentral am Hut angeordnet;
Stiel u. Lamellen elastisch biegbar

Hinweise zur Bestimmung der zentralgestielten Lamellenpilze

1. In dieser Pilzgruppe sind tödlich giftig wirkende Vertreter vorhanden, deshalb für Küchen- u. Genußzwecke (erstmals) bestimmte Pilze (nach Text u. Bildvergleich) stets vom Pilzkenner od. Pilzsachverständigen hinsichtlich Identität bestätigen lassen.
2. Für das Bestimmen nur voll entwickelte (aufgeschirmte) Pilze verwenden. Bei jungen Pilzen sind wesentliche, für das Bestimmen wichtige Merkmale oft noch nicht vorhanden. Nur für einige spezielle Gattungen (darauf wird hingewiesen) werden auch junge Pilze für das Bestimmen benötigt.
3. Für die Bestimmung der zentralgestielten Lamellenpilze muß die **Farbe des Sporenstaubes** festgestellt werden. Bei der Reife schleudern die Pilze von den Lamellen in großer Menge die mikroskopisch kleinen Sporen ab. Die Sporen werden in dicker Schicht auf weißem Papier od. Diaglas/Objektträger aufgefangen u. nach der Farbe beurteilt. Dazu wird der abgeschnittene Pilzhut, auf den Unterlagen bedeckt, 5–10 Stunden erschütterungsfrei liegen gelassen. Das von Sporen bedeckte Papier od. die Glasunterlagen werden für Vergleichsuntersuchungen (beschriftet) aufbewahrt.

Sporenpulverprobe (möglichst in dicker Schicht beurteilen)

Hinweise zur Vororientierung bezüglich der Sporenfarbe geben bei Exkursionen oft Blätter, Nadeln od. Holz, oft auch der (schrägstehende) Pilzstiel, auf denen Sporen (von der Hutunterseite) abgelagert wurden. Die Farbe alter Lamellen entspricht oft der Sporenfarbe (aber nicht immer). Diese Hinweise sind nur für eine Groborientierung gedacht. Sie ersetzen nicht die für ein exaktes Bestimmen notwendige Anfertigung der Sporenpulverprobe.

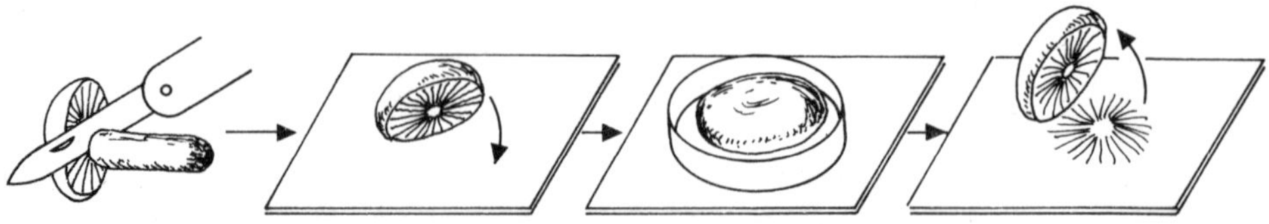

Tafel 11

Sporenpulver weiß od. creme (Mehlfarbe) — **Hellsporer** (Weißsporer) siehe Tafel 12

Sporenpulver rötlich, ocker, braun, schwärzlich od. violett

→ Sporenpulver rosa, rötlich od. rötlichbraun — **Rotsporer** siehe Tafel 63

→ Sporenpulver ohne Rosa- od. Rottönung

→ → Sporenpulver hellbraun, ocker od. braun (ohne Rot- od. Schwarztönung, nicht dunkelbraun) — **Braunsporer** siehe Tafel 66

→ → Sporenpulver dunkelbraun, violettbraun, violett, purpur, schwarzbraun od. schwarz — **Dunkelsporer** siehe Tafel 79

Lamellenpilze, Weißsporer, Stiel zentral

(von Tafel 11)

Zentralgestielte, weißsporende Lamellenpilze; für das Bestimmen sind nur voll entwickelte Pilze geeignet

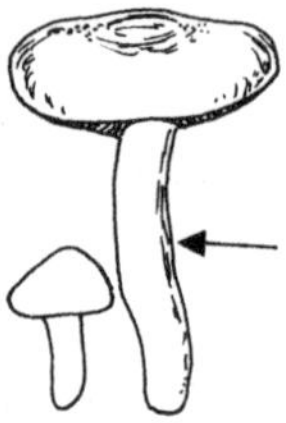

Pilzstiel **ohne** Ring od. **ohne** Manschette

Stiel knorpelig-zähledrig, saiten- od. roßhaarartig dünn, 1–3 cm ∅; Hut zäh u. Lamellen ledrig; Pilze bei Trockenheit schrumpfend u. nach Befeuchtung wieder zu normaler Form aufquellend (wieder auflebend); im Zweifelsfall bestimme man auch bei den Rüblingen u. Helmlingen

Stiel nicht knorpelig-zähledrig, roßhaarartig; Hut u. Lamellen nicht zähledrig; Pilze nach Trocknung bei Nässe nicht wieder auflebend

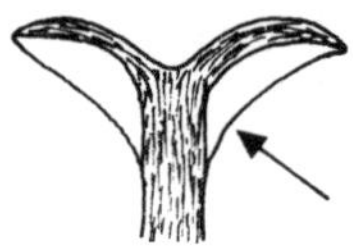

Lamellen am Stiel bogig od. herablaufend

Lamellen am Stiel nicht bogig od. herablaufend, sondern frei od. angeheftet, breit angewachsen, abgerundet od. ausgebuchtet

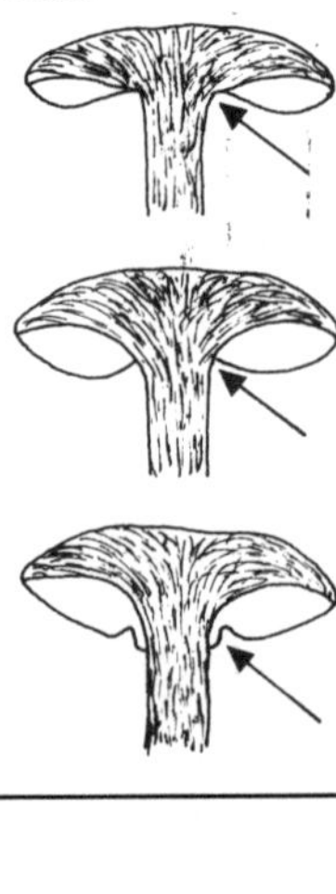

Pilzstiel **mit** Ring od. **mit** Manschette, siehe Tafel 55

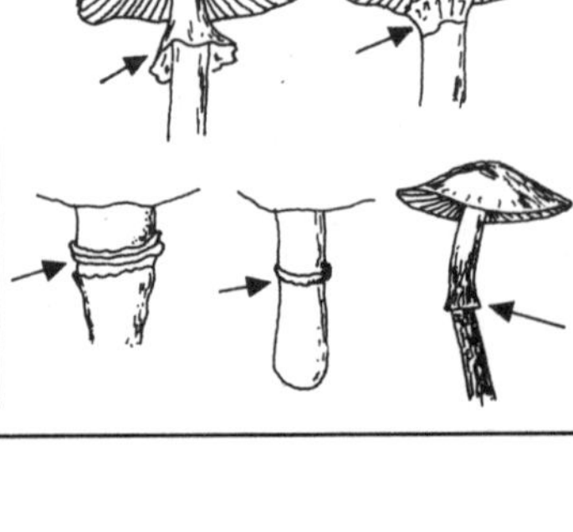

Hinweis:
Pilze stets büschelig u. immer an Holz od. -stubben wachsend siehe Tafel 13

Schwindlinge

Bestimmung
siehe Tafel 50

Trichterlinge

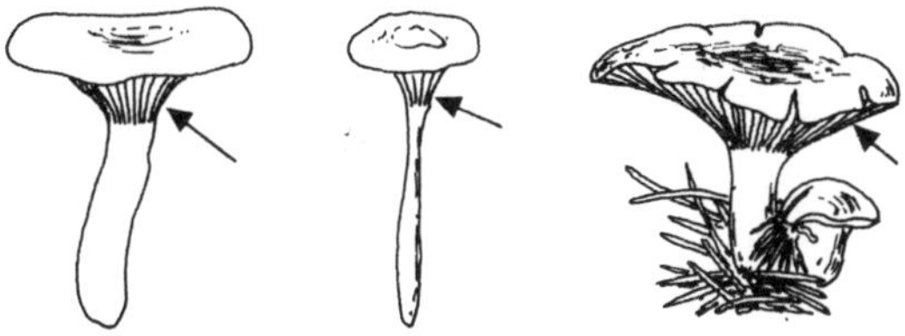

Bestimmung
siehe Tafel 51

Hinweis: sehr sorgfältig die Fleisch- u. Lamellenbeschaffenheit überprüfen; Pilze mit brüchigem, sprödem Fleisch/Lamellen od. butterweichen Lamellen gehören nicht in diese Gruppe; siehe Tafeln 16, 20, 26

Hut jung kegelig, glockig, dünn, häutig (fast nur aus Lamellen u. Huthaut bestehend); die Lamellen zeichnen sich deshalb auf der Hutoberfläche deutlich ab; Stiel-∅ meist nur 1–3 mm

Helmlinge

Bestimmung
siehe Tafel 48

Hut flach od. kissenartig gewölbt, schirmartig ausgebreitet; Pilz fleischig; Stiel meist über 5 mm dick

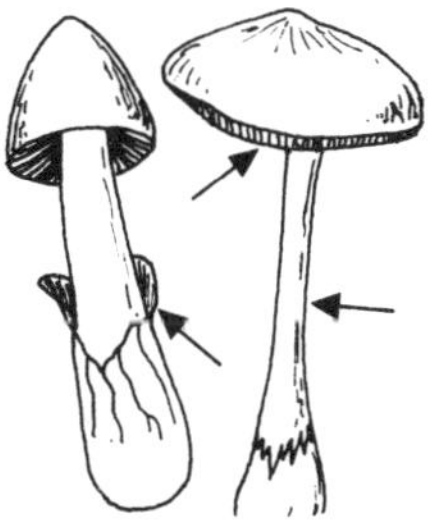

→ Stiel hohl, in Längsfasern aufspaltbar, oft in sich gedreht u. wurzelartig in den Erdboden verlängert, biegsam wie ein Gummischlauch; Hutrand jung eingerollt

Rüblinge
Bestimmung
siehe Tafel 45

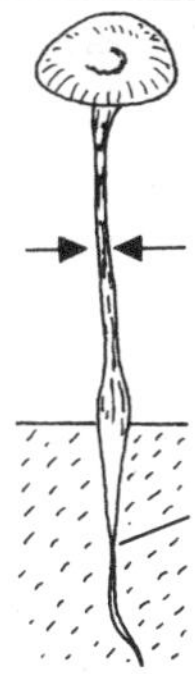

→ Stiel meist voll (wenn hohl, dann nicht biegbar-elastisch, ohne Längsfasern)

Ritterlingsartige Pilze u. Freiblättler
ohne Ring am Stiel
Bestimmung
siehe Tafel 40

Pilze büschelig an Holz

(von Tafel 12)

Lamellenpilze mit ± zentralem Stiel, büschelig (Stiele am Grunde vereinigt), **an Holz wachsend**

Sporenpulver weiß; Lamellen auch im Alter hell gefärbt (weißlich od. hellcreme)

Hut kegelig, sehr dünn, häutig, fast nur aus Lamellen bestehend

Stiel mit feinen Längsrillen (Lupe!)

Stiel ohne Längsrillen

Hut schirmartig ausgebreitet, fleischig

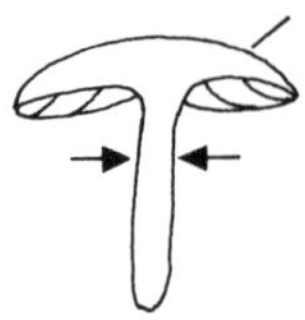

Stiel ohne Ring

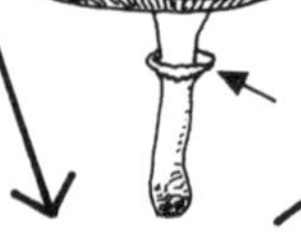

Stiel mit Ring

Sporenpulver dunkel gefärbt, mit braunen, violetten od. schwärzlichen Tönen; Lamellen im Alter dunkel gefärbt
siehe Tafel 14

Tafel 13

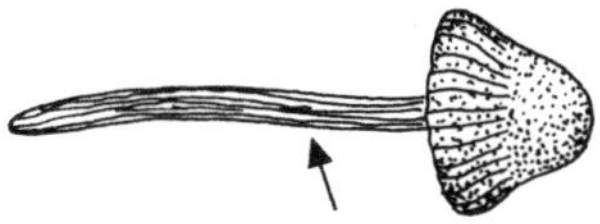

Rillstieliger Helmling
Mycena polygramma
siehe Tafel 49

Lamellen bei alten Pilzen rosa gefärbt

Rosablättriger Helmling
Mycena galericulata
wenn Lamellen gelblich-rötlich
= **Buntstieliger Helmling**
M. inclinata
siehe Tafel 49

Lamellen nicht rosa gefärbt

Pilz stickig riechend od. wie Salpetersäuredämpfe

Salpeter-Helmling
Mycena alcalina
siehe Tafel 49

Stiel an der Basis schwarz, samtig, nach oben heller werdend; Geschmack mild

Winter-Rübling
Samtfuß-Rübling
Flammulina velutipes
siehe Tafel 46

Stiel nicht schwarz u. samtig

↗ Hut fein purpurrot geschuppt, auf gelbem Grund

Rötlicher Holzritterling
Tricholomopsis rutilans
siehe Tafel 40

↘ Hut nicht purpur-rötlich

↗ Stiel spindelig, in der Mitte bauchig, zur Basis zugespitzt

Spindeliger Rübling
Collybia fusipes
siehe Tafel 45

↘ Stiel nicht spindelig

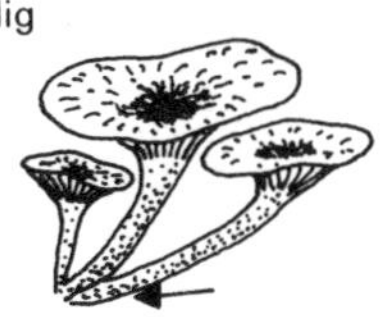

Getigerter Sägeblättling
Lentinus tigrinus
siehe Tafel 62

Hut reinweiß, schleimig

Buchen-Schleimrübling
Oudemansiella mucida
siehe Tafel 46

Hut honiggelb, rotbraun od. schwarzbraun

Hallimasch-Arten
Armillaria-Arten
siehe Tafel 55

Pilze büschelig an Holz

(von Tafel 13)

Lamellenpilze mit ± zentralem Stiel, büschelig an Holz wachsend; Sporenpulver mit braunen, schwarzen od. violetten Tönen; Lamellen im Alter dunkel gefärbt

Hut feucht mit durchwässerter dunklerer Randzone (hygrophan)

Geruch mehlartig; Stiel glatt

Geruch angenehm würzig; Stiel fein geschuppt

Hut ohne durchwässerte Randzone

Hut mit sparrigen Schuppen

Hut ohne Schuppen od. die Schuppen sind anliegend

Sporenpulver schwarz, schwarzviolett od. violettschwarz

Tafel 14

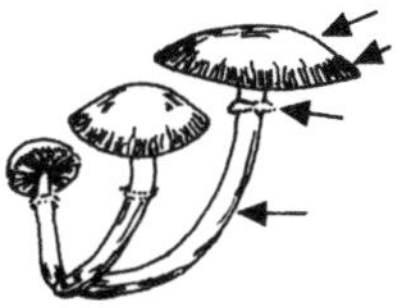

Nadelholz-Häubling
Galerina marginata
siehe Tafel 68

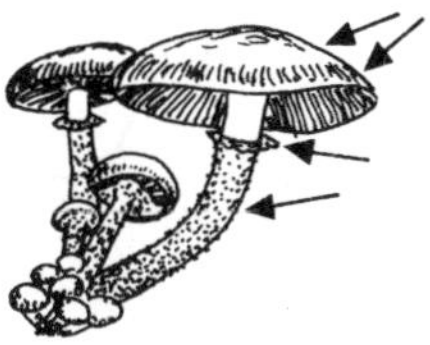

Stockschwämmchen
Kuehneromyces mutabilis
siehe Tafel 68

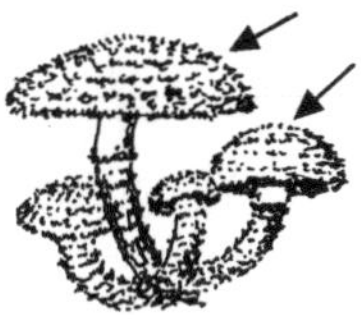

Sparriger Schüppling
Pholiota squarrosa
siehe Tafel 68

Sporenpulver braun, Lamellen im Alter braun

→ Pilz weißlich, blaß hellbräunlich, mit anliegenden Schuppen bedeckt; an Pappeln

Pappel-Schüppling
Pholiota destruens
siehe Tafel 68

→ Hut mit rostgelben bis goldgelben Farben

→ Geschmack mild

Hochthronender Schüppling
Pholiota aurivella
siehe Tafel 68

→ Geschmack bitter

→ Hut rissig-felderig, faserschuppig

Beringter Flämmling
Gymnopilus junonius
= *G. spectabilis*
siehe Tafel 68

→ Hut nicht rissig-felderig u. auch nicht schuppig

Geflecktblättriger Flämmling
Gymnopilus penetrans
siehe Tafel 70

siehe Tafel 15

Pilze büschelig an Holz

(von Tafel 14)

Lamellenpilze mit ± zentralem Stiel, büschelig an Holz wachsend; Sporenpulver schwarz, schwarzviolett od. violettschwarz

Pilz ohne Ring am Stiel

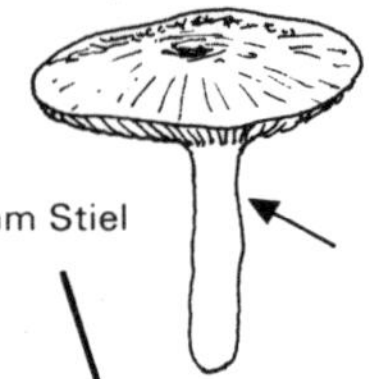

Stiel rostbraun, gelblichbraun, schwefelgelb

Geschmack mild; an Nadelholz wachsend

Geschmack bitter; an Laub- od. Nadelholz wachsend

Stiel weiß bis cremeweiß

Pilze im Alter nicht zerfließend; Sporen abstäubend

Pilze im Alter zerfließend; Sporen schwarz abtropfend

Pilze mit Ring am Stiel

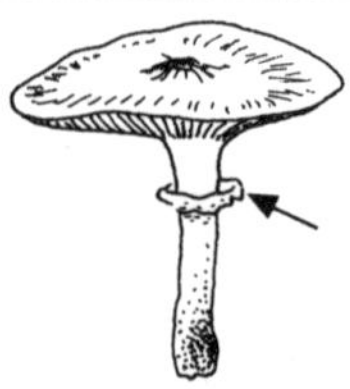

		Rauchblättriger Schwefelkopf *Hypholoma capnoides* siehe Tafel 79
Hut ziegelrot; Pilz nur an Laubholz; Lamellen jung grau, dann olivpurpurbraun		**Ziegelroter Schwefelkopf** *Hypholoma sublateritium* siehe Tafel 79
Hut schwefelgelb, Mitte orange-fuchsig; Lamellen jung schwefelgelb, dann grünlich		**Grünblättriger Schwefelkopf** *Hypholoma fasciculare* siehe Tafel 79
Hut dunkelbraun bis olivbraun		**Weißstieliges Stockschwämmchen** *Psathyrella piluliformis* = *P. hydrophila*
Hut weißlich bis tongelblich, durchwässert auch gelbbräunlich →	Hut bis zur Mitte gerieft	**Schmalblättriger Mürbling** *Psathyrella spadiceogrisea* siehe Tafel 83
→	Hut glatt, nicht gerieft, aber oft stark radial gerunzelt	**Lilablättriger Saumpilz** *Psathyrella candolleana* siehe Tafel 79
		**Tintlings-Arten** *Coprinus*-Arten siehe Tafel 85
		Südlicher Ackerling **Südlicher Schüppling** *Agrocybe cylindracea* = *A. aegerita* siehe Tafel 68

Lamellenpilze, Wachsblättler

(von Tafel 10)

Pilze mit wachsartigen, butterweichen, zerdrückbaren Lamellen, die am Hutfleisch deutlich dicker als an der Schneide sind. Von den Wachsblättlern wurden auf 2 Tafeln die **Schnecklinge** *(Hygrophorus)*, auf 2 Tafeln die **Ellerlinge** *(Camarophyllus)* u. die **Saftlinge** *(Hygrocybe)*, aufgeschlüsselt, also etwa 27 von etwa 80 Arten im Gebiet. Alle Schnecklinge sind baumgebunden (Gehölzmykorrhiza). Für die Bestimmung ist deshalb auf die Begleitbäume zu achten.
Die Schnecklinge u. die Ellerlinge sind Speisepilze, einige der Saftlinge sind unbekömmlich od. leicht giftig.

Pilze in Wäldern; Lamellen am Stiel herablaufend

Stiel, meist auch der Hut, schleimig, schmierig, stark klebrig

Hut u. Stiel reinweiß (nicht gelbfleckend, auch nicht beim Trocknen)

Hut gelblich od. dunkelbraun

Hut weiß od. gelb

Hut jung weiß, bald gelb verfärbend; nur bei Buchen

Stielspitze abgesetzt gelbflockig; Pilz geruchlos

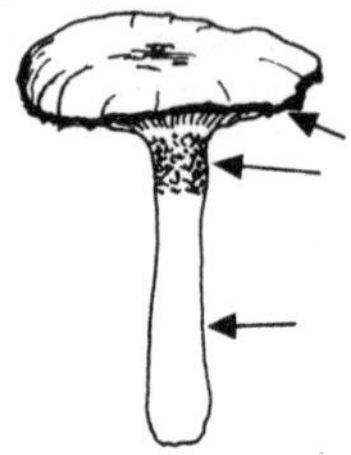

Stielspitze nicht gelbflockig; Pilz nach Seife riechend

Hut gelb (auch jung); nur bei Lärchen

Hut dunkelbraun

nur bei Kiefern; Lamellen u. Fleisch gelblich

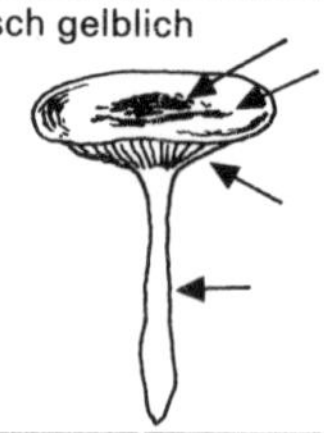

nur bei Fichten; Fleisch weiß

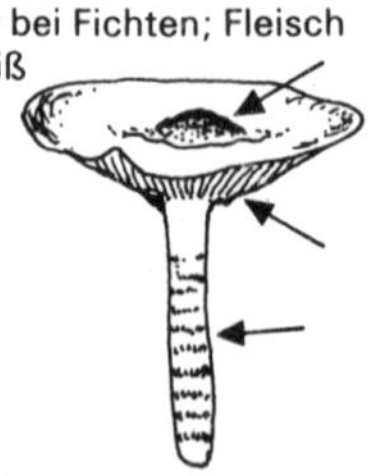

Pilze auf Wiesen, Weiden od. in Mooren

siehe Tafel 17

Stiel trocken, kleiig-fasrig, filzig-körnig

siehe Tafel 19

Hut 4–7 cm ∅, kegelförmig; Lamellen reinweiß, dick u. breit, entfernt stehend u. längere u. kürzere untermischt; Stiel oben trocken, mit weißen Schüppchen besetzt, 6–8 cm lang, 0,5–1 cm ∅; Fleisch weiß, säuerlich-aromatisch, mild; bei Buchen; 9–11	**Elfenbein-Schneckling** *Hypgrophorus eburneus* Speisepilz MHK III,243 / SKE 114
Hut 4–7 cm ∅, jung weiß, alt gelblich, Hutrand goldgelb-flockig-flaumig überhängend (Goldzahn); Lamellen jung weiß, alt gelblich-blaßrosa, dick, entfernt stehend; Stiel 4–6 cm lang, 0,6–1,4 cm ∅, unterhalb der gelben Ringzone ist der Stiel jung weiß, alt leicht gelblich; Fleisch mild, geruchlos; 8–11	**Gelbflockiger Schneckling** **Goldzahn-Schneckling** *Hygophorus chrysodon* Speisepilz MHK III,246 / Ce 1091
Hut 4–7 cm ∅, sehr stark gilbend, alt orange-rot bis braun verfärbend; Lamellen jung weiß, alt wie der Hut gefärbt; Stiel oben ohne abgesetzte Flockenzone, wie der Hut verfärbend, 4–6 cm lang, 1 cm ∅; Fleisch riecht stark nach Seife (unangenehm); in Buchenwäldern auf Kalk (Massenpilz); 8–10	**Verfärbender Schneckling** **Gelbrandiger Schneckling** *Hygrophorus cossus* = *H. chrysapsis* Speisepilz MHK III,245 / Ce 654 / SKE 114
Hut 4–7 cm ∅, zitronengelb bis goldgelb, -mitte dunkler, -rand alt wellig; Lamellen jung weiß, alt gelb, wenig herablaufend; Stiel hellgelb, oben weißflockig, 4–7 cm lang, 0,7–1 cm ∅; Fleisch gelblich, geruchlos, mild; meist im Hügelland u. im Gebirge; 9–1	**Lärchen-Schneckling** *Hygrophorus lucorum* Speisepilz MHK III,239 / Ce 653 / SKE 116
Hut 4–10 cm ∅, olivbraun, wenn der Schleim abgeregnet ist, dann rötlichgelb, Zentralbuckel; Lamellen jung weiß, alt dottergelb, entfernt stehend; Stiel gelb, 3–7 cm lang, 5–7 mm ∅, oft mit ringartiger Zone, oberhalb der Ringzone trocken; Fleisch gelblich, süßlicher Geschmack; 9–1	**Frost-Schneckling** **Gelbblättriger Schneckling** *Hygrophorus hypothejus* Speisepilz MHK I,135 / Ce 656 / SKE 110 / E 104
Hut 3–6 cm ∅, schwärzlich-oliv-braun, -mitte dunkler, spitzer Zentralbuckel; Lamellen rein-weiß (!); Stiel weiß, mit oliv-braunem Schleim überzogen, der bänderartig zerreißt, 4–9 cm lang, 1 cm ∅; Fleisch weiß, mild, geruchlos; nicht auf Kalk; 8–11	**Natternstieliger Schneckling** **Olivbrauner Schneckling** *Hygrophorus olivaceoalbus* Speisepilz MHK III,238 / Ce 235 / SKE 112

Lamellenpilze, Wachsblättler

(von Tafel 10)

Wachsblättler auf Wiesen, Weiden, Waldrändern, in Mooren

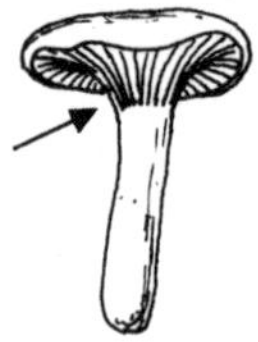

Lamellen am Stiel herablaufend

Mittelteil des Hutes fleischig

Hut gelbrot

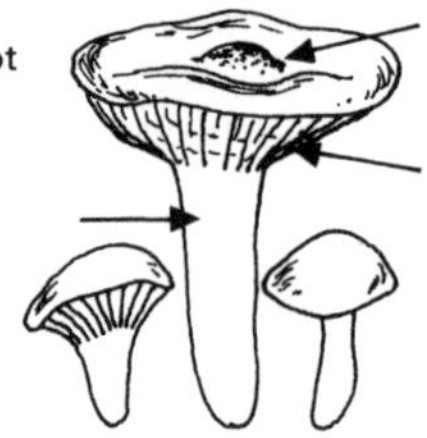

Hut weißlich

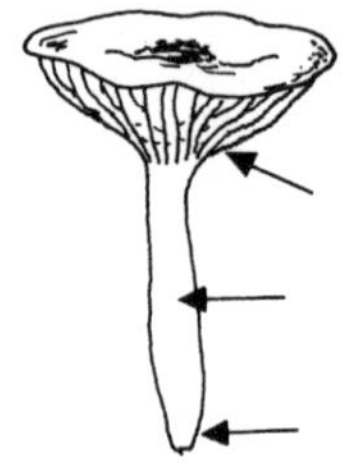

Hut nur hautartig dünnfleischig

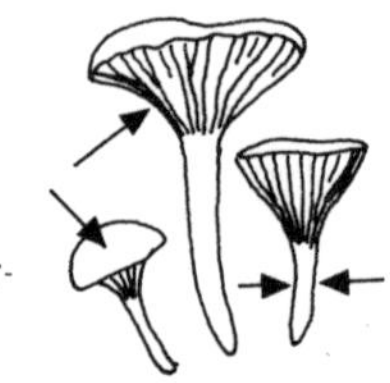

Hutmitte nabelartig vertieft

Lamellen am Stiel fast frei, nicht herablaufend

Pilz grau, grauschwarz, rotschwarz (junge Pilze rot, bei Druck schwärzend)

Grundfarbe des Pilzes rot od. orangerot; bei Berührung od. alt in allen Teilen schwärzend

Hut mehr stumpfkegelig; bei Berührung sehr rasch schwärzend

Hut mehr spitzkegelig; nur langsam nach Berührung schwärzend

Grundfarbe des Pilzes grau od. schwarzgrau, nie mit roten Farbtönen

Pilz nicht grau, grauschwarz od. schwärzend

siehe Tafel 18

Hut 3–11 cm ∅, gelbrotbraun, ausblassend, am Scheitel rissig; Lamellen rötlichgelb, an der Schneide heller, dick; Stiel ockergelb, glatt, nach oben dicker werdend, 3–8 cm lang, 1 cm ∅; Fleisch gelbrötlich, wäßrig, mild, geruchlos; auf Wiesen, Triften, Waldrändern, im Gebirge häufiger; 9–11

Wiesen-Ellerling
Orange-Ellerling
Camarophyllus pratensis
Speisepilz
MHK III,257 / Ce 225

Hut 3–6 cm ∅, weiß, -mitte gelb, oft mit rötlichen Flecken, alt rissig; Lamellen weiß, dick; Stiel weiß, kahl, 3–7 cm lang, 3–7 mm ∅, abwärts verjüngt; Fleisch weiß, wäßrig, mild, geruchlos; auf feuchten Wiesen, oft im hohen Grase, im Gebirge häufiger; 8–10

Jungfern-Ellerling
Camarophyllus virgineus
Speisepilz
MHK III,263 / Ce 1100 / SKE 112

Hut 2–5 cm ∅, feucht gelblich, am -rand durchscheinend gerieft, trocken schneeweiß, glattrandig, feucht klebrig, fast häutig; Lamellen weißgelblich; Stiel weiß, fasrig gestreift, 3–4 cm lang, 3–5 mm ∅; Fleisch weiß, zäh, im Alter süßlich riechend; auf feuchten Wiesen, grasigen Waldwegen; 9–11

Schnee-Ellerling
Glasigweißer Ellerling
Camarophyllus niveus
Speisepilz
MHK III,258 / Ce 667

Hut 4–9 cm ∅, stumpfkeglig, rot bis orangerot, rotfasrig-gestreift, nicht klebrig, bei Berührung schnell dunkel verfärbend; Stiel orangegelb, schwarz verfärbend, fasrig gestreift, 5–8 cm lang, 4–13 mm ∅; Fleisch gelblich, geruch- u. geschmacklos; 8–10

Schwärzender Saftling
Hygrocybe nigrescens
Kein Speisepilz
MHK III,281 / Ce 676

Hut 2–6 cm ∅, rot, kahl, seidig, häutig-zerbrechlich, -rand aufreißend u. hochbiegend, bald schwärzend; Lamellen u. Stiel gelb, schwärzend, Stiel 5–10 cm lang 4–10 mm ∅, fasrig-gerillt, oft gedreht; Fleisch auch schwärzend, sonst orange, mild u. geruchlos; 6–10

Kegeliger Saftling
Hygrocybe conica
Kein Speisepilz
MHK I,133 / Ce 677 / SKE 116 / E 111

Hut 3–5 cm ∅, rußiggrau, feucht sehr schleimig, brüchig-dünnfleischig; Lamellen grau, dick, nicht herablaufend; Stiel dunkelgrau, rissig-zusammengedrückt, 3–7 cm lang, 5 mm ∅, sehr klebrig schleimig; Fleisch grau, mild, geruchlos; auf Lichtungen von Laubwäldern, Wiesen, häufiger im Gebirge; 8–9

Grauer Saftling
Hygrocybe unguinosa
Speisepilz
MHK III,282

Lamellenpilze, Wachsblättler

(von Tafel 17)

Wachsblättler auf Wiesen, Weiden, Gräben od. in Mooren; (Pilze nicht grau, grauschwarz od. nicht schwärzend; Lamellen nicht herablaufend)

→ Hut gelb, gelborange

→ → Hut schleimig, schmierig, klebrig, trocken, glänzend

→ → → Hut zitronengelb, nicht ausblassend

→ → → Hut immer mit grünen Farbtönungen, gelbgrün bis orangegrün ausblassend

→ → Hut trocken, nie schmierig

→ Hut rot, blutrot, rotorange

→ → Pilze auf Wiesen, Weiden, in Gräben

→ → → Hut schleimig, schmierig, trocken glänzend

→ → → → Hut 6–12 cm ∅; Stiel 1–2 cm ∅

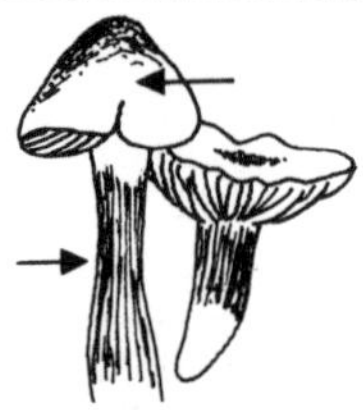

→ → → → Hut 2–5 cm ∅; Stiel 0,5–1 cm ∅

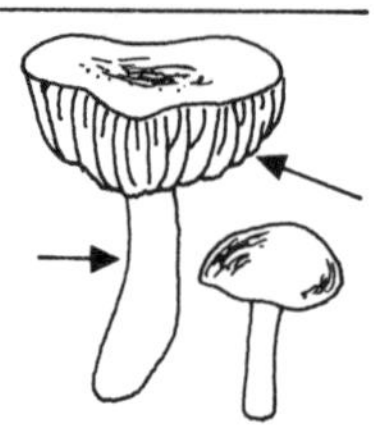

→ → → Hut nie schmierig-schleimig

→ → Pilze nur in Mooren bei Torfmoos

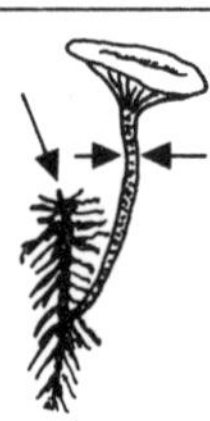

Hut 3–5 cm ∅, auch goldgelb, nicht ausblassend u. nicht schwärzend, stumpfkeglig; Lamellen gelb, eng; Stiel gelb, schleimig, 6–8 cm lang, 4–6 mm ∅; Fleisch gelb, färbt Papier, geruchlos; 5–10	**Zitronengelber Saftling** *Hygrocybe acutoconica* = *H. constans* Kein Speisepilz MHK III,267
Hut 1,5–4 cm ∅, sehr verschiedenfarbig, neben grün auch gelb, orange bis weißlich, trocken glänzend; Lamellen gelbgrün, dick; Stiel oben blaugrün, sonst gelb, schleimig, 4–6 cm lang, 2–8 mm ∅; Fleisch grünlich, brüchig; 7–10	**Papageigrüner Saftling** *Hygrocybe psittacina* Kein Speisepilz MHK III,279 / Ce 228 / SKE 116
Hut 3–7 cm ∅, zitronengelb bis goldgelb, orangebraun gefasert, seidig, matt, Zentralbuckel, Hutrand eingerissen (alt); Lamellen hellgelb; Stiel gelb, zweigeteilt-längsrillig, 4–6 cm lang, glatt, matt; Fleisch gelb, mild; in den Bergen häufiger; 7–9	**Gebuckelter Saftling** *Hygrocybe obrussea* Kein Speisepilz MHK III,271
Hut blutrot, nach orange ausblassend, schmierig, glasig, dünnfleischig; Lamellen orange, dick; Stiel rot, fasrig-gerieft, bauchig; Fleisch orange, mild, saftig, starr; Kochwasser rotgelb; 8–10	**Granatroter Saftling** *Hygrocybe punicea* Kein Speisepilz MHK I,132 / Ce 229
Hut kirschrot, zu wachsgelb alt ausblassend, klebrig u. trocken glänzend; Lamellen rotorange; Stiel rot, alt orange, glatt, hohl; Fleisch rot, mild; 9–10	**Kirschroter Saftling** *Hygrocybe coccinea* Kein Speisepilz MHK III,278 / Ce 670
Hut 1–3 cm ∅, hell blutrot, alt gelbrötlich dünnfleischig; Lamellen orange, -schneiden gelb; Stiel orange, 3–6 cm lang, 2–4 mm ∅, hohl; Fleisch gelb, Farbe in Wasser auslaugend, glasig; feuchte Wiesen, Moore, Gräben; 6–10	**Mennigroter Saftling** *Hygrocybe miniata* Kein Speisepilz MHK III,276 / Ce 674
Hut 1–3 cm ∅, orange, -mitte mit dunklen Flocken, trichterförmig, brüchig; Lamellen weißgelb; Stiel orangerot, verbogen, 3–4 cm lang, glatt, glänzend, 2–4 mm ∅; Fleisch gelb, geruchlos; 6–9	**Rußflockiger Saftling** **Schuppiger Saftling** *Hygrocybe coccineocrenata* Kein Speisepilz MHK III,277

Lamellenpilze, Wachsblättler

(von Tafel 16)

Wachsblättler mit trokkenem, kleiig-fasrigem filzig-körnigem Stiel; Waldpilze

Hut braun od. graubraun; Vorkommen Sept.–Okt.

Hinweis: Pilz bereits von April bis Mai, in Nadelwäldern, nesterweise in den Nadeln wachsend; Hut grauschwarz, 4–12 cm ∅, dicker, kurzer Stiel; Fleisch weiß, mild
= **März-Schneckling**
Hygrophorus marzuolus
Speisepilz
MHK III,255 / Ce 223 / SKE 112

Pilz ohne auffälligen Geruch

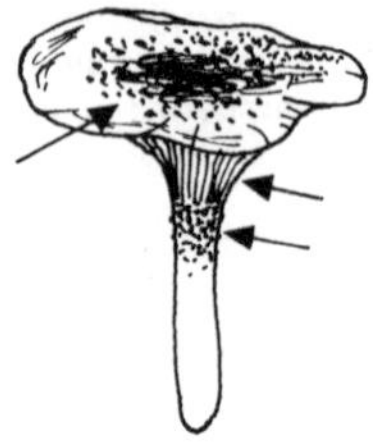

Pilze nach Bittermandeln riechend

Hut purpurrot, orangegelb, ocker, rosa od. weißgelb

Hut purpurrot

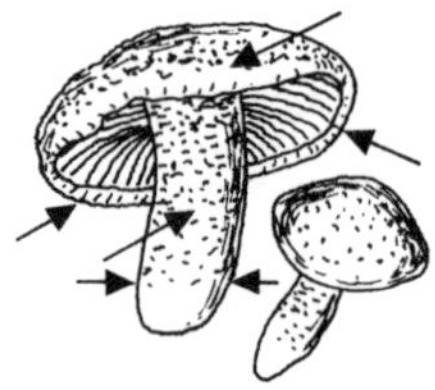

Hut orangegelb, ocker, rosa od. weißgelb

Hut orangegelb od. ocker; Fleisch unter der Huthaut gelborange

im Laubwald; Fleisch geschmacklos

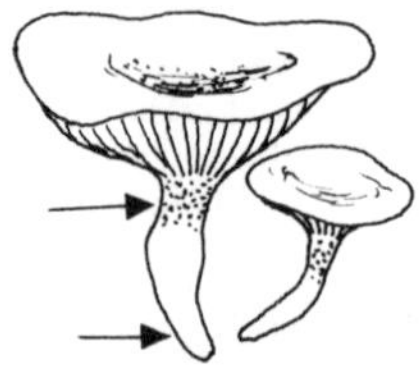

im Nadelwald; Fleisch widerlich nach Terpentin schmeckend

Hut rosa od. weißgelb

Hut rosa (nicht ocker gefärbt)

Hut weißgelb

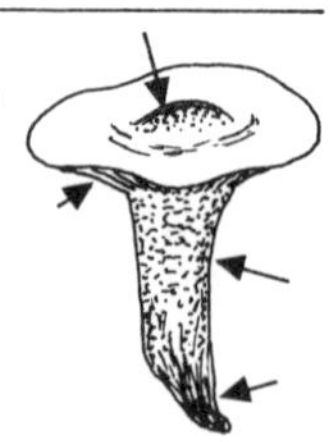

Hut 3–6 cm ∅, graubraun, mit braunschwärzlichen Pusteln auf dem Scheitel, schmierig, -rand wellig verbogen; Lamellen weißgrau; Stiel weiß, mit dunklen Pusteln an der Spitze, 4–8 cm lang, 0,5–1 cm ∅, voll; Fleisch weiß, geruchlos; nur unter Fichte, meist im Gebirge; 9–10

Schwarzpunktierter Schneckling
Schwarzflockiger Schneckling
Hygrophorus pustulatus
Speisepilz
MHK III,241 / Ce 1099 / SKE 112

Hut 4–8 cm ∅, hellgrau bis gelb-graubraun, schmierig, mit kleinen klebrigen Wärzchen dicht besetzt; Lamellen blaßgrau; Stiel weiß, trocken, rauh, fein gefasert, voll; Fleisch weißlich, Geschmack mild, am Geruch leicht zu erkennen; im Nadelwald, besonders unter Fichten; 9–10

Wohlriechender Schneckling
Hygrophorus agathosmus
Speisepilz
MHK III,242 / Ce 657 / SKE 114

Hut 5–12 cm ∅, fleischfarben-purpur, am Rande gelb-oliv ausblassend, glänzend, -rand lange stark eingerollt; Lamellen gelblich, rot gefleckt; Stiel weiß, rötlich gefleckt-gestreift, 4–8 cm lang, 1,5–3 cm ∅; Fleisch weiß, rötlich durchzogen, süßlich; im Laubwald; 8–11

Purpur-Schneckling
Hygrophorus russula
Kein Speisepilz, selten
MHK I,134 / Ce 129 / SKE 114

Hut 5–10 cm ∅, mit netzig verbundenen feinen Härchen; Lamellen blaßgelblich mit rötlichem Schein; Stiel blaßrötlich-gelblich, an der Spitze körnig-weiß, 4–8 cm lang, 1–1,5 cm ∅, voll; Fleisch weißgelblich, leichter Mehlgeruch; 8–10

Wald-Schneckling
Hain-Schneckling
Hygrophorus nemoreus
Speisepilz
MHK III,256 / Ce 663 / SKE 110

Hut 5–15 cm ∅, -rand ausblassend, schleimig-schuppig; Lamellen weißlich, alt gegen den Hutrand rosa; Stiel blaßorange, an der Basis verdickt u. gelbfleckend, 6–10 cm lang, 2–3 cm ∅, voll; im Nadelwald auf Kalk; 8–11

Orange-Schneckling
Hygrophorus pudorinus
Kein Speisepilz
MHK III,249 / Ce 233

Hut 5–18 cm ∅, auch orangerot, glänzend, etwas schmierig, Hutrand wellig; Lamellen sehr entfernt u. dick, stark herablaufend, blaßgelb; Stiel weiß, schwach rötlich, Spitze punktiert, tränend, Basis stark verjüngt; Fleisch weiß, geruchlos; unter Buchen auf Kalk; 8–10

Isabellrötlicher Schneckling
Rosa Schneckling
Hygrophorus poëtarum
= *H. fagi*
Speisepilz
MHK III,248 / Ce 232

Hut 6–12 cm ∅, ockergelblich gefleckt, matt, fest-fleischig; Lamellen ockergelb, dick; Stiel weißgelblich, feinkleiig-rauh (Lupe), oft auch flockig, unten zugespitzt, kürzer als Hut-∅; Fleisch weiß, mild; in Laubwäldern auf Kalk; 9–10

Trockener Schneckling
Fester Schneckling
Hygrophorus penarius
Kein Speisepilz
MHK III,250 / Ce 659

Lamellenpilze, Milchlinge

(von Tafel 10)

Lamellenpilze mit Milchsaft u. mürbebrüchigem Fleisch, Mykorrhizapilze. Artenzahl im Gebiet je nach Autor: 60–130, davon wurden hier 42 aufgeschlüsselt. Milde Milchlinge sind eßbar, scharf u. bitter schmeckende nur nach besonderer Zubereitung (siehe MHK I, S.42–45). Alle scharfen Milchlinge sind roh giftig (gekocht auch der Bruch-Reizker u. der Blasse Milchling).

Junge (!) Pilze längs durchschneiden od. -brechen; Milchsaft auf Papier od. Fingernagel eintrocknen lassen u. auf Farbänderung achten

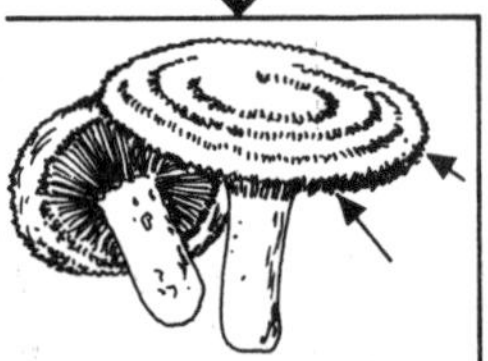

Hutrand zottig od. fransig behangen; junge Pilze prüfen (!), siehe Tafel 21

Hutrand glatt u. kahl (nicht fransig-fasrig; junge Pilze prüfen (!)

Pilze mit rotem Milchsaft siehe Tafel 22

Farbe des Milchsaftes wasserklar, weiß od. gelb

Milchsaft weiß, entweder sofort od. nach ca. 20 min. nach gelb, rot, violett, grün od. grau verfärbend siehe Tafel 23

Milchsaftfarbe nach 20 min. unverändert

Milchsaft wasserklar od. durchscheinend weiß

starker Geruch nach Liebstöckel (Maggi)

Milchsaft wasserklar, so bleibend, mild

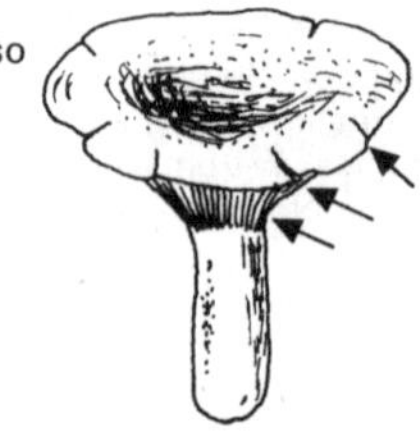

Milchsaft wäßrig-weiß, mild, leicht bitter

unangenehm ranziger Geruch (auch wie zerdrückte Blattwanzen riechend)

Milchsaft wäßrig, mild

Milchsaft weiß, milchweiß (undurchsichtig)

Milchsaft scharf schmeckend, siehe Tafel 25

Milch mild schmeckend

Fleisch im Anschnitt orange od. ockerbraun

im Laubwald

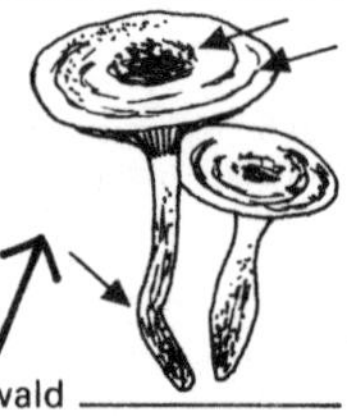

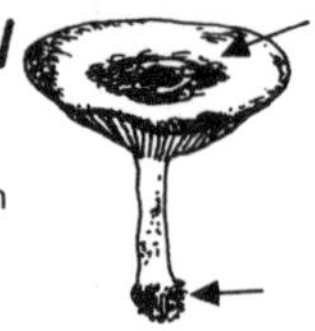

im Nadelwald

Fleisch im Anschnitt weiß, alt braun-fleckend

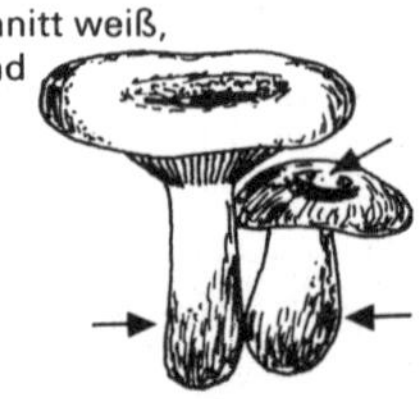

Hut gelbrötlich, alt ledergelb, 5–16 cm ∅, feinschuppig aufreißend, matt, nicht gezont; Lamellen ockergelb, eng; Stiel wie Hut gefärbt, dunkler fleckend, Länge wie Hut-∅; Fleisch gelbocker; bei Kiefer u. Fichte; 7–10	**Bruch-Reizker** **Filziger Milchling** *Lactarius helvus* Kein Speisepilz, als Gewürz verwendbar MHK I,115 / Ce 1049 / He 57 / E 682 / MHK V,42
Hut rotbraun, 2–5 cm ∅, matt; Lamellen rötlichbraun, braun gefleckt; Stiel weinrot bis violett, 3–5 cm lang, 0,5 cm ∅, Basis gebogen, filzig; Fleisch rotbraun; bei Kiefer u. Fichte; 7–11	**Kampfer-Milchling** *Lactarius camphoratus* Würzpilz MHK V,43 / SKE 256 / Ce 177
Hut braunschwarz, höckerig-runzelig, 2–6 cm ∅; Lamellen gelb, Schneiden dunkler; Stiel jung zimtgelb, alt ocker, 3–8 cm lang, 0,5–1 cm ∅; Fleisch gelblich-ocker; unter Eichen u. Hainbuchen; 7–10	**Wäßriger Milchling** *Lactarius serifluus* = *L. cimicarius* Speisepilz MHK V,51
nur bei Eichen; Hut rotbraun, trocken ledergelb, matt, leicht trichterförmig, gezont, 3–8 cm ∅; Lamellen braunrot; Stiel braun, Basis rötlich, 3–6 cm lang, 1 cm ∅; Fleisch rotbraun mit Blattwanzengeruch; 7–10	**Eichen-Milchling** *Lactarius quietus* Speisepilz n.V. MHK V,38 / E 697
nur bei Buchen; Hut jung rotbraun, alt ausblassend, 3–7 cm ∅; Lamellen ocker, braunfleckend; Stiel ocker-rötlich, strieglig-zottige Basis, 3–7 cm lang, 0,5–1 cm ∅; Fleisch ocker, ranziger Geruch; 7–11	**Süßlicher Milchling** *Lactarius subdulcis* Speisepilz MHK V,39
Hut orangerot, nicht gezont, 3–6 cm ∅, etwas klebrig, spitz gebuckelt; Lamellen gelborange, eng; Stiel orangerot, längsadrig, 3–8 cm lang, 0,5–1 cm ∅; Milch weiß, mild; Fleisch orange, geruchlos; bei Fichten u. Kiefern; 9–10	**Orangeroter Milchling** **Milder Milchling** *Lactarius mitissimus* Speisepilz MHK V,47 / SKE 254
Hut orangebraun, 5–14 cm ∅, matt, ungezont; Lamellen gelb; Stiel gelbbraun, 4–10 cm lang, 1–3 cm ∅; Hut, Lamellen, Stiel bei Druck braunfleckend; Milch weiß, dann bräunend, mild; Fleisch mit Heringsgeruch; Mischwald, unter Buchen u. Fichten; 7–10	**Brätling** *Lactarius volemus* Speisepilz MHK I,114 / He 56 / SKE 256 / Ce 176; wenn Hut-∅ 3–6 cm, auf Kalk, geruchlos, Milch bitter, dann *Lactarius ichoratus* Kein Speisepilz, selten, MHK V,46

Lamellenpilze, Milchlinge

(von Tafel 20)

Milchlinge mit filzig-fransig- od. zottig behangenem Hutrand

Milch weiß bleibend

Pilz düster oliv-grünbraun

Stiel mit rundlichen Gruben; Milch weiß, sehr langsam graufleckend u. brennend scharf

Pilze weiß, gelb, gelbrot, gelbbraun od. rosa

Hut weiß od. creme

Milch scharf

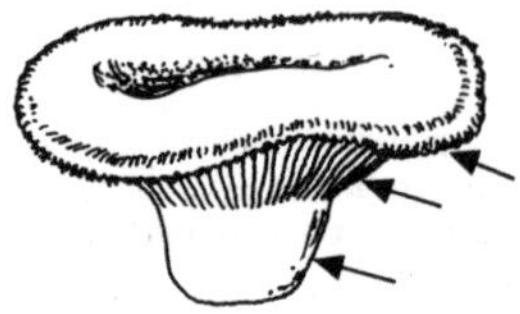

Milch allein (!) mild, Milch mit Fleisch zusammen verkostet scharf (!)

Hut rosa, rötlichgelb, rötlich-hellgelb

Hut mit deutlichen Ringzonen

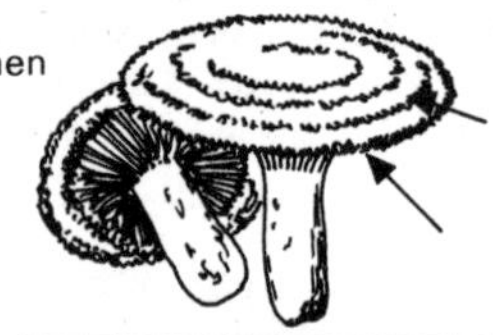

Hut nicht gezont

Milch weiß, aber dann sofort nach gelblich verfärbend

Stiel gelblich tropfig-gefleckt (nicht grubig !); Geruch nach Zitronenschale

Stiel hat braungefärbte, tiefe Gruben

Milchlinge mit scharfem Hutrand siehe Tafel 20

Hut 7–22 cm ∅; Lamellen weißlich, braun-fleckend; Stiel wie der Hut gefärbt; Fleisch gelblich; auf sauren Böden; 7–11	**Tannen-Reizker** **Olivbrauner Milchling** *Lactarius turpis* = *L. necator* Speisepilz n. V. MHK V,29 / SKE 250 / Ce 181 / E 701
Hut 10–20 cm ∅, wollig-flaumig, Lamellen ockergelb, am Stiel etwas herablaufend; Stiel gelbweiß, 2–6 cm lang u. 2–5 cm ∅, Fleisch weiß u. hart; Nadel- u. Laubwald; 7–10	**Wolliger Milchling** *Lactarius vellereus* Speisepilz n. V. MHK I,116 / MHK V,3 / He 58 / Ce 186
in der Form u. in den Farben wie der Wollige Milchling; Pilz kommt meist im nördlichen Teil des Gebietes vor; 7–10	**Samtiger Milchling** *Lactarius velutinus* Abb. wie Wolliger Milchling
Hut rötlich, oft zu gelblich-rosa ausblassend, 4–13 cm ∅, filzig-zottig; Lamellen rötlichbraun; Stiel rosa, etwas blasser als der Hut; Fleisch u. Milch sofort brennend scharf; nur unter Birken; saure Böden; 8–10	**Birken-Milchling** **Zottiger Reizker** *Lactarius torminosus* Speisepilz n. V. MHK I,112 / MHK V,5 / SKE 252 / Ce 174 / E 688
Hut weißlich über sahnegelblich zu gelbbraun verfärbend, 2,5–7 cm ∅, filzig-zottig, Lamellen rötlich-braun; Milch u. Fleisch brennend scharf; unter Birken; Moore, Seeufer; 8–10	**Flaumiger Milchling** **Moor-Reizker** *Lactarius pubescens* Speisepilz n. V. MHK V,7
Hut gelborange, vom Rande her zottig-schuppig, 5–13 cm ∅; Lamellen u. Stiel gelborange; Fleisch weiß; Milch u. Fleisch brennend scharf, in Laubmischwäldern auf Kalk u. Lehm; 8–10	**Fransen-Milchling** *Lactarius citriolens* = *L. resimus* = *L. cicilioides* Speisepilz n. V. MHK V,6 / Ce 630
Hut gelb, oft mit dunkleren Zonen, zottig-schuppig, 7–14 cm ∅; Lamellen u. Stiel orangegelb; Fleisch gelblich, mit Obstgeruch; Fleisch u. Milch brennend scharf; unter Fichten; 7–10	**Grubiger Milchling** *Lactarius scrobiculatus* Speisepilz n. V. MHK V,11 / Ce 183

Hinweis: Milch erst weiß, dann violett verfärbend	beide Pilzarten selten im Gebiet	*Lactarius repraesentaneus* Kein Speisepilz MHK V,13 *Lactarius flavidus* Kein Speisepilz MHK V,14 a

Lamellenpilze, Milchlinge

(von Tafel 20)

Milchlinge mit rötlich gefärbtem Milchsaft; Pilze durchschneiden od. durchbrechen u. beobachten, ob sich der rötliche Milchsaft verfärbt

Milch nach dem Anschneiden karottenrot

Milch auch nach 10 Min. noch karottenrot

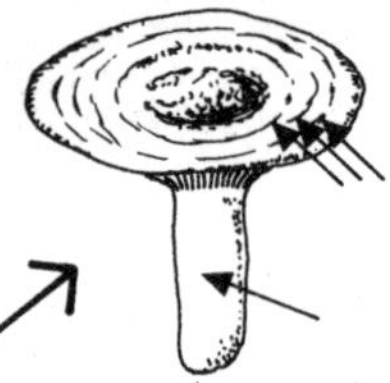

Pilze nicht bitter schmeckend; Hut u. Stiel stark grünfleckend; unter Kiefern auf Sandböden

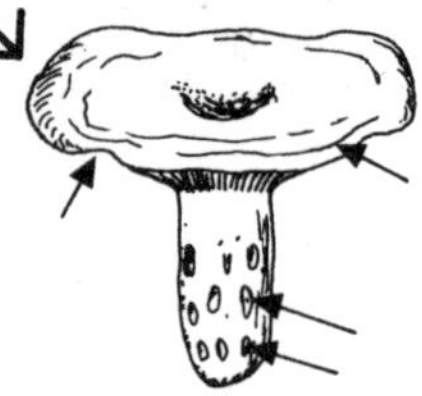

Pilze etwas bitter schmeckend, kaum grünfleckend; unter Fichten im Gebirge

Milch nach dem Anschneiden sofort weinrot (purpurviolett) verfärbend

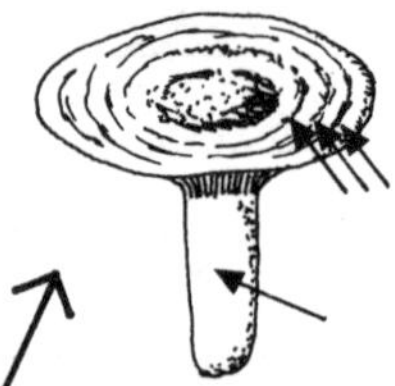

Verfärbung schon nach 5 Min.; Pilze bitter u. scharf schmeckend; nur bei Kiefern auf Kalkboden

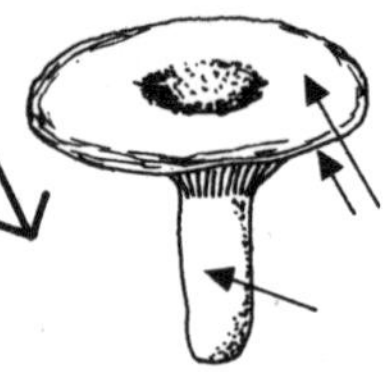

Verfärbung erst nach 15 bis 30 Min.; Pilze bitter u. scharf schmeckend nur bei Fichten auf Kalkboden

Milch erst karottenrot, nach 5–20 Min. weinrot bis blutrot verfärbend

Geschmack mild; nur bei Kiefern auf Kalkboden

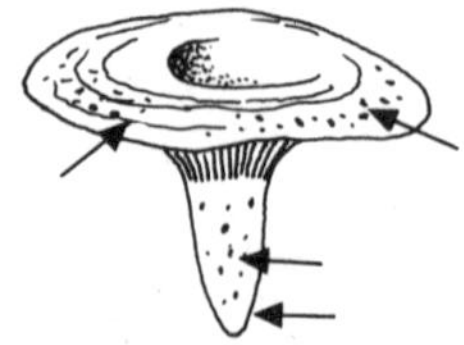

Hut 4–10 cm ∅, orangerot, mit 3–6 deutlichen, breiten rostbraunen Zonen; Druckstellen grünfleckend; Lamellen orangegelb, grünfleckend; Stiel gelblich, grünfleckend; Fleisch gelblich, im Anschnitt grünlich verfärbend; 7–10

Edel-Reizker
Echter Reizker
Lactarius deliciosus
Speisepilz
MHK I,111 / MHK V,21 a / SKE 252 / He 53 / Ce 166

Hut 5–15 cm ∅, orangegelb (Kürbisfarbe), keine rosa Farbtönung, keine Grünverfärbung, höchstens 1 mm breite, meist verwaschene Zonierung, Druckstellen bräunlich verfärbend; Lamellen, Stiel u. Fleisch ocker, nicht grünfleckend; Stiel 3–7 cm lang, 1–2,5 cm ∅; 7–10

Lachs-Reizker
Alpen-Reizker
Lactarius salmonicolor
Kein Speisepilz, selten
MHK V,22 / Ce 167

Hut 5–15 cm ∅, orange bis rotbraun, dicht gezont, bald dunkelgrün verfärbend, feucht kaum klebrig; Hutrand jung filzig-wollig; Lamellen u. Fleisch ocker-orange; Stiel 3–7 cm lang, 1–2 cm ∅, blaß orange, mit orangefarbenen Gruben; 9–10

Kiefern-Reizker
Lactarius semisanguifluus
Speisepilz
MHK V,23 / Ce 172

Hut 3–10 cm ∅, ungezont (od. nur am Hutrand), orangerot, bald gänzlich vergrünend, feucht schmierig; Lamellen u. Stiel orange, grünend; Stiel 3–6 cm lang, 1–2 cm ∅, innen violett; Fleisch gelblich, mit Obstgeruch; 8–10

Fichten-Reizker
Lactarius deterrimus
Speisepilz
MHK V,21 b / Ce 621

Hut 6–17 cm ∅, hellocker bis fuchsrot-orange, mit grün untermischt u. mit bis zu 6 Bändern braunrot gezont; Lamellen fleischrötlich u. Druckstellen erst blutrot, dann grün verfärbend; Stiel blaßlila, bei Druck grünend; Fleisch creme; Stielrinde weinrot; im Norden des Gebietes; 9–11

Blut-Reizker
Lactarius sanguifluus
Speisepilz
MHK V,24 / Ce 169

Lamellenpilze, Milchlinge

(von Tafel 20)

Milchlinge; Hutrand glatt, nicht fransig behangen; Milch allein od. mit dem Fleisch von weiß nach rot, gelb, rotviolett, grau od. grün verfärbend

→ Milch anfangs weiß, dann gelb verfärbend

→ → Hut orange od. rötlichbraun; kleine Pilze (bis 6 cm ∅)

→ → → Hut mit dunkleren Zonen

unter Eichen; mit brennend scharfer Milch, die binnen 2–5 s von weiß nach schwefelgelb verfärbt

→ → → Hut gleichfarbig, nicht gezont

→ → → → bei Birken; Milch erst mild, dann scharf, nur langsam von weiß nach gelb verfärbend

→ → → → im Eichen-Hainbuchen-Wald; Milch erst mild, dann bitter u. scharf; Pilz riecht nach Pelargonien.

→ → Hut violett, violettgrau; große Pilze, 6–26 cm Hut-∅

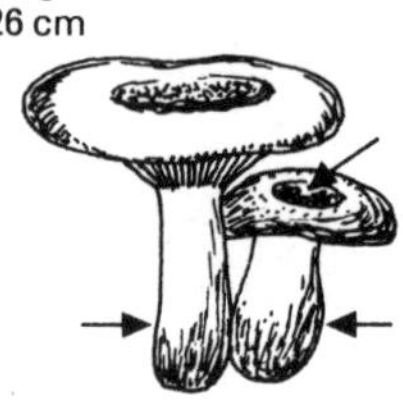

in Nadelwäldern auf sauren Böden, bei Birken; Milch erst mild, dann bitter u. scharf

→ Milch anfangs weiß, dann rötlich, violett od. grüngrau verfärbend

→ → Milch erst weiß, dann violett verfärbend

→ → → Hut grau-fleischrot, ungezont; Milch mild bis leicht bitter

→ → → Hut violettbraun mit deutlichen olivbraunen, dunkleren Zonen; Milch erst mild, dann scharf u. bitter

→ → Milch erst weiß, dann rosarot od. grüngrau verfärbend; siehe Tafel 24

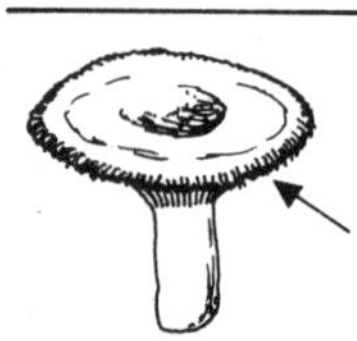

Hinweis: Wenn zottig behangener Hutrand, dann siehe Tafel 21

Hut gelb mit orangeroten Zonen, glatt, 4–6 (–9) cm ∅, eingedellt; Lamellen fleischfarben-orange, eng; Stiel erst weißlich, bereift, dann orange; Fleisch weißgelb; Milch sehr reichlich; meist auf Sand- od. Silikatböden; in Gebirgslagen fehlend; 7–10	**Goldflüssiger Milchling** *Lactarius chrysorrheus* Kein Speisepilz MHK V,12 / Ce 623 / SKE 258
Hut feucht rötlich, trocken semmelfarben ausblassend, 3–5 cm ∅, mit Zentralbuckel; Lamellen ocker, rostig fleckend, eng; Stiel bräunlich; Fleisch semmelfarben; 7–10	**Flatter-Reizker** *Lactarius thejogalus* = *L. tabidus* Kein Speisepilz MHK V,52 / Ce 178
Hut feucht blaßrosa, trocken rosa-gelblich, 3–6 cm ∅, oft mit Zentralbuckel, Rand lange eingebogen; Lamellen rotgelb; Stiel rotocker; Fleisch orangegelb; 6–9	**Schwefel-Milchling** *Lactarius decipiens* Kein Speisepilz MHK V,53
Hut violett bis violettbraun, stark schleimig-schmierig, 6–26 cm ∅, oft sehr groß, trocken ledergelb ausblassend, nicht gezont; Lamellen hellocker; Stiel gelblich; Fleisch gelbbraun; fehlt auf Kalkböden; 7–10	**Nordischer Reizker** *Lactarius trivialis* Speisepilz n. V. MHK V,27 / Ce 633
Hut schmierig-klebrig, trichterförmig, 4–10 cm ∅; Lamellen gelbweiß, verletzt rasch violett verfärbend; Stiel gelblich; nicht auf Kalkböden; in Wäldern bei Birken; 7–10	**Klebriger Violett-Milchling** *Lactarius uvidus* Kein Speisepilz MHK V,16 / Ce 184
Hut 5–10 (–15) cm ∅, schmierig; Lamellen gelb-bräunlich; Stiel bräunlich; Fleisch weiß, bei Verletzung violett verfärbend; Kalk meidend, in Eichen-Birken-Wäldern; 7–10	**Trockener Violett-Milchling** *Lactarius violascens* Kein Speisepilz MHK V,15

Lamellenpilze, Milchlinge

(von Tafel 23)

Pilze anschneiden od. anbrechen u. Milchsaft auf dem Fleisch u. getrennt davon beobachten(!)

Milchlinge mit verfärbender Milch

Milch erst weiß, dann entweder allein od. in Verbindung mit dem Fleisch nach rosa-rot od. graugrün verfärbend

→ Milch weiß, rosarötlich verfärbend

→ → Milch auch ohne Kontakt mit dem Fleisch rosa-rötlich verfärbend

→ → → Milch sehr scharf; Pilze nur im Laubwald

→ → → Milch mild; Pilze nur im Nadelwald

→ → Milch nur im Kontakt mit dem Fleisch rötlich verfärbend, abgetropft weiß bleibend

→ → → Milch scharf; Pilze im Gebirgsfichtenwald

→ Milch weiß, beim Eintrocknen graugrün verfärbend

→ → Milch brennend scharf; Pilze nur bei Buchen

→ → Milch erst mild, dann brennend u. kratzend; nur bei Birken auf sauren Böden

Hinweis: Verfärbende Milch ist auch bei einigen Arten mit zottig-behangenem Hutrand vorhanden. (z.B. gelbverfärbende beim **Grubigen Milchling** od. violett verfärbende Milch beim **Blassen Violett-Milchling**, MHK V,14 b)

Hut braun, stark schleimig, 5–9 cm ∅, ocker ausblassend; Lamellen ockergelb, rotfleckend; Fleisch weiß, bei Verletzung rötend; Milch brennend scharf; bei Buchen auf Kalkboden; 7–10

Schmieriger Korallen-Reizker
Rosaanlaufender Milchling
Lactarius acris
Kein Speisepilz
MHK V,58

Hut schwarz od. schwarzbraun, samtig, spitzgebuckelt, 2–7 (–10) cm ∅. Lamellen schneeweiß; Stiel schwarzbraun, Basis oft heller, lang u. dünn; Fleisch weiß, verletzt rötlich; in alten Fichtenhochwäldern auf sauren Böden; 8–11

Schwarzkopf-Milchling
Runzel-Milchling
Mohrenkopf, Pasterle
Lactarius lignyotus
Speisepilz
MHK V,62 / SKE 252 / Ce 627 / E 669

Hut schwarz, samtig, 5–8 cm ∅, dickfleischig; Lamellen ocker-gelb; Stiel weiß, rosa verfärbend, brennend scharf; 7–10

Pechschwarzer Milchling
Lactarius picinus
Kein Speisepilz
MHK V,61

Hut grau-grün-olivbraun, mit violetter Tönung, oft dunkelbraun gefleckt, feucht mit dicker Schleimschicht; Lamellen graufleckig-weiß; Stiel blasser als der Hut; im Buchenwald; 8–11

Graugrüner Milchling
Lactarius blennius
Kein Speisepilz
MHK V,30 / SKE 252 / Ce 179

Hut violettbraun-grau, nicht braungefleckt, 3–7 cm ∅, kaum schleimig; Lamellen weißlich, Druckflecken werden grau-oliv-braun; Stiel weißlich-grau; Fleisch weiß u. grauend; immer bei Birken in Nadelwäldern; 8–11

Graufleckender Milchling
Lactarius vietus
Speisepilz n.V.
MHK V,31 / Ce 1048

Lamellenpilze, Milchlinge

(von Tafel 20)

Milchlinge mit weißer, nicht verfärbender Milch; Geschmack sehr scharf; Hutrand nicht fransig

→ Hut weiß od. mehlfarbig

→ Lamellen sehr eng stehend — Hutoberfläche glatt u. kahl

in Laubwäldern bei Buchen, Eichen, Hainbuchen, Birken; nicht auf Sandböden

→ Lamellen sehr weit auseinander stehend — Hutoberfläche wollig-filzig

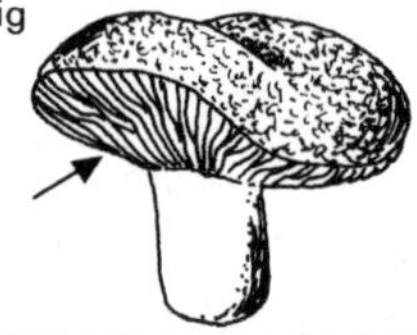

in Laubwäldern bei Buchen, Hainbuchen, Eichen, Birken (sehr selten bei Nadelbäumen)

→ Hut anders gefärbt

→ Hut mit grünen Farbtönen

→ stets bei Birken, in Kiefern- u. Fichtenwäldern; Hut olivbraun, Hutrand jung grün — Lamellen weißgelb, bei Druck braunschwarz fleckend

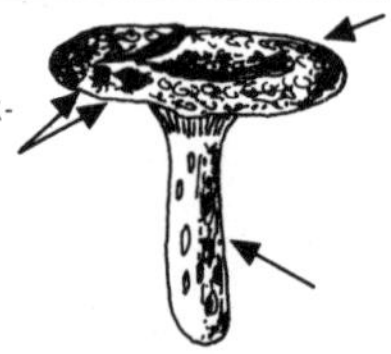

→ bei Buchen; Hut graugrün; gezont — Lamellen weiß-gelblich, bei Druck stark graugrün fleckend

→ Hut ohne grüne Farbtöne

→ Hut grau, graubraun od. violett (stets ohne Rottönung) — Hut nicht mit helleren u. dunkleren Zonen; Pilz geruchlos

→ Hut rotbraun, fleischrot, rotgelb od. dunkelbraun (aber immer mit rötlicher Farbtönung)

→ ältere od. getrocknete Pilze riechen deutlich nach Kokosflocken

→ nur bei Birken

→ nur bei Kiefern, Fichten

→ Pilz riecht nach harzigem Holz — nur im Nadelwald

⇣ Hinweis: Hut gelb (-orange), gezont, 8–15 cm ∅; Lamellen gelb, netzig verbunden (löchrig); Stiel kurz u. dick; auf Kalk; 7–9
Queradriger Milchling
Lactarius acerimus
Kein Speisepilz
MHK V,20 / Ce 634

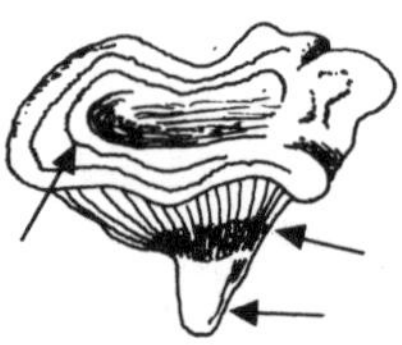

Hut 6–12 (–15) cm Ø, alt trichterförmig, mehlfarben, bei Druck bräunlich fleckend; Lamellen sahneweiß, bräunlich fleckend; Stiel weißlich, 2–9 cm lang, 2–3 cm Ø; Fleisch weiß, hart; 7–10

Pfeffer-Milchling
Lactarius pargamenus
Speisepilz n.V.
MHK V,1 / SKE 250 / Ce 187

Hut 10–25 cm Ø, alt trichterförmig, weiß, ockerfleckig, hartfleischig; Lamellen gelblich, gefleckt; Stiel weißlich, 2–6 cm lang, 2–5 cm Ø; hartfleischig; Fleisch weiß u. derb; meist truppweise; 8–10

Wolliger Milchling
Erdschieber
Lactarius vellereus
Speisepilz n.V.
MHK I,116 / MHK V,3 / SKE 250 / Ce 186

Hut 7–15 (–22) cm Ø, trichterförmig, meist ungezont, bei Regen stark schmierig, sonst schwach filzig; Stiel gelbbraun-oliv, Basis braun, grubig, 3–6 cm lang, 1–2,5 cm Ø; Fleisch gelbbraun; 8–10

Olivbrauner Milchling
Tannen-Reizker
Lactarius turpis
Speisepilz n.V.
MHK V,29 / E 701 / Ce 181 / SKE 250

Hut 4–10 cm Ø; Hutfarben oft ausblassend, durch dunklere Flecke gezont, schleimig-klebrig; Stiel graugrün, klebrig, 3–6 cm lang, 0,8–2 cm Ø, adrig-netzig; Fleisch weiß; 7–10

Graugrüner Milchling
Lactarius blennius
Kein Speisepilz
MHK V,30 / SKE 252 / Ce 179

Hut 2,5–7 cm Ø, violettgrau-braun, oft heller, scharfrandig; Lamellen u. Stiel gelblich; Stiel 4–9 cm lang, 0,4–0,8 cm Ø; Milch auf den Lamellen graugrün fleckend; Fleisch gelblich; 9–10

Graufleckender Milchling
Lactarius vietus
Speisepilz n.V.
MHK V,31 / Ce 1048 / SKE 254

Hut 1–5 cm Ø, rosa-gelb-grau od. fleischrötlich, zu gelbgrau ausblassend, Mittelbuckel; Lamellen u. Stiel ocker; Stiel rosagelb, 1,5–7 cm lang, 0,2–0,8 cm Ø, bereift-glänzend; Fleisch weiß, erst mild, dann scharf; 7–10

Blasser Duft-Milchling
Lactarius glyciosmus
Kein Speisepilz
MHK V,41 / Ce 626 / SKE 254

Hut 4–6 (–9) cm Ø, dunkel rotbraun-grau, Mitte dunkler, schuppig-fasrig; Lamellen ocker; Stiel weiß-ocker, glimmrig, Länge wie Hut-Ø; Fleisch weiß, erst mild, dann scharf; 8–10

Dunkler Duft-Milchling
Lactarius fuscus
= *L. mammosus*
Kein Speisepilz
MHK V,40 / SKE 254

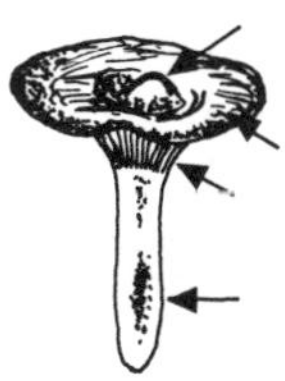

Hut 3–10 cm Ø, braunrot, mattglänzend, mit Mittelhöcker; Lamellen u. Stiel bräunlich; Stiel 4–10 cm lang, 0,5–2 cm Ø; Fleisch ocker, sehr scharf; bei Kiefern u. Fichten; Massenpilz; 7–11

Rotbrauner Milchling
Paprikapilz
Lactarius rufus
Speisepilz n.V.
MHK I,113 / MHK V,63 / E 696 / He 55 / SKE 256

Lamellenpilze, Täublinge

(von Tafel 10)

Täublinge sind leicht zerkrümelbar, mürbebrüchig (wie Kuchen), ohne Milchsaft; die Lamellen sind dick u. beim Darüberstreichen splitternd; alle mild schmeckenden Täublinge sind eßbar (Geschmacksprobe nie verschlucken, stets nach Prüfung ausspucken).
Etwa 160 Täublings-Arten gibt es im Gebiet, davon wurden hier 76 aufgeschlüsselt. Tödlich giftige Täublinge sind nicht vorhanden; alle scharf u. bitter schmeckenden Vertreter sind nicht genießbar. Für die Bestimmung müssen meist junge u. alte, feuchte u. trockene Exemplare desselben Vorkommens zum Vergleich vorhanden sein.

Hutrand gerieft-rillig-kammrandig (auch bei jungen Pilzen)

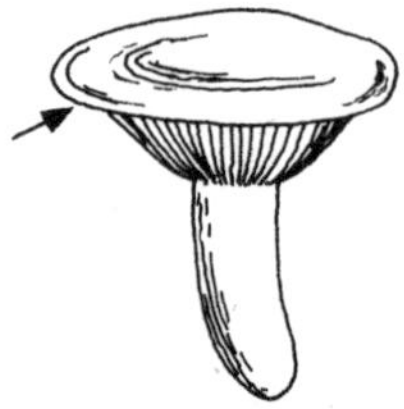

Hut scharfrandig, glatt; Fleisch des Stieles auf Farbtönung prüfen, dazu Pilz längs durchschneiden; ältere Pilze prüfen od. zerschnitten 24 Std. liegen lassen

Fleisch des Stieles grau

Fleisch des Stieles weiß, braun, rot od. schwarz (nicht grau)

Fleisch des Hutes u. des Stieles weiß od. creme (Mehlfarbe), nicht grau u. nicht verfärbend; weitere Bestimmung nach Hutfarben

Hut gelb od. gelbbraun, feucht schmierig, trocken glänzend; wenn Hut violett; siehe Tafel 35

Kammrandige Täublinge
für Speisezwecke ungeeignet
siehe Tafel 27

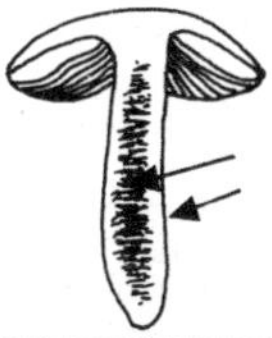

Graustiel-Täublinge
alle Vertreter eßbar
siehe Tafel 28

---

bei jungen Pilzen Fleisch des Hutes u. Stieles erst weiß, dann bald über rot od. braun zu schwarz verfärbend; bei alten Pilzen Hut- u. Stielfleisch braun od. schwarz; junge Pilze weißhütig

Kompakt-Täublinge
alle Vertreter mit wenig Speisewert
siehe Tafel 29

Hut ohne rote Farbtönung

→ Hut mit grünen Farbtönen

→ → Hut „reingrün" gefärbt — siehe Tafel 30

→ → Hut grün, aber mit anderen Farben untermischt

→ → → grün mit violett
siehe Tafel 31

→ → → grün mit anderen Farben (ohne violett)
siehe Tafel 32

→ Hut ohne grüne (u. rote) Farbtönungen

→ → Hut gelb, gelbbraun, braun, braunschwarz

→ → → Hut gelb od. gelborange
siehe Tafel 33

→ → → Hut braun od. braunschwarz
siehe Tafel 34

→ → Hut mit violetten Farbtönen

→ → → Hut violett, violettpurpur (ohne grün, braun, rot)
siehe Tafel 35

Hut irgendwie mit rot od. roten Farbtönungen (hellrot, rotgelb, rotbraun, orangerot, rotoliv (ohne violett)

Hinweis: Zeigt der Hut verschiedene Farbtöne, dann wird nach der Farbe des Hutrandes bestimmt

rotfarbene Täublinge
siehe Tafel 36

Lamellenpilze, Täublinge

(von Tafel 26)

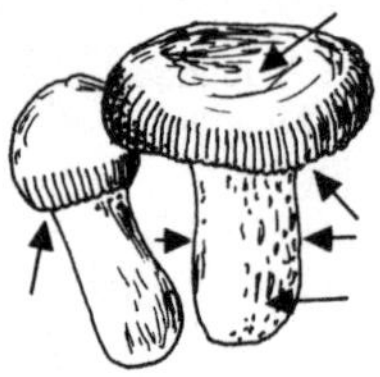

Geruch widerlich stinkend od. nach Bittermandeln riechend

Pilz widerlich süßlich-ölig stinkend

Hut schleimig; Huthaut feucht gelatinös-gequollen, trocken zäh-klebrig, völlig abziehbar

Pilz deutlich nach Bittermandeln riechend

Hut feucht schleimig; Huthaut gelatinös-gequollen, trocken zäh, völlig abziehbar

Hut gelb od. ocker gefärbt, nur Hutmitte bräunlich

Geruch fruchtig od. nach Pelargonien od. Senfsoße riechend

Geruch fruchtig, nach Obst

Hut feucht schmierig-gelatinös, trocken feinschuppig-warzig-rauh; semmelfarben; Huthaut vom Rande nur 1,5 cm abziehbar

Geruch nach Pelargonien od. Senfsoße

Hut aprikosenfarbig-orange; Huthaut nur am Rand abziehbar

Hut gelb, nicht mit Orangetönung; Huthaut halb abziehbar

Pilzgruppe schwierig bestimmbar, deshalb Pilze im feuchten Zustand (1 Std. in Wasser legen) u. getrocknet prüfen; auf Pilzgeruch achten, dazu Pilze durchbrechen u. Pilzfleisch reiben

Täublinge; Hutrand gefurcht-kammrandig; Hutfarben gelb od. braun; Hut auch bei Trockenheit schmierig-klebrig; alle Vertreter ungenießbar

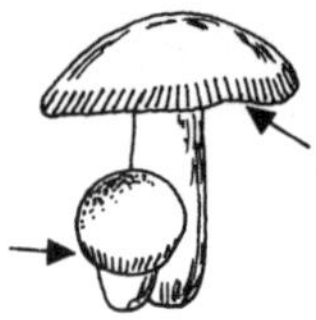

Hut dunkelbraun, rußbraun, olivbraun od. graubraun; Hutscheitel meist dunkelbraun; Geruch prüfen (Pilz durchbrechen u. Fleisch reiben)

Geruch widerlich-stinkend, fischartig, gummiartig

Geruch nach Camembert-Käse

Hut 6–15 cm ∅; Lamellen creme, tropfig-tränend, alt deshalb braunfleckig; Stiel feinflockig, 6–12 cm lang u. 2–3 cm ∅; Fleisch sehr scharf schmeckend; in Wäldern; 7–10

Stink-Täubling
Russula foetens
Kein Speisepilz
MHK V,78 / E 724 / Ce 210

Hut 3–6 (8) cm ∅; Lamellen creme, tropfig-tränend, alt deshalb braunfleckig; Stiel weißlich, fein gerunzelt; Fleisch von mild bis scharf schmeckend; meist unter Buche u. Eiche, aber auch unter Kiefern; 7–10

Mandel-Täubling
Russula laurocerasi
Kein Speisepilz
MHK V,79 / SKE 262 / Ce 211

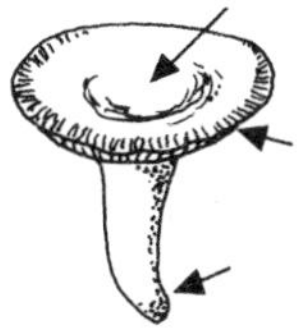

Hut 3–7 cm ∅; Lamellen strohgelb, tränend, alt rostfleckig; Stiel 6–9 cm lang u. 1–2 cm ∅, mit feinen, rostfarbenen Punkten; Fleisch sehr scharf schmeckend; unter Eichen u. Buchen; meist auf Kalkböden; 8–9

Mehlstiel-Täubling
Russula farinipes
Kein Speisepilz
MHK V,77 / Ce 649

Hut 4–10 cm ∅; Lamellen gelblich, jung tränend; Stiel sahnefarben, 3–6 cm lang u. 1–2 cm ∅; Fleisch blaßgelb u. sehr scharf schmeckend; unter Eichen u. Buchen; meist auf Kalkböden; 8–9

Gallen-Täubling
Russula fellea
Kein Speisepilz
MHK V,80 / SKE 262 / Ce 645

Hut 2–5 cm ∅; Lamellen strohgelb; Stiel reinweiß; Fleisch scharf schmeckend; unter Buchen; 7–9

Sonnen-Täubling
Russula solaris
Kein Speisepilz
MHK V,81

Hut 4–8 cm ∅, dattelbraun, schmierig; Lamellen grau-gelblich; Stiel reinweiß; Fleisch mild schmeckend, aber am Gaumen kratzend-zuammenziehend; in Wäldern; 7–10

Kratzender Kamm-Täubling
Russula pectinatoides
Kein Speisepilz
MHK V,75 / SKE 260 / Ce 1062

Hut 3–10 cm ∅, dunkelbraun, schmierig; Lamellen graugelblich; Stiel grau; Fleisch grau u. scharf schmeckend, nur unter Eichen; 7–10

Camembert-Täubling
Russula amoenolens
Kein Speisepilz
MHK V,73 / SKE 272 / E 722

Werden Täublinge mit gefurcht-kammrandigem Hut gefunden, auf die die oben genannten Merkmale nicht zutreffen, so handelt es sich um sehr alte Exemplare anderer Arten, deren Hutrand aufgrund von Schrumpfungserscheinungen gefurcht ist. Man prüfe auf Schärfe des Fleisches u. der Lamellen u. bestimme nach der Hutfarbe weiter

Lamellenpilze, Täublinge

(von Tafel 26)

Graustiel-Täublinge; Geschmack mild; Stielfleisch innen grau od. grauend; Stielinneres bei möglichst alten Exemplaren prüfen od. Pilze 24 Std. aufgeschnitten liegen lassen

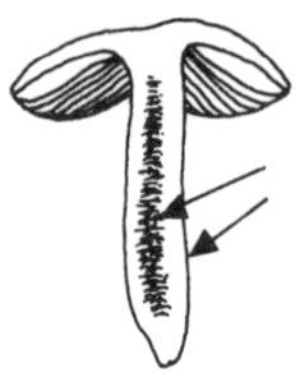

Lamellen u. Fleisch mild schmeckend

Hut hellgelb; unter Birken (selten bei Erle u. Esche); auch im Nadelwald, aber nur unter Birke

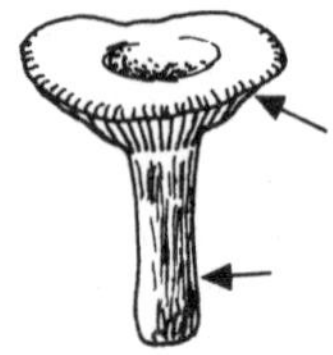

Hut rot; im Nadelwald, nicht bei Birken

Hut orange bis ziegelrot

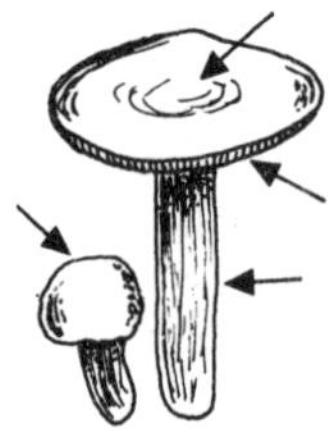

Hut weinrot od. dunkelpurpurrot

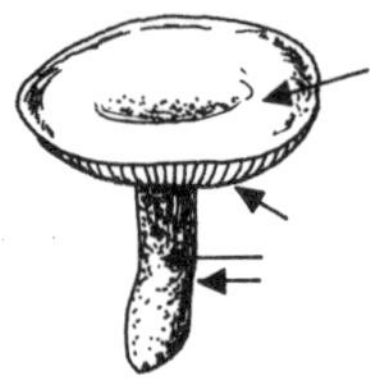

Lamellen scharf schmeckend; Fleisch meist mild (oft leicht bitter schmeckend)

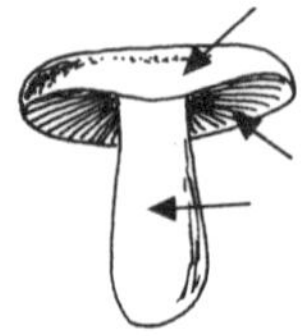

Hut 3–8 cm ∅; Stiel weißgelb; Hut u. Fleisch stark grau verfärbend (oft auch etwas rötend); Stiel außen nur grau, nicht rötend; auf sauren Böden; 7–10

Gelber Graustiel-Täubling
Russula claroflava
= *Russula flava*
Speisepilz
MHK V,104 / Ce 1060

Hut 5–12 cm ∅, lange Zeit fast kugelig; Hutrand alt stumpfkammrandig; im Nadelwald auf sauren Böden; 7–10

Orangeroter Graustiel-Täubling
Russula decolorans
Speisepilz
MHK I,122 / MHK V,105
SKE 260 / He 63 / Ce 195
Junge Exemplare können mit dem Apfeltäubling verwechselt werden.

Hut 6–12 cm ∅; Stiel grau; Fleisch verfärbt sich bei Verletzung od. im Anschnitt erst leicht rötlich, dann grau; meist im Gebirgsnadelwald unter Fichte; in der Ebene meist unter Kiefern; 7–10

Weinroter Graustiel-Täubling
Russula vinosa
= *Russula obscura*
Speisepilz
MHK V,106 / SKE 270 / Ce 214

Hut gelbocker, blaßgelb, 5–10 cm ∅, feucht schmierig; Lamellen weiß, oft braungefleckt, engstehend; Stiel weißlich, alt etwas grauend (auch das Fleisch); im Nadelwald meist unter Fichte; Massenpilz; 8–11

Gelbweißer Täubling
Russula ochroleuca
Kein Speisepilz
MHK I,120 / MHK V,82 / He 65 / E 727 / Ce 646

Lamellenpilze, Täublinge

(von Tafel 26)

Kompakt-Täublinge; Hut jung weißlich, im Alter Hut u. Fleisch meist über rot nach braun od. schwarz verfärbend

Hut weiß bis creme (so bleibend); Hut- u. Stielfleisch weißlich-creme (nicht rot od. schwarz verfärbend)

Lamellen creme-weiß, dicklich u. weitstehend, wenig Zwischenlamellen (nicht gegabelt)

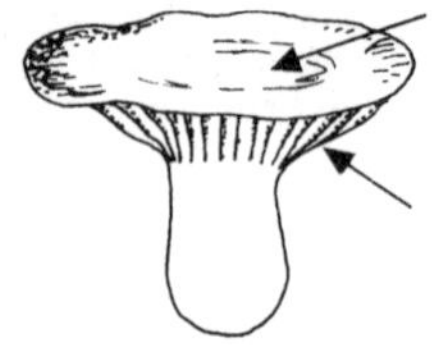

Lamellen bläulichgrün (junge Pilze prüfen), dünn u. sehr eng stehend, oft gegabelt

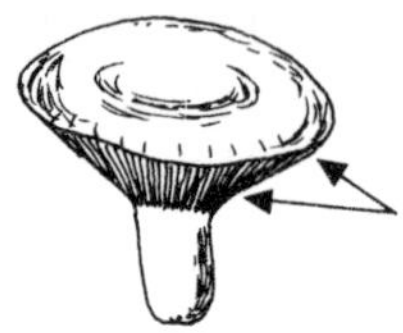

Hut u. Stiel jung weißlich, bald rötlich, braun, grau od. schwarz verfärbend; alte Pilze braun od. schwarz

Lamellen dick u. sehr weit stehend (3–6 auf 1 cm am Hutrand); Fleisch rasch von rot nach schwarz verfärbend

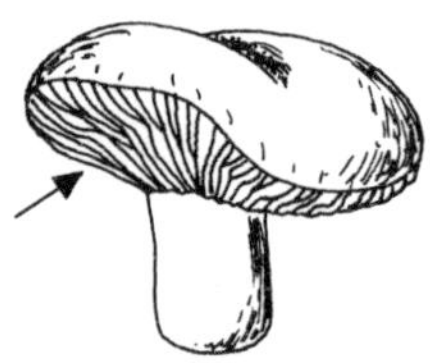

Lamellen dünn u. engstehend

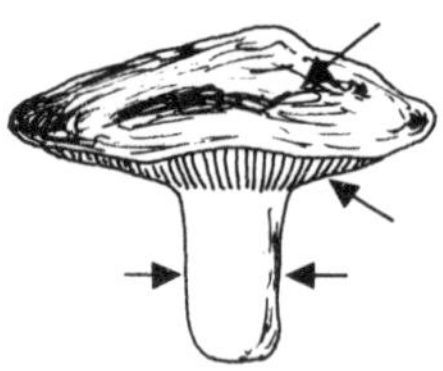

Fleisch erst rötend, dann grau od. dunkel verfärbend

Fleisch alt nur grau verfärbend

Fleisch alt deutlich dunkelbraun

Fleisch nicht rötend, sondern rasch schwarz verfärbend

Hut weiß, dann gilbend, alt trichterförmig vertieft, matt, 8–20 cm ∅; Lamellen herablaufend, oft tränend; Fleisch erst mild, dann leicht schärflich; Stiel weißlich, dick; in Wäldern, auf Kalkböden; 7–10

Gemeiner Weiß-Täubling
Russula delica
Speisepilz n.V.
MHK V,67a / SKE 278 / Ce 220

---

wie *R. delica*, aber Hut nur 4,5–13 cm ∅; Geruch jung unangenehm, alt obstartig; Fleisch wie bei *R. delica*; nur in Laubwäldern, auf Kalk; 7–11

Schmalblättriger Weiß-Täubling
Russula chloroides
= *R. pseudodelica*
Speisepilz n.V.
MHK V,67 b

Hut erst weiß, über grau zu schwarz verfärbend, 7–20 cm ∅; alte Pilze stets schwarz; Pilze verfaulen kaum; Lamellen sehr dick u. spröde, wie Hut verfärbend; in Wäldern (oft noch im nächsten Jahr); 7–10

Dickblättriger Schwarz-Täubling
Russula nigricans
Kein Speisepilz
MHK V,69 / SKE 274 / Ce 198

Hut erst weiß, dann dunkelbraun, glänzend, 8–15 cm ∅, in der Mitte vertieft; Lamellen wie Hut verfärbend; Stiel weiß, an Druckstellen schwärzlich; Fleisch mild; in Kiefernwäldern; 7–11

Rauchbrauner Täubling
Russula adusta
Kein Speisepilz
MHK V,72 / SKE 260 / Ce 639

Hut erst weiß, dann schwarzbraun, schmierig-glänzend, 4–15 cm ∅; Lamellen creme; Fleisch weiß, bei Verletzung rötend, dann langsam bräunend; meist mild; Lamellen sehr scharf schmeckend; Stiel wie Hut verfärbend; in Wäldern, selten auf Sandböden; 7–10

Scharfblättriger Täubling
Russula acrifolia
Kein Speisepilz
MHK V,71 / SKE 274 / Ce 197

Hut erst weiß, dann über grau nach schwarzbraun verfärbend, 5–15 cm ∅; Lamellen erst weiß, dann schwärzend; Fleisch bitter od. schärflich, mit Mentholgeschmack; Stiel ebenso; in Wäldern, meist auf sauren Böden; 7–10

Schwarzanlaufender Täubling
Russula albonigra
Kein Speisepilz
MHK V,70 / Ce 638

Lamellenpilze, Täublinge

(von Tafel 26)

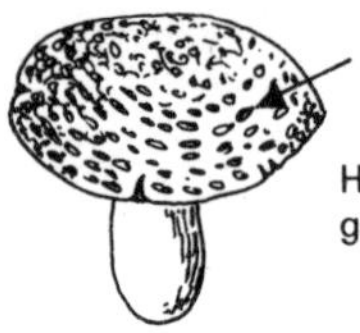

Lamellen weiß bis blaß-creme

Geschmack mild; Huthaut nicht abziehbar

Huthaut matt, feldrig-aufgerissen

Lamellen biegsam-weich, nicht bröcklig-splitternd

Geschmack mild; Lamellen weiß; Huthaut ⅓ abziehbar

bei jungen nicht verwässerten Pilzen Hutfarbe „reingrün" (nicht mit anderen Farben untermischt)

Lamellen weiß, „reinweiß"; Fleisch geruchlos

Lamellen mild schmeckend

Täublinge; Hutfarbe grün

Huthaut glatt, nicht feldrig-aufgerissen; Hut meist schmierig u. glänzend

Lamellen gelblich-elfenbeinfarben; Fleisch riecht nach Heringslake

Lamellen bröcklig-splitternd

Lamellen scharf schmeckend (Hutfleisch ohne Lamellen mild schmeckend)

Lamellen jung weiß, alt buttergelb; Huthaut ½ abziehbar

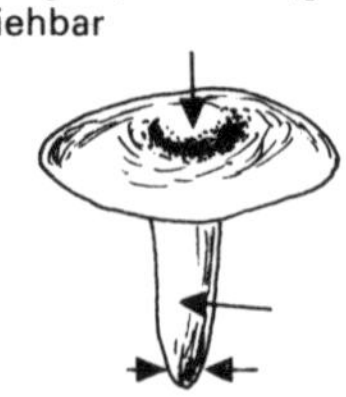

Hinweis:
Pilze oft schwierig zu bestimmen; ein Vergleich von jungen u. alten Exemplaren des gleichen Vorkommens ist notwendig

Hutfarbe grün, aber mit anderen Farben untermischt (grünviolett, grünrot, grünbraun, grüngelb) Bestimmung siehe Tafeln 31 u. 32

Hut 6–15 cm ∅; hell od. dunkler grünspanfarben, gelblich ausblassend; Stiel weiß, -basis braunfleckig, 3–6 cm lang u. 2–3 cm ∅; kräftig, sehr hartfleischig; Fleisch weiß; bei Buchen, Eichen, Birken od. Tannen auf sauren Böden; 7–10	**Grünschuppiger Täubling** **Felderiger Täubling** *Russula virescens* Speisepilz MHK I,118 / MHK V,84 / He 60 / SKE 262 / Ce 213
Hut 6–15 cm ∅, grün (u. oft mit violett untermischt, auch gänzlich violett od. violettpurpur); Hutmitte oft dunkelgrün u. radialfasrig; Stiel weiß, 5–10 cm lang u. 1,5–2,5 cm ∅; Fleisch weiß, unter der Huthaut violett; im Laub- u. Nadelwald auf Kalk; 7–10	**Frauen-Täubling** **Violettgrüner Täubling** *Russula cyanoxantha* Speisepilz MHK I,119 / MHK V,92 / E 736 / He 61 / SKE 264
Hut 6–12 cm ∅, grün (blaugrün od. oliv); -mitte oft braun, -rand grasgrün; Stiel weiß, rostfleckig, 3–6 cm lang u. 2–3 cm ∅; Fleisch weißlich; in Eichen-Hainbuchenwäldern in wärmeren Gebieten; 7–9	**Grüner Speise-Täubling** *Russula heterophylla* Speisepilz MHK V,90 / SKE 278
Hut 4–8 cm ∅, grün (olivgrün, gelbgrün, grünbraun); Hutrand heller gefärbt; Huthaut ½ abziehbar; Stiel weiß, bei Druck braunfleckend, 5–8 cm lang u. 1,5–2 cm ∅; Fleisch weiß, braun verfärbend; im Laubwald unter Eichen, Birken, Buchen, Linden auf sauren Böden; 8–10	**Grüner Herings-Täubling** *Russula elaeodes* Speisepilz MHK V,107 b
Hut 5–12 cm ∅, grün (bis graugrün); am Rande meist heller gefärbt, oft ganz bis gelbweiß ausgeblaßt; Stiel weiß, seidig, rostfleckig, 4–6 cm lang u. 1–2 cm ∅; Fleisch weiß; bei Birke, Erle (Fichte u. Kiefer) auf sauren Böden; 7–10	**Grüner Birken-Täubling** **Grasgrüner Täubling** *Russula aeruginea* Speisepilz n.V. MHK I,117 / MHK V,85 / SKE 264 / Ce 215 / E 734

Hinweis:
Die Vertreter zahlreicher Täublingsarten haben untermischte Hutfarben. Ein Ausbleichen od. Ausblassen der ursprünglichen Hutfarbe (bei sehr jungen Pilzen) nach grünen od. gelben Farbtönen ist bei alten od. beregneten Exemplaren oft festzustellen. Deshalb ist stets die „Hauptfarbe" (der vorherrschende Farbton) für die Bestimmung zu nutzen.

Lamellenpilze, Täublinge

(von Tafel 26)

Täublinge; Hutfarbe grün mit violett

alte Lamellen weiß od. creme
Hut violettlila; Hutmitte oft grün

Pilze stets sehr scharf schmeckend; Pilze mit starkem süßlichen od. Obstgeruch

Hut bei Trockenheit matt, mit Obstgeruch; bei Buchen u. Eichen, auf sauren Böden

Hut bei Trockenheit glänzend; süßlicher Honiggeruch; nur bei Eichen auf Kalk- u. Silikatböden

Pilze stets mild schmeckend u. geruchlos

Hutteile schmierig od. trocken glänzend

Lamellen spröde, splitternd

Hutrand violettrosa; Hutmitte grün; bei Buchen u. Eichen auf sauren Böden

Lamellen biegsam, nicht splitternd

Pilze entweder ganz violett od. grün od. rötlich (am gleichen Standort!); auf Kalk- u. Silikatböden

Hut nirgends schmierig, stets matt od. mehlig

Hut violett od. blaugrau, stahlblau, violettoliv; bei Buchen u. Eichen auf Kalkböden

alte Lamellen butter-, dottergelb od. orange

Stiel weiß od. weißlich, höchstens alt nach gelb od. braun verfärbend; Hut feucht schmierig, trocken glänzend

Stiel weiß, auch an Druck- u. Fraßstellen unverändert

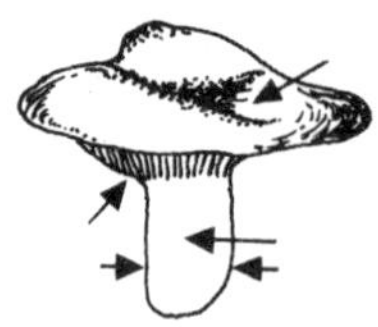

Stiel an Druck- u. Fraßstellen od. im Anschnitt (24 Std. abwarten) stark gilbend od. bräunend

Diese Täublinge haben sehr veränderliche Hutfarben (trocken od. durchfeuchtet). Dabei ist oft der Hutrand anders gefärbt als die Hutmitte, od. die verschiedenen Farben sind untermischt (fleckig).

Die Tafel gibt eine Groborientierung für diese schwierig zu bestimmenden Täublinge. Die Vertreter von 2 Arten sind sehr scharf schmeckend u. deshalb nicht eßbar, alle anderen sind eßbar.

Hutrand rotviolett; Hutmitte grün, oliv, gelb; Hut 3–7 cm ∅; Lamellen creme; Stiel weiß, alt u. durchwässert gelblich, 3–7 cm lang u. 0,7–2 cm ∅; Fleisch u. Lamellen sehr scharf schmeckend; 7–9	**Wechselfarbiger Spei-Täubling** *Russula fragilis* Kein Speisepilz MHK V,142 a / SKE 270 / Ce 1 079
Hutrand violett, alt gerippt; Hutmitte grün, 3–5 cm ∅; Hutfarben vergilben in runden Flecken; Lamellen creme; Stiel weiß, gilbend, seidig glänzend, 2–6 cm lang u. 0,8–1,5 cm ∅; Fleisch u. Lamellen sehr scharf schmekkend; 8–10	**Violetter Täubling** *Russula violacea* Kein Speisepilz MHK V,143 b
Hut 4–7 cm ∅; Lamellen hellcreme; Stiel weiß; Fleisch mildschmeckend; Hüte schon jung tiefgenabelt (wie ein Trichterling aussehend); 6–9	**Papagei-Täubling** *Russula ionochlora* Speisepilz MHK V,87
Hut 6–15 cm ∅; Lamellen stets weiß (!); Stiel weiß, 5–10 cm lang u. 1,5–2,5 cm ∅; Fleisch mild; Hutfleisch unter der Huthaut violett-purpur; 8–10	**Frauen-Täubling** **Violettgrüner Täubling** *Russula cyanoxantha* Speisepilz MHK I,119 / MHK V,92 / He 61 / E 736 / SKE 264
Hut 5–11 cm ∅, oft ockerlich entfärbend; Lamellen hellcreme, spröde; Stiel weiß, alt oft gilbend od. rosa, 4–8 cm lang u. 1–3 cm ∅; Fleisch weiß; kommt auch in Parkanlagen vor; 7–10	**Tauben-Täubling** *Russula grisea* Speisepilz MHK V,86
Hut mit Violett-Weinrot-Grüntönungen, 6–15 cm ∅; Stiel bis 4 cm ∅; Fleisch u. Lamellen mild; nur im Laubwald auf Kalk, Ton od. Mergel; 7–9	**Weißstieliger Leder-Täubling** *Russula romellii* Speisepilz MHK V,114
Hut 5–12 cm ∅, auf grünlichem od. hellolivem Grund braune, braunrötliche od. rote Flecken, stark schmierig-glänzend, Rand höckrig, Haut abziehbar; Fleisch weiß, mild, weichschwammig; nur unter Hainbuche; 6–9	**Hainbuchen-Täubling** *Russula carpini* Speisepilz MHK V,164

Lamellenpilze, Täublinge

(von Tafel 26)

Täublinge; Hut zeigt Grüntönung, aber andere Farben oft vorherrschend (ohne Violettönung)

→ alte Lamellen buttergelb, dottergelb od. orange

→ → Stiel rosa, karminrot od. rotfleckig

Hut 10–20 cm ∅, bunt, rot-dunkelbraun-grünoliv; Fleisch mild schmeckend

→ → Stiel weiß, weißlich, höchstens nach gelb od. braun verfärbend; Hut feucht schmierig, trocken glänzend

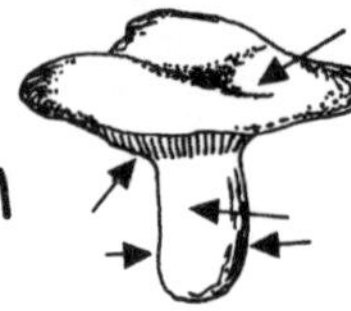

Stiel weiß, auch an Druck- od. Fraßstellen unverändert; Hut scharfrandig

Stiel an Druck- od. Fraßstellen od. im Anschnitt (24 Std. abwarten) stark gilbend od. bräunend; Hutrand gerillt

→ alte Lamellen weiß bis hellgelblich (cremefarben)

→ → Lamellen biegbar-weich

Hut bunt (grün, grünpurpur, graugrün); Hutmitte meist dunkler gefärbt

Lamellen weiß; mild schmeckend

→ → Lamellen brüchig-splitternd

→ → → Lamellen bei jungen Pilzen scharf schmeckend, alte Lamellen oft mild

→ → → → Hut mit glänzenden od. schmierigen Zonen

Hut mit zitronen-, ockergelber, goldgelber od. grüngelber Tönung; Stiel jung weiß, alt grau

Hut in den fleischrosa Teilen glänzend; Hutmitte grün

→ → → → Hut matt, mit schimmelartigem Reif bedeckt, blaugrau-grün

→ → → Lamellen stets (alt od. jung) völlig mild schmekkend

Hut braungrün od. grünoliv; Hutmitte grünbraun; Lamellen sehr stark gabelig verzweigt

Tafel 32

Hut dickfleischig, derb; Stiel stämmig-dick, 6–7 cm lang, 2–4 cm ∅; Fleisch gelblich-lederbraun; unter Rotbuchen, Fichten u. Tannen auf Kalk u. Silikat, nicht auf Sandböden; 7–9	**Rotstieliger Leder-Täubling** *Russula olivacea* Speisepilz MHK I,130 / MHK V,113 / SKE 276 / Ce 209
Hut mit weinrot-grüner Tönung, 6–15 cm ∅; Stiel bis 4 cm ∅; Fleisch u. Lamellen mild; nur im Laubwald auf Kalk-Ton od. Mergel; 7–9	**Weißstieliger Leder-Täubling** *Russula romellii* Speisepilz MHK V,114
Hut rot-olivgrün getönt, 4–12 cm ∅; Stiel bis 2 cm ∅; Fleisch u. Lamellen mild; nur unter Hainbuche; 7–9	**Hainbuchen-Täubling** *Russula carpini* Speisepilz MHK V,164
Hut 6–12 cm ∅; Stiel weiß, 5–10 cm lang u. 1,5–2,5 cm ∅; Fleisch weiß, unter der Huthaut violett; in Buchen-, Eichen- u. Fichtenwäldern auf Kalkböden; 7–10	**Frauen-Täubling** **Violettgrüner Täubling** *Russula cyanoxantha* Speisepilz MHK I,119 / MHK V,92 / E 736 / He 61 / SKE 264
Hut 4–10 cm ∅, feucht glänzend, Huthaut zur Hälfte abziehbar; Lamellen gelblich-weiß; Stiel 3–8 cm lang u. 1,5–2,5 cm ∅; Fleisch weiß, alt grauend; Massenpilz auf sauren Laub- u. Nadelwaldböden; 7–11	**Zitronen-Täubling** **Gelbweißer Täubling** *Russula ochroleuca* Kein Speisepilz MHK I,120 / MHK V,82 / He 65 / Ce 646 / SKE 262
Hut 4–7 cm ∅, Mitte genabelt; Lamellen creme; Fleisch weiß, alt leicht gilbend; Stiel 3–7 cm lang u. 1–2 cm ∅, weiß, alt gelbfleckend; meist in Buchen-, Eichenwäldern; nicht auf Kalkböden; 7–9	**Papagei-Täubling** *Russula ionochlora* Speisepilz MHK V,87
Hut 5–10 cm ∅; Stiel weiß, nie rötlich, 2–5 cm lang u. 1–2 cm ∅, Basis braunfleckend; Fleisch mild, im Alter nach Käse riechend; im Laubwald auf sauren Böden; 7–9	**Blaugrüner Täubling** *Russula parazurea* Speisepilz MHK V,97
Hut 6–12 cm ∅; Lamellen creme; Stiel weiß, manchmal rostfleckig, 3–6 cm lang u. 2–3 cm ∅; Fleisch weiß; in Eichen-, Buchenwäldern wärmerer Gebiete; 7–9	**Grüner Speise-Täubling** *Russula heterophylla* Speisepilz MHK V,90 / SKE 278

Lamellenpilze, Täublinge

(von Tafel 26)

Täublinge; Hutfarbe gelb, gelborange (zitronengelb, schwefelgelb, aprikosenfarbig) Hinweis: Nach der Farbe des Hutrandes bestimmen. Pilze dieser Gruppe sind nur bestimmbar, wenn zum Vergleich junge u. alte, trockene u. feuchte Exemplare desselben Standortes vorhanden sind. Bei Einzelfunden die Hinweise besonders beachten.

Hutrand stark gerippt-gefurcht-kammrandig (schon bei jungen Pilzen)

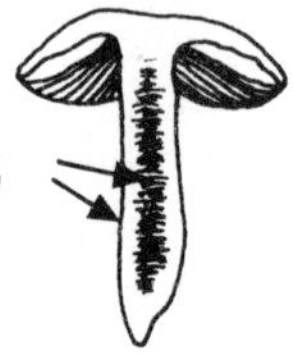

Hutrand glatt; Hut scharfrandig

inneres Stielfleisch nicht grau

Stiel violett gefleckt

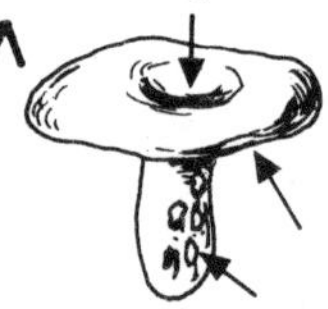

Stiel weiß od. creme (alt etwas grauend)

Tafel 33

Hüte mit gelben od. gelbbraunen Farbtönen; alle Vertreter ungenießbar		Bestimmung siehe Tafel 27
Stiel längs durchschneiden; Fleisch grau; ältere Pilze prüfen	siehe **Graustiel-Täublinge**	Bestimmung siehe Tafel 28
Hut schwefelgelb, 4–8 cm ∅, alt violettfleckig, matt; Lamellen gelblich; Fleisch mild, mit leichtem Heringsgeschmack; bei Buchen, aber auch im Nadelwald; 7–9		**Violettstieliger Täubling** *Russula violeipes* Speisepilz MHK V,94 / Ce 642
Lamellen mild schmeckend	Hut glänzend zitronengelb, 4–8 cm ∅; Lamellen dottergelb; Fleisch mild, alt nach Essig od. Senf riechend; Laub- u. Nadelwald; 7–9	**Dotter-Täubling** *Russula lutea* Speisepilz MHK V,121b
	Hut matt dottergelb, 2–6 cm ∅; Lamellen dottergelb; Fleisch mild, alt nach Aprikosen riechend; Laub- u. Nadelwald; 7–9	**Weicher Täubling** *Russula chamaeleontina* Speisepilz MHK V,121a / Ce 216 / SKE 278
Lamellen oft scharf schmeckend	Hut 4–10 cm ∅, gelb, zitronen-ockergelb, auch grüngelb; feucht glänzend; Lamellen creme; Stiel weiß, 3–8 cm lang, 1–2 cm ∅; Fleisch weiß, meist mild; in Wäldern, auf sauren Böden, 7–11	**Zitronen-Täubling** *Russula ochroleuca* Kein Speisepilz MHK V,82 / MHK I,120 / SKE 262 / Ce 646 / He 65
Hinweise: Bei nicht „reingelber" Hutfarbe bestimme man auch bei den rotfarbenen Täublingen; rotfarbene Täublinge blassen oft nach gelb aus;		**Rotfarbene Täublinge** siehe Tafel 36
		Grünhütige Täublinge verfärben oft nach gelbgrün od. gelb; **Grünfarbene Täublinge** siehe Tafel 30
		Braunhütige Täublinge blassen oft nach gelb aus; **Braunfarbene Täublinge** siehe Tafel 34
		Weißhütige Täublinge können bei Trockenheit od. im Alter leicht vergilben, vergleiche Tafel 29

Lamellenpilze, Täublinge

(von Tafel 26)

Hut glänzend (auch bei Trockenheit)

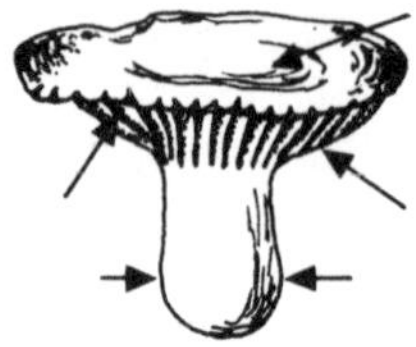

mild schmeckend; Hutrand (alt) gerieft

Im Nadelwald

Fleisch mild schmeckend; Hutrand ungerieft

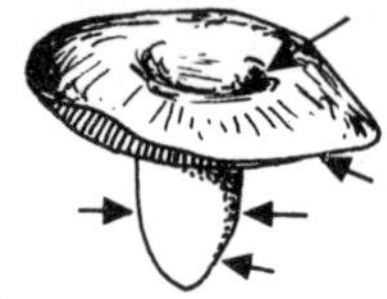

Hut matt, nicht glänzend

Hut braun „reinbraun" (ohne andere Farbtöne); Fleisch stets weiß od. creme

Fleisch erst mild, nach längerem Kauen (1 Min.) unerträglich scharf schmeckend

Täublinge mit braunen Farbtönen; Hut scharfrandig (nicht gefurcht-kammrandig)

im Laubwald

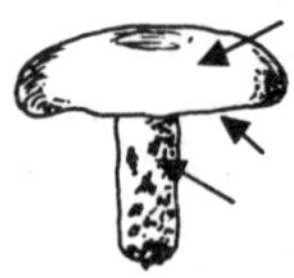

nur bei Buchen auf Kalkböden; mild schmeckend, mit Heringsgeruch; Stiel u. Lamellen braunfleckend

Hut schwarzbraun (oft violett-schwarzbraun), ocker ausbleichend

Hut stets schmierig u. speckig glänzend Lamellen jung gelblich, alt buttergelb

unter Eichen u. Edelkastanien auf sauren Böden

Hutfarbe nicht „reinbraun", sondern braungrau-schwarz, schwarzbraun, rotbraun, grünbraun od. Pilz rötend

Hut ohne Violettönung

Hut mit rotbraunen od. grünbraunen Farbtönen

Hut rötend od mit braunschwarzen, braungrauen Farbtönen

Hut dunkelbraun (mit purpur od. violett), 4–12 cm ∅; Lamellen ocker; Stiel weiß, 2–9 cm lang u. 1,5–3 cm ∅; Basis oft gelbfleckig; Massenpilz unter Fichte, Tanne u. Kiefer im Gebirge, auch auf Kalk od. Silikatböden; 6–10	**Brauner Leder-Täubling** *Russula integra* Speisepilz MHK I,131 / MHK V,116 / SKE 280 Ce 191
Hut gelbbraun, zimtbraun, 6–10 (15) cm ∅; Lamellen weißgelb; Stiel weißgelblich, innen bräunend, 7–8 cm lang u. 2–3 cm ∅; bei Fichten im Gebirge auf sauren Böden; 7–9	**Wiesel-Täubling** *Russula mustelina* Speisepilz MHK V,83 / SKE 274 / Ce 219
Geruch deutlich nach Bleistiftholz; Hut kastanienbraun, braunrot, ocker, trübviolett, 8–10 cm ∅; Lamellen ocker; Stiel weiß mit rosa Flecken; Massenpilz auf Sandböden des Flachlandes bei Kiefern, Fichten u. Tannen; 6–11	**Heimtückischer Täubling** **Zedernholz-Täubling** *Russula badia* Kein Speisepilz MHK V,157 / Ce 1 086
Hut glanzlos hellbraun, braunocker, braunrosa, 4–14 cm ∅; Lamellen gelblich; Stiel weiß, bei Druck mit braunen Flecken, 4–11 cm lang; Fleisch weiß, gilbend od. bräunend; 7–10	**Buchen-Herings-Täubling** *Russula faginea* Speisepilz MHK V,107 c
Hut 3–10 cm ∅, oft sehr dunkel (schwarz-violett), aber auch ocker ausbleichend; Stiel weiß, 2–8 cm lang u. 0,8–2 cm ∅; Lamellen gelb; Fleisch mild, mit schwachem Obstgeruch; 6–9	**Violettbrauner Täubling** *Russula brunneoviolacea* Speisepilz MHK V,95
Hut mit grünbraunen Farben	bei braunen Hüten mit Grüntönung bestimme man bei den grünhütigen Täublingen siehe Tafeln 31; 32; 33
Hut mit rotbraunen Farben	bei Verdacht auf untermischte Rot-Tönung in der Hutfarbe bestimme man bei den rothütigen Täublingen siehe Tafel 36
dunkelbraune od. schwarzbraune Täublinge (oft derbe u. große Pilze), bei Verletzung mit rötendem od. schwärzendem Fleisch, werden nach Schlüssel Tafel 29 bestimmt (Kompakttäublinge, minderwertig)	
Hinweis: Weißhütige Täublinge können (alt) gilben od. verbräunen (junge Exemplare gleichen Standortes prüfen);	Weißhütige Täublinge siehe Tafel 29

Lamellenpilze, Täublinge

(von Tafel 26)

Täublinge; Hut violett, violettpurpur od. dunkelviolettpurpur (keine Braun- od. Rottönung); Begleitbäume beachten

→ Fleisch u. Lamellen scharf schmeckend

→ bei Buchen u. Eichen

Hutrand glatt; Lamellen weiß

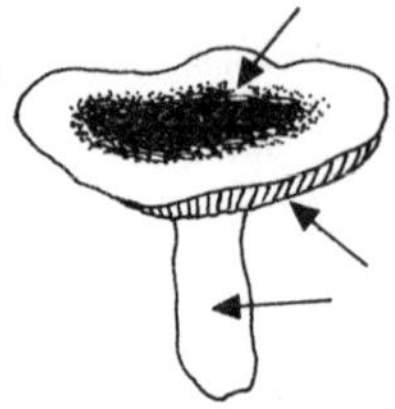

Hut purpur, schwarzviolett, auch blutrot, feucht schmierig, trocken glänzend; Stiel jung weiß, alt grauend

→ nur Nadelwald

→ bei Kiefern; auf Sandböden des Flachlandes

Obstgeruch

Hut violettpurpur bis schwarzpurpur, Mitte oft dunkler als der Rand; Lamellen gelb; Stiel violettrot; Hutoberfläche meist matt

→ bei Fichten; in Gebirgswäldern

Geruch nach Stachelbeerkompott

Hut violettpurpur, Mitte oft schwarz, Rand ausblassend, klebrig u. glänzend; Lamellen hellgelb; Stiel purpurrot

→ Fleisch u. Lamellen mild schmeckend

→ Hutrand schon bei jungen Pilzen stark gerieft, gerillt

→ Stiel weiß, immer gelb- od. ockerfleckig

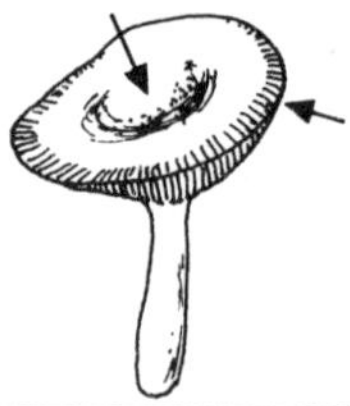

Hut dunkelpurpur bis rosaviolett, orangegelb ausblassend, schmierig, glänzend; Lamellen jung creme, alt gelb, ockerfleckig

→ Stiel weiß; rosafleckig; Stielbasis rosa

Hut weinrot, purpur, rosa, Mitte dunkler u. bräunlich, stark klebrig, gequollen, glänzend, Haut weit abziehbar; Lamellen jung creme, alt buttergelb, goldgelb

→ Hutrand bei jungen Pilzen nicht gerieft, gerillt

→ Hut stets mit warzenartigem Zentralbuckel; Obstgeruch

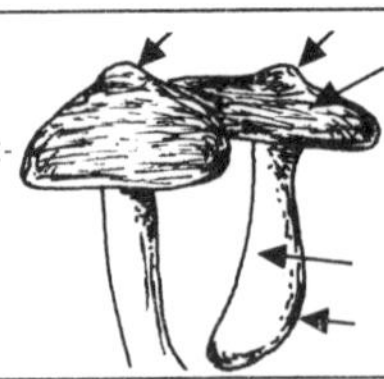

Hut dunkelviolett bis weinrot, glänzend, aber nur wenig klebrig; Lamellen jung gelb, alt ockergelb; Stiel weiß

→ Hutmitte leicht trichterförmig eingetieft; Jodoformgeruch (Zahnarztpraxis)

Hut violett, dunkelviolett, weinrot 4–10 cm ∅; Lamellen jung weiß, alt gelb bis ocker; Stiel 2–7 cm lang, 1–2 cm ∅, weißlich; 7–10

Hut 4–12 cm ∅, ockerfleckig aufhellend; Huthaut nur am Rand abziehbar; Lamellen alt grau-creme; Stiel 3–6 cm lang, 1–2 cm ∅, voll, wenig brüchig; Fleisch jung weiß, alt grauend, leichter Obstgeruch, im Stiel fast mild schmeckend; 7–10	**Purpurschwarzer Täubling** *Russula atropurpurea* Speisepilz MHK I,128 / Ce 1075 / MHK V,133 / SKE 276
Hut 5–10 cm ∅, der Pilz wird auf Grund der Hutfärbung „Säufernase" genannt; Lamellen jung gelb, alt buttergelb, bei feuchtem Wetter stark tränend; Stiel 3–8 cm lang, 1–2 cm ∅; Fleisch creme, mit Obstgeruch, gekocht bitter; 9–11	**Tränen-Täubling** **Zitronenblättriger Täubling** *Russula sardonia* Speisepilz n. V. MHK I,124 / Ce 647 / MHK V,154 / He 67 / SKE 274
Hut 5–8 cm ∅, ⅔ abziehbar; Lamellen nie zitronengelb, immer heller, an Druckstellen grünlich, wenig tränend; Stiel 5–7 cm lang, 1–2 cm ∅, runzlig; Fleisch nie gelb, meist mit bläulichem Farbton, unter der Huthaut purpur, auch bitter; 7–10	**Stachelbeer-Täubling** *Russula queletii* Kein Speisepilz MHK I,126 / Ce 207 / MHK V,153 / He 68
Hut 3–7 cm ∅, bis zur Hälfte abziehbar; Stiel 5–7 cm lang, 8–15 mm ∅, keulenförmig, sehr leicht zerbrechlich; Fleisch jung weiß, alt gelb, ocker gefleckt; in Laub- u. Nadelwald, im Gebirge bei Fichten; 7–10	**Milder Wachs-Täubling** *Russula puellaris* Speisepilz MHK V,125 / Ce 218 / SKE 268 Hinweis: Wenn scharf schmeckend = *R. versicolor*
Hut 3–6 cm ∅, radial-runzlig, niedergedrückt, mit Zentralbuckel; Stiel 3–8 cm lang, 1–1,5 cm ∅, schwach keulenförmig, sehr weich, alt hohl; Fleisch creme, leicht obstartig riechend, beim Zerreiben der Lamellen mit Honiggeruch; bei Birken, auf sauren Böden; 7–10	**Glanz-Täubling** *Russula nitida* Speisepilz MHK V,126
Hut 6–12 cm ∅, manchmal braunpurpur ausblassend, ⅔ abziehbar; Stiel 6–10 cm lang, 1,5–3 cm ∅, netzig gestreift, verlängert keulig; Fleisch creme, mild, nur Huthaut u. Stielfleisch bitter schmeckend; nur bei Kiefern, meist Kalk meidend; 7–10	**Buckel-Täubling** *Russula coerulea* Speisepilz MHK V,110 / SKE 276
Hutmitte gelb, durch Wassertropfen wird die Huthaut gelbfleckig, Gebirgsnadelwald	**Amethyst-Täubling** *Russula amethystina* Speisepilz MHK V,112 / Ce 1064
Hutmitte dunkel gefärbt, Huthaut durch Wassertropfen nicht fleckig; im Flachland in Nadelwäldern	**Jodoform-Täubling** *Russula turci* Speisepilz MHK V,111 / Ce 217 / SKE 264

Lamellenpilze, Täublinge

(von Tafel 26)

scharf schmeckende rothütige Täublinge siehe Tafel 38

Stiel alt außen u. innen grau

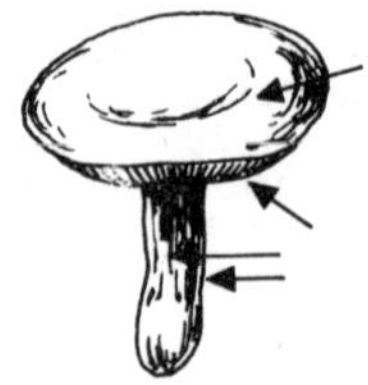

Hut rotweinrot, trübrot od. dunkelrot

nur im Laubwald; Hut nicht mit zentralem Buckel

Fleisch mild schmeckend

Stiel reinweiß

Hutfleisch u. Lamellen zerkauen (Kostprobe ausspucken)

Stiel weiß od. rötlich

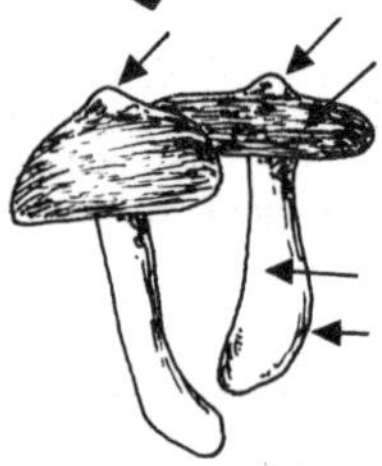

nur bei Kiefern; Hut stets mit zentralem Buckel

Täublinge mit roten Hutfarben sind sehr schwierig zu bestimmen. Die Rotfärbung ist oft nicht stabil, wird ausgewaschen od. bleicht aus. Junge u. alte Exemplare (beregnete u. trockene) vom gleichen Vorkommen sind zum Vergleich notwendig. Für Speisezwecke gilt: Alle mild schmeckenden Täublinge sind eßbar, von den scharf schmeckenden verursachen einige Vertreter starke Verdauungsbeschwerden. Bei Geschmacksprüfungen deshalb die Proben nicht verschlucken. Von den ca. 60 Täublingsarten mit roter Hutfarbe werden hier 30 aufgeschlüsselt.

ältere Pilze nach Honig riechend

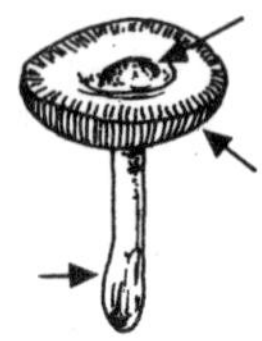

ältere Pilze auffällig riechend

ältere Pilze nach Hering riechend

Stiel rötlich od. rotgefleckt auf weißem Grund

Geruch bei älteren Pilzen unauffällig

Hut gelbrot, orangerot, braunrot siehe Tafel 37

Hut weinrot, 4–12 cm ∅, matt, Mitte aufhellend; Lamellen buttergelb; Fleisch rot, dann grau anlaufend, mit Obst- u. Honiggeruch; in Kiefern- u. Fichtenwäldern, auf sauren Böden; 7–10

Weinroter Graustiel-Täubling
Russula vinosa
Speisepilz
MHK V,106

Hut vielfarbig, oft neben trübrot auch grün, gelb, violett, ocker od. gelb verfärbend; Hut 6–15 cm ∅; Stiel bis 4 cm ∅; Lamellen dottergelb; 7–9

Weißstieliger Leder-Täubling
Russula romellii
Speisepilz
MHK V,114

Hut dunkelviolett u. stark glänzend, 5–10 cm ∅; Lamellen dottergelb; Stiel 5–7 cm lang; ausspitzend; Hutfleisch weiß u. mild; die Hutoberhaut u. das Stielfleisch leicht bitter; Obstgeruch; 7–10

Buckel-Täubling
Russula coerulea
Speisepilz
MHK V,110 / SKE 276 / E 741

Hut purpurrosa u. stark glänzend, 3–6 cm ∅; Lamellen gelb; auf sauren Böden bei Fichten u. Birken; 7–10

Glanz-Täubling
Russula nitita
Speisepilz
MHK V,126

Hut leuchtend purpurrot, alt matt, 5–12 cm ∅; Stiel braunfleckend; Lamellen buttergelb; im Nadelwald auf sauren Böden, bei Kiefern, Fichten; oft Massenpilz; 7–11

Roter Herings-Täubling
Russula xerampelina
Speisepilz
MHK I,129 / MHK V,107a / SKE 266 / Ce 206 / E 746

Hut sehr groß, vielfarbig, von olivbraun bis weinrot od. grünlich, stets matt, 10–20 cm ∅; Stiel sehr dick (2–4 cm ∅); Lamellen ockergelb; unter Buchen, Fichten u. Tannen, meist im Gebirge auf Kalk- u. Silikatböden; 7–10

Rotstieliger Leder-Täubling
Russula olivacea
Speisepilz
MHK I,130 / MHK V,113 / SKE 276

Lamellenpilze, Täublinge

(von Tafel 36)

Täublinge; milde Arten mit roter, braunroter, orangeroter od. gelbroter Hutfarbe

→ Hutfarbe braunrot od. fleischrot (Hutmitte auch oliv)

→ → Lamellen auch alt reinweiß; Sporenpulver weiß

→ → Lamellen alt gelborange od. ocker; Sporenstaub ocker

→ → → kleiner Pilz mit dünnem Stiel; Hutmitte oft oliv od. gelblich

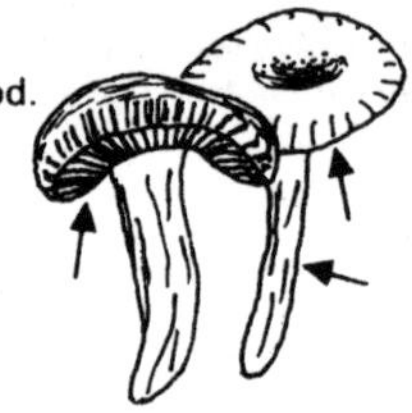

→ → → großer, derber Pilz mit kurzem dickem Stiel; Hut nie oliv gefärbt

→ Hutfarbe himbeerrot, orangerot od. rotgelb (ohne Brauntönung)

→ → Stiel bald außen u. innen grau werdend; nur im Nadelwald

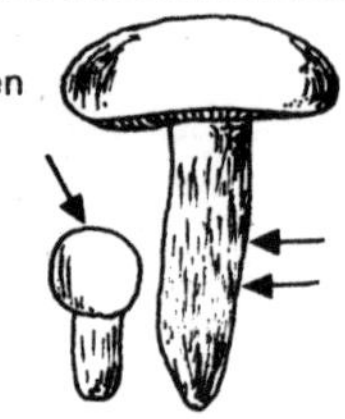

→ → Stiel nicht grauend

→ → → Stiel gelb

Hutrand alt gerieft; Stiel 3–8 cm lang, 1,5–2,5 cm ∅

→ → → Stiel weiß (oft rosa getönt)

→ → → → kleiner Pilz; Hut 4–8 cm ∅; im Laubwald

Hut rosa od. ziegelrot, matt mit Huthautfasern, weißlich gepunktet

→ → → → großer Pilz; Hut 6–12 (–15) cm ∅; im Nadelwald

Hut erdbeer- od. himbeerrot, auch bei Trockenheit glänzend

Hut fleischrot-braunrot, 7–10 cm ∅; Huthaut am Rand zu kurz, deshalb Hutrand durch Lamellenenden weiß; Hut stets matt; Stiel reinweiß; auf sauren Böden unter Laub- u. Nadelbäumen; 7–10

Fleischroter Speise-Täubling
Russula vesca
Speisepilz
MHK I,123 / MHK V,91 / E 742 / Ce 212 / He 66 / SKE 264

Hut 2–6 cm ∅; Hutrand alt gerieft; Stiel weißgrau, adrig, weich; Gebirgspilz unter Eichen, Birken, Kiefern, Fichten u. Lärchen; 5–10

Geriefter Weich-Täubling
Russula nauseosa
Speisepilz
MHK V,123 / SKE 278 / Ce 193

Hut purpurbraun, schmierig u. stark glänzend, 6–12 cm ∅; Hutrand (alt) stark gerippt; Lamellen ocker; Stiel weiß; oft Massenpilz in Gebirgsfichten- u. Tannenwäldern, in der Ebene aber auch unter Kiefern; 6–10

Brauner Leder-Täubling
Russula integra
Speisepilz
MHK I,131 / MHK V,116 / Ce 191 / SKE 280

Hut 5–12 cm ∅, jung lange kugelig, etwas schmierig; Lamellen buttergelb; Stiel jung weiß, dann auch wie das Fleisch schwärzlich grauend; auf Sand- u. Silikatböden, unter Kiefern u. Fichten; 7–10

Orangeroter Graustiel-Täubling
Russula decolorans
Speisepilz
MHK I,122 / MHK V,105 / E 717 / Ce 195 / He 63 / SKE 260

Hut rot auf gelb, 6–9 cm ∅, meist glänzend; Lamellenschneide gelb; Fleisch weiß, unter der Huthaut gelb; nur in Wäldern auf Kalkböden; 7–9

Gold-Täubling
Russula aurea
= *R. aurata*
Speisepilz
MHK I,127 / MHK V,117 / SKE 266 / Ce 192

Hutmitte oft gelblich; Lamellen jung creme, alt buttergelb; Stiel 3–8 cm lang, 1–1,5 cm ∅; Fleisch gelbweiß, mit Rosatönung; bei Birke, Buche, Eiche; 7–10

Ziegelroter Täubling
Russula velenovskyi
Speisepilz
MHK V,128 / SKE 268

Hutmitte oft schwarz, Rand alt gelblich; Lamellen jung creme, alt buttergelb, dünn, wenig bruchig; Stiel 6–10 (–15) cm lang, 1,5–3 cm ∅; Fleisch weiß; bei Kiefern u. Fichten; 6–10

Apfel-Täubling
Russula paludosa
Speisepilz
MHK V,127 / SKE 268 / Ce 196

Lamellenpilze, Täublinge

(von Tafel 36)

Täublinge scharf schmekkend; Hut mit unterschiedlichen roten Farbtönungen

Hutrand rötlich u. bei alten Pilzen Hutmitte oliv, grünlich od. gelb

bei Laubbäumen (Buchen, Birken, Erlen) auf Sand- u. Kalkböden

Hut ohne grüne od. gelbe Farbtöne

Hut braunrot, dunkelrotviolett, trübrot, schwarzpurpurn od. dunkelrot

Hut braunrot

nur im Nadelwald; Lamellen riechen beim Zerreiben nach Zigarrenkistenholz

Hut ohne braune Farbtöne

bei Nadelbäumen (Kiefern u. Fichten)

nur bei Kiefern im Flachland

nur bei Fichten im Gebirge

bei Eichen od. Buchen

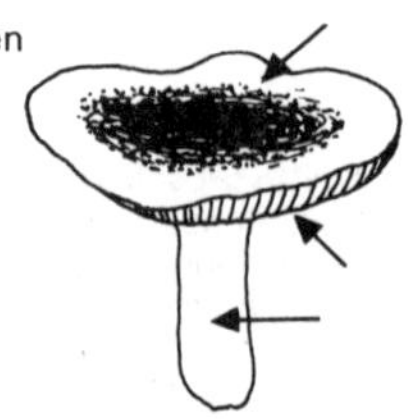

Hut hellrot od. rosarot siehe Tafel 39

bei voll entwickelten od. alten Pilzen die Farbe des Hutrandes beachten(!)

eine schwierig zu bestimmende Gruppe, da die Hutfarbe oft nicht konstant

alle Pilze dieser Gruppe sind für Speisezwecke nicht geeignet sehr schwierig zu bestimmende Täublinge; man vergleiche die Abbildungen u. ausführlichen Beschreibungen von Fachbüchern od. befrage einen Pilzsachverständigen

Wechselfarbiger Spei-Täubling
Russula fragilis
Kein Speisepilz
MHK V,142 a / SKE 270 / Ce 1079

Vielfarbiger Täubling
Russula versicolor
Kein Speisepilz
MHK V,148

Verblassender Täubling
Russula pulchella
Kein Speisepilz
MHK V,109

Hut 8–10 cm ∅, trocken matt, vielfarbig, braun mit rot; Lamellen alt hellocker; Stiel weiß u. rosa überhaucht; Fleisch weiß u. Kostproben lange mild schmeckend, dann aber unerträglich scharf; Massenpilz in Kiefern- u. Fichtenwäldern, meist im Flachland; 6–10

Zedernholz-Täubling
Russula badia
Kein Speisepilz
MHK V,157 / Ce 1086

Hut 5–10 cm ∅, alt matt; Lamellen zitronengelb, feucht tränend; Fleisch zitronengelb; Stiel violettrot-purpurn, sehr fest; Fleisch mit schwachem Obstgeruch; 9–11

Zitronenblättriger Tränen-Täubling
Russula sardonia
Speisepilz n.V.
MHK I,124 / MHK V,154 / E 762 / SKE 274 / Ce 647 / He 67

Hut 5–8 cm ∅, feucht glänzend; Lamellen creme (nie zitronengelb); Fleisch weißgrünlich, riecht auffällig nach Stachelbeerkompott; Stiel bläulich-purpurn; auf Silikat- u. Kalkböden; fehlt im Flachland der DDR; 7–10

Stachelbeer-Täubling
Russula queletii
Kein Speisepilz
MHK I,126 / MHK V,153 / Ce 207

Hut 4–12 cm ∅, schmierig, trocken glänzend; Lamellen weiß-creme; Stiel weiß, dann leicht grauend, auch Fleisch; Geruch leicht obstartig; Lamellen sehr scharf u. Stielfleisch mild schmeckend; auf Sand u. Geschiebemergelböden; 7–10

Purpurschwarzer Täubling
Russula atropurpurea
Speisepilz
MHK I,128 / MHK V,133 / SKE 276 / Ce 1075

Lamellenpilze, Täublinge

(von Tafel 38)

Täublinge; Hutfarbe bei jungen Pilzen stets hellrot, rosa- od. fleischrot. Immer scharf schmeckend. Alte Pilze zeigen in der Hutmitte Farbausblassung od. Farbveränderung (meist nach gelb). Für die exakte Bestimmung sind unbedingt junge u. alte Pilze vom gleichen Standort notwendig

Bei alten Pilzen nach der Farbe des Hutrandes bestimmen

Stiel reinweiß

Hut leuchtend hellrot, violettrosa od. violett, die Farbe wenig verändernd

Hut klebrig-glänzend, 3–8 cm ∅; Hutrand gerieft; Fleisch weichschwammig; 7–9

Hut matt, scharfrandig; Fleisch glatt u. fest

Hut jung rot, aber Hutmitte alt ocker od. zitronengelb ausblassend

Honiggeruch; Lamellen dottergelb; Hut jung schmierig, alt matt; nur im Laubwald auf sauren Böden

nur auf Sandböden, vorwiegend im Nadelwald

Sporenpulver hellocker; Lamellenschneide glatt, scharfrandig

meist bei Kiefern; Hut alt nur gelb od. weiß ausblassend, stets ohne grüne Verfärbung

Sporenpulver reinweiß; Lamellenschneide gesägt

bei Fichten, Kiefern, Eichen u. Buchen; der alte Hut stets mit verblaßten grünlichen od. bläulich-lila Flecken od. Randzonen

Stiel rötlich, rot od. gelbfleckend

nur auf Kalk- od. Tonböden u. nur im Laubwald

Hut im Alter mit rötlichen Flecken auf gelbem Grund

Sporenstaub dottergelb bis ockerfarben

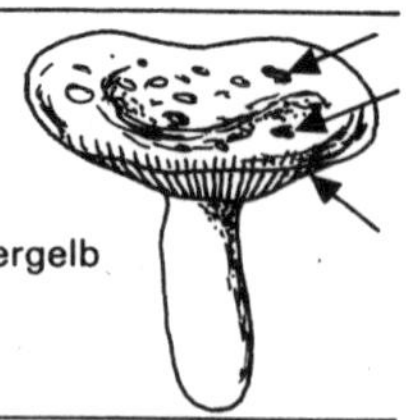

Hut nicht rot gefleckt

Lamellen u. Stiel (bei Druck) deutlich gelbfleckend; Hutrand alt nicht gerieft

Lamellen u. Stiel nicht gelb verfärbend; Hutrand alt gerieft

Lamellen cremefarben	bei Fichte od. Kiefer (Moorgebiete); Hut leuchtend rot	**Spei-Täubling** *Russula emetica* var. *emetica* Kein Speisepilz MHK I,125 / MHK V,134 / SKE 270 / He 69
	bei Birken (Moorgebiete); Hut lilarosa bis lila	**Birken-Spei-Täubling** *Russula emetica* var. *betularum* Kein Speisepilz MHK V,136
Lamellen reinweiß (bläulich schimmernd); unter Laub- u. Nadelbäumen auf Sand- od. Silikatböden		**Kiefern-Spei-Täubling** *Russula emetica* var. *silvestris* Kein Speisepilz MHK V,135 / E 766
Lamellen weißgelblich; bei Buchen auf Kalk- u. Mergelböden; 7–10		**Buchen-Spei-Täubling** *Russula mairei* Kein Speisepilz MHK V,137 / Ce 644
Hut 3–8 cm ∅; Hutmitte ist immer anders als der Rand gefärbt, Rand alt etwas gerieft; Stiel weiß u. sehr weich; Fleisch weich-schwammig; 7–10		**Scharfer Honig-Täubling** *Russula veternosa* Kein Speisepilz MHK,159
Hut 6–10 cm ∅; Lamellen weißgelblich, gelbfleckend; Stiel weiß bis rosafarben, gelbfleckend; Fleisch weiß, fest u. mehr bitter als scharf; 7–10		**Blutroter Täubling** *Russula sanguinea* Kein Speisepilz MHK V,149 / Ce 203
Hut 3–7 cm ∅; Lamellen gelblich; Stiel gelblich; Fleisch weiß u. weich, mit deutlichem Obstgeruch; 7–10		**Wechselfarbiger Spei-Täubling** *Russula fragilis* Kein Speisepilz MHK V,142 / SKE 270 / Ce 1079
Hut 3–7 cm ∅; vielfarbig rotorange-purpur, aber stets fleckend (rot auf gelbem Grund); Lamellen schon jung gelborange; Stiel weiß u. rostfleckig; Fleisch weiß u. oft nur wenig scharf; 7–10		**Gefleckter Täubling** *Russula maculata* Kein Speisepilz MHK V,162 / Ce 1090
Hut 2,5–5 cm ∅, matt; Lamellen weiß; Sporenstaubfarbe weiß; 7–10		**Gelbfleckender Täubling** *Russula luteotacta* Kein Speisepilz MHK V,141 / Ce 1076
Hut 7–12 cm ∅, alt glänzend; Lamellen grau-cremefarben; Sporenstaubfarbe hellocker-creme; 7–10		**Schwachfleckender Täubling** *Russula persicina* Kein Speisepilz MHK V,146 / Ce 1081 / SKE 280

Lamellenpilze, Weißsporer

(von Tafel 12)

Ritterlingsartige Pilze u. Freiblättler ohne Ring am Stiel

an Nadelholzstubben (sehr selten auch an Laubholz)

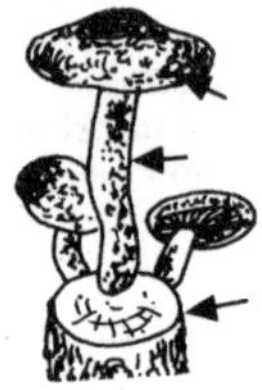

Lamellen leuchtend gelb; Hut u. Stiel rötlich, fein geschuppt; Stiel 1–3 cm ∅

Pilze auf dem Erdboden

Pilze büschelig (Stiele an der Basis verwachsen) od. Pilze in engstehenden Gruppen; Stiel 1–2 cm ∅

Hut u. Stiel weiß; Hut 3–7 cm ∅; mit Mehlgeruch

Hut dunkelbraun, speckig-glänzend; 5–15 cm ∅

Pilze einzeln stehend

Lamellen dick u. sehr weit stehend (5–6 auf einen cm am Hutrand); Stiel 2–6 mm ∅

Hut 1–5 cm ∅; Lamellen fleischrosa, Pilze aber weißsporend

Hut 2–6 cm ∅; Lamellen violett, aber weißsporend

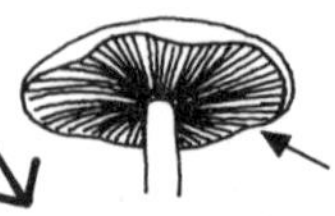

Lamellen eng stehend (mehr als 6 auf einen cm am Hutrand)

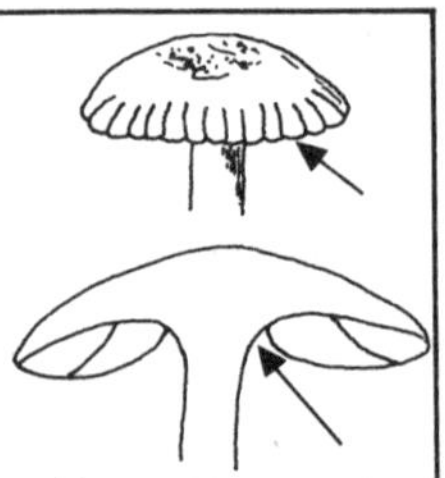

Hutrand kammartig gerieft; Lamellen frei Streiflinge siehe Tafel 54

Hutrand nicht gerieft; Lamellen ausgebuchtet od. abgerundet angewachsen ritterlingsartige Pilze siehe Tafel 41

Hut anfangs auf gelbem Untergrund mit rötlichem Filz bedeckt, später feinschuppig aufreißend, 5–20 cm ∅; Fleisch mit dumpfem Geruch; häufig auf Nadelholz, sehr selten auf Laubholz; 8–10	**Rötlicher Holzritterling** *Tricholomopsis rutilans* Kein Speisepilz MHK I,81 / SKE 130 / He 28 / Ce 148
aus gemeinsamem Strunk kommen viele Stiele; Hut mit abwischbarem deckweißartigem Reif bedeckt, 3–8 cm ∅; Geruch nach Lerchensporn od. aromatisch mehlartig; in Wäldern, Parks, auf Sägespänen; 8–10	**Weißer Rasling** **Lerchensporn-Rasling** *Lyophyllum connatum* Kein Speisepilz MHK III,235 / SKE 118 / Ce 156
Stiele knollig verwachsen; Hutrand oft gelappt; sehr deutlicher Mehlgeruch; auf gedüngten Böden, in Parks, Gärten, an Waldrändern, auf Kompost; 9–12	**Frost-Rasling** *Lyophyllum fumosum* = *L. conglobatum* Speisepilz MHK I,64 / He 38 / Ce 165
Pilze in Gruppen, aber Stiele nicht knollig verwachsen; Hut oft hellbraun ausblassend; geruchlos (!); grasige Laubwälder, Wegränder; 9–11	**Büschel-Rasling** *Lyophyllum decastes* Speisepilz MHK I,65 / He 39 / E 217
Hut trocken-matt, alt feinschuppig aufbrechend, gestreift, sehr dünnfleischig; Stiel braunrötlich; Fleisch rötlich; Laub- u. Nadelwald; 6–11	**Rötlicher Lacktrichterling** *Laccaria laccata* Speisepilz MHK I,98 / He 49 / SKE 120 / E 135 / Ce 549
Hut feucht violett, trocken ockergrau, glatt; Stiel u. Fleisch violett; bei Buche u. Eiche; 10–11	**Amethystblauer Lacktrichterling** *Laccaria amethystea* Speisepilz MHK I,99 / He 50 / E 132 / SKE 120 / Ce 104
	Hinweis: Bei violett gefärbten Pilzen mit ausgebuchtet am Stiel angewachsenen Lamellen ist die Farbe des Sporenpulvers exakt festzustellen! Bei rosa od. rot bräunlichem Sporenpulver ist bei den **Rötelritterlingen** zu bestimmen siehe Tafel 64

Lamellenpilze, Weißsporer

(von Tafel 40)

Ritterlingsartige Pilze; Lamellen engstehend (mehr als 6 Lamellen auf einen cm am Hutrand); Hutfarbe von trockenen (!) Pilzen feststellen; nasse (beregnete) Ritterlinge sind kaum bestimmbar, da sich die Hutfärbung naß zu trocken stark unterscheidet

Hutfarbe weiß od. creme (Mehlfarbe), aber nicht gelb

nur im Nadelwald der Gebirge; Stiel 7–8 mm ∅

unter Buchen, Birken, Eichen; 9–10

Fleisch nach längerem Kauen brennend scharf schmeckend

Fleisch mild schmeckend

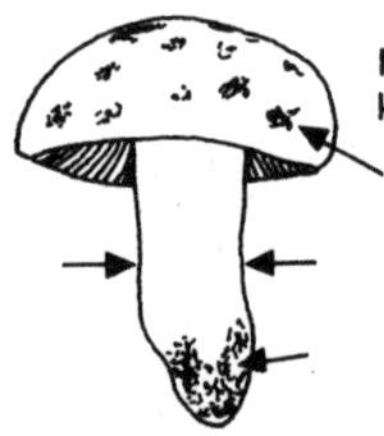

Hutfarbe gelb, grau, braun, rot, oliv od. schwärzlich

Hut ohne graue Farbtöne

Hut mit gelben od. bananenfarbigen Tönungen

Pilz mit Mehlgeruch; Stiel 1–2,5 cm ∅

Frühjahrspilz; im Laubwald, Waldränder

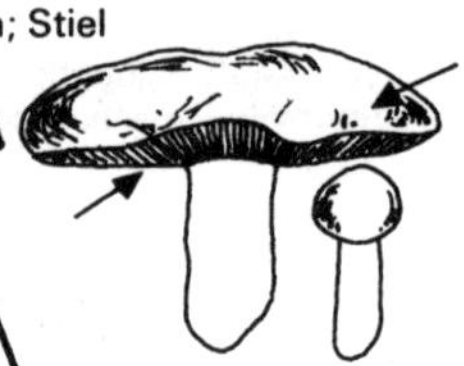

Spätherbstpilz; im Nadelwald

Pilz stinkend (nach Azetylen od. Karbid); Lamellen gelblich

Hut orange, orangerot, rotbraun, braun od. braungelb siehe Tafel 43

Hut grau, graubraun, grauoliv od. grauschwärzlich (immer grau getönt od. dunkler, nicht mit Brauntönung) siehe Tafel 42

Hut weiß, alt oft weißgelb, 5–6 cm ∅, schwach filzig; Lamellen weißlich, weitstehend, Lamellenschneiden alt schwärzend; Stiel weißlich, feinfasrig-schuppig, Basis mit Bodenteilchen verfilzt; oft auf Kalk; Pilz mit unangenehmem Gasgeruch; 9–10	**Lästiger Ritterling** **Unangenehmer Ritterling** *Tricholoma inamoenum* Kein Speisepilz MHK III,216 / Ce 592
Hut weißgelblich, 4–7 cm ∅, seidig, glanzlos; Lamellen u. Stiel weißlich, alt gelbbraun; Fleisch gelbweiß; Pilz (jung) mit Obstgeruch, getrocknet widerlich stinkend; bei Eichen u. Buchen. Hinweis: Wenn Pilz bei Birken u. Hut weiß = *T. stiparophyllum*	**Widerlicher Ritterling** **Unverschämter Ritterling** **Strohblasser Ritterling** *Tricholoma album* = *T. lascivum* Kein Speisepilz MHK III,215 / SKE 138 Hinweis: Ce 1014 = *T. stiparophyllum*
Hut weiß, oft gelbgrün fleckend, 5–10 cm ∅, feucht schmierig, trocken seidig; Lamellen weißrötlich; Stiel rein weiß, am Grunde oft grünblau gefleckt; 1,5–2,5 cm ∅; Fleisch weiß, schwacher Mehlgeruch; Laub- u. Nadelwald, bei Buchen u. Birken; 8–10	**Seidiger Ritterling** *Tricholoma columbetta* Speisepilz MHK III,214 / SKE 138 / Ce 141
Hut creme bis lederfarben, nicht glänzend, 3–18 cm ∅; Lamellen eng u. cremeweiß; Fleisch weiß, Mehlgeschmack; Stiel gelbweiß, faserig; Pilz liebt Kalkböden; oft tief im Laub (Hexenringe); 5–6	**Maipilz** **Mai-Ritterling** *Calocybe gambosa* = *Tricholoma georgii* Speisepilz MHK I,79 / He 42 / SKE 120 / E 193 / Ce 568
Hut mit glänzender, klebriger Oberhaut, oft erdig verschmutzt, 5–10 cm ∅, gelboliv, olivgrau; Lamellen lebhaft gelb od. gelblich, eng; Stiel gelb, tief im Boden; Fleisch gelblich; in Kiefernwäldern (oft tief in den Nadeln versteckt); 9–11 Hinweis: Lamellen weiß, Stiel weiß = *T. sejunctum*; MHK I,68	**Grünling** **Echter Ritterling** *Tricholoma equestre* = *T. flavovirens* Speisepilz, Huthaut möglichst abziehen MHK I,66 / He 34 / E 192 / SKE 136 / Ce 142
Hut trocken seidig, oft fein geschuppt, gelb, 3–9 cm ∅; Lamellen entfernt, gelb; Stiel gelb, 5–9 mm ∅; Fleisch gelb; Laub- u. Nadelwald; 7–10	**Schwefel-Ritterling** *Tricholoma sulphureum* Giftpilz MHK I,67 / Ce 135 / E 191 / SKE 136

Lamellenpilze, Weißsporer

(von Tafel 41)

Ritterlinge mit Hutfarben grau, olivgrau, graubraun od. schwärzlich

Stiel glatt, nicht gerillt-längsfasrig, Pilze in Wäldern

Fleisch im Hut u. Stiel u. die Lamellen rötend od. rotfleckend (oft erst nach Stunden)

Geruch nach Seife od. Waschlauge; Hut sehr verschieden gefärbt, glänzend od. matt; der Geruch ist typisch u. ein sehr wichtiges Bestimmungsmerkmal (!)

geruchlos; Hut dunkelgrau-schwärzlich, mit trockener Hutoberfläche

Fleisch, Stiel u. Lamellen nicht rötend od. rotflekkend

Hut grau

Pilz sehr scharf schmeckend

Hut mit Buckel

Pilz mild schmeckend (Geschmacksprobe nicht schlucken)

Hut graufilzig-körnig; Lamellen grau, wie der Hut gefärbt; geruchlos

Hut grau, grob faserschuppig; Lamellen blaßgelbgrün

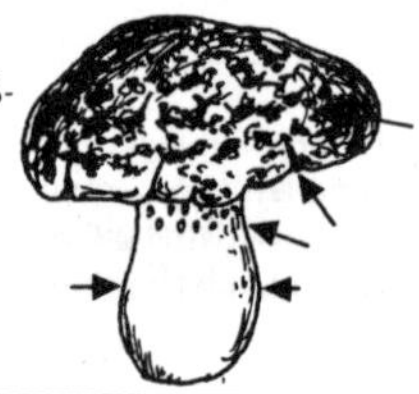

Hut radial-schwarzfasrig

Hut fasrig auf grünem Untergrund; mild schmekkend; schwacher Mehlgeruch; bei Kiefern; Stiel 1–2 cm Ø

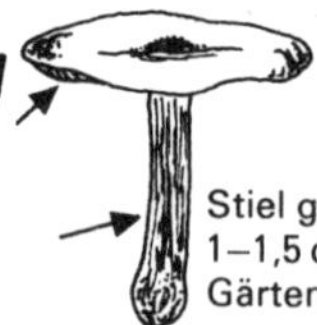

Stiel gerillt-längsfasrig, 1–1,5 cm Ø; Pilze in Gärten, auf Rasen, Kompost, an Wegrändern, auf Schutthalden

Fleisch weiß; Hut braungrau (durchwässert oft dunkler); Lamellen weiß; süßlicher Geruch

Fleisch im Hut u. Stiel graubraun; Hut braungrau-schwärzlich, trocken glänzend; Stiel kurz; süßlicher Geruch

Hinweis:
Pilz an Holz od. -stubben; Stiel gerillt-längsfasrig, Basis mit langen weißen Strängen; Huthaut radialfasrig; Lamellenschneide gekerbt
Breitblatt, *Megacollybia platyphylla*
Giftpilz, MHK I, 105 / SKE 146 / Ce 108

Hut 6–10 cm ∅, schwärzlich-grau-grünlich-oliv-weißlich getönt (vielfarbig), entweder glänzend od. matt bereift, fasrig-schuppig; Lamellen weißlich; Stiel wie Hut gefärbt; 1,5–2,5 cm ∅; im Laub- u. Nadelwald; 9–11	**Seifen-Ritterling** *Tricholoma saponaceum* Giftpilz MHK I,80 / SKE 136 / E 196 / Ce 132
Hut haarig-filzig, alt feingeschuppt schwärzlich, 6–10 cm ∅; Lamellen weißgrau, entfernt queradrig verbunden; Stiel rosagefleckt od. -gestreift, 0,5–1,5 cm ∅; in Laub- u. Nadelwald (Buchen u. Kiefern); 9–11	**Rötender Ritterling** *Tricholoma orirubens* Speisepilz MHK III,222 / Ce 577
Hut 4–8 cm ∅, auf grauem Grund fein radial-dunkelfasrig; Lamellen grau u. -Schneiden dunkel gepunktet; Stiel weißlich u. glatt; 5–10 mm ∅; im Nadelwald auf sauren Böden; 9–11	**Brennender Ritterling** *Tricholoma virgatum* Giftpilz MHK I,77 / Ce 578 / E 184 / SKE 140 Hinweis: Bei Buchen auf Kalk = *T. sciodes*
Hut 5–8 cm ∅; Fleisch grau; Stiel grau, Spitze weißlich; unter Kiefern in Wäldern, Feldgehölzen u. Parkanlagen; 8–11; wenn Hut u. Lamellen gilben, Mehlgeruch = *T. argyraceum*; MHK I,78	**Erd-Ritterling** **Graublättriger Ritterling** *Tricholoma terreum* Speisepilz MHK I,76 / SKE 138 / E 185 / Ce 127
Hut 5–10 cm ∅, meist silbergrau (Grundfarbe) mit dicken, dunkleren Fasern od. Schuppen; dicker Stiel mit Tröpfchen an der Spitze; Lamellen mit Tröpfchen an den Schneiden; nur auf Kalk im Laubwald; 8–11	**Tiger-Ritterling** *Tricholoma pardolatum* = *T. tigrinum* Giftpilz MHK I,74 / Ce 138
Hut 6–12 cm ∅, Hutfleisch unter der Oberhaut schwärzlich durchgefärbt; Lamellen alt gelbgrünlich, ebenso der Stiel; auf Kalk- u. Sandböden; 9–12	**Schnee-Ritterling** **Schwarzfasriger Ritterling** *Tricholoma portentosum* Speisepilz MHK I,75 / He 36 / Ce 133 / SKE 134
Hut 4–7 cm ∅, oft durchwässert dunkelbraun; Stiel lang u. weiß (grau gestreift), länger als die Hutbreite (!); auf Rasen u. in Wäldern; 4–10 Hinweis: Stiel lang, gerieft, braunfasrig; Geruch unangenehm dumpf; 4–8 = *M. grammopodia* Kein Speisepilz MHK III,202	**Schwarzweißer Weichritterling** *Melanoleuca melaleuca* = *M. vulgaris* Speisepilz MHK I,82 / SKE 160 / E 207
Hut 5–10 cm ∅, kaum durchwässert, Rand oft gewellt; Lamellen reinweiß; Stiel wie der Hut gefärbt (kürzer als der Hut-∅); in Rasen, auf Schutt- u. Ascheplätzen, Wegrändern; 5–12	**Kurzstieliger Weichritterling** *Melanoleuca brevipes* Speisepilz MHK I,83

Lamellenpilze, Weißsporer

(von Tafel 41)

Fleisch bei Verletzung od. im Anschnitt langsam rötend

großer, derber Pilz; Stiel 2–5 cm ∅; nur auf Sandboden unter Kiefern

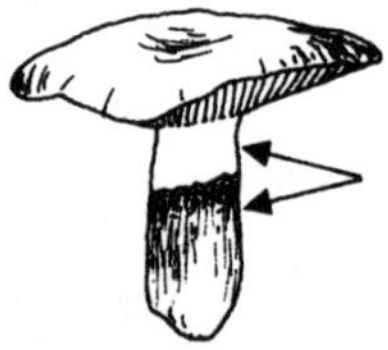

nur bei Lärchen

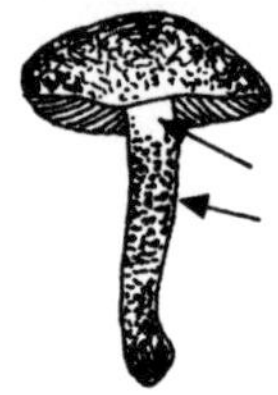

Hut braungelb, faserschuppig od. schuppig-wollig

Stiel abgesetzt zweifarbig, oben hell, unten braunrötlich (aber Stiel ohne Ring)

Fleisch nicht rötend

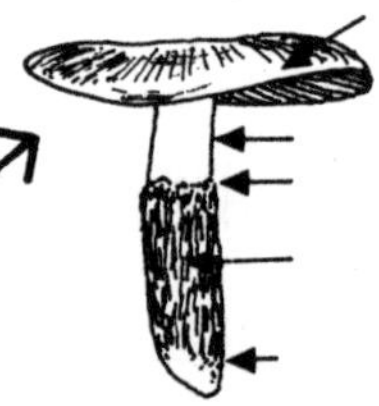

Hut kastanienbraun; stets bei Kiefern (meist auf Kalk)

bei Kiefern od. Fichten (selten auch auf Wiesen)

Ritterlinge mit Hutfarben orange, orangerot, rotbraun od. braun

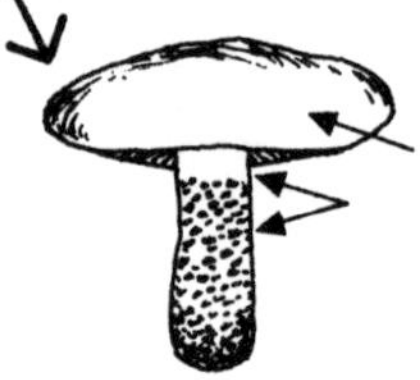

Hut leuchtend rotorange; bei Fichten (meist auf Kalk); selten auch auf Wiesen

Stiel einfarbig

Stiel abgesetzt gerandet-knollig

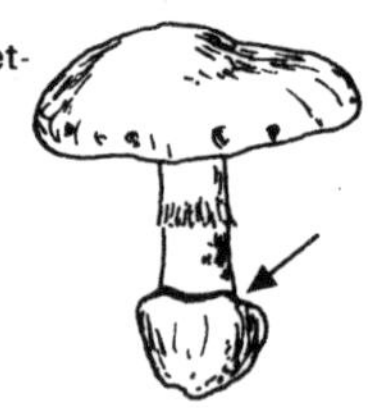

in Laub- u. Nadelwäldern; stets geruchlos

Hut eingewachsen fasrig (Lupe !) od. kleinschuppig, stets matt

Stiel gleichdick u. schlank

stets unter Kiefern

Hut klebrig-schmierig u. glänzend
siehe Tafel 44

Hut rotbraun od. ziegelrot, oft mit helleren Flecken, kahl, meist schmierig-glänzend, Huthaut abziehbar, 8–20 cm ∅; Lamellen weißlich, oft rötlich gefleckt; Stiel oben weiß, unter der wulstigen Gürtellinie wie der Hut gefärbt; Fleisch hart, geruchlos, manchmal leicht bitter; 9–11	**Riesen-Ritterling** **Hartpilz** *Tricholoma colossus* Kein Speisepilz MHK I,72 / E 170 / Ce 131
Hut 3–6 cm ∅, Rand jung eingerollt; Lamellen jung weiß, alt gelb, rostfleckend, ausgerandet; Stiel an der Spitze weiß mit gelben Körnchen, abwärts rotbraun körnig-schuppig, 4–7 cm lang, 1 cm ∅; Fleisch bitter; meist in Bergwäldern; 7–10	**Lärchen-Ritterling** *Tricholoma psammopun* Kein Speisepilz MHK III,206 / Ce 593
Hut eingewachsen radialfasrig (nicht schuppig), schmierig, flachgewölbt (ohne Buckel), 7–15 cm ∅; Lamellen weißlich; Stiel oben weiß, abgesetzt nach unten rotbraun, jung mit deutlich schleimiger Ringzone; Fleisch bitterlich mit Mehlgeschmack; 9–10	**Fastberingter Ritterling** *Tricholoma batschii* = *T. subannulatum* = *T. fracticum* Kein Speisepilz MHK I,70 / Ce 139
Hut schmierig, feinschuppig, abfärbend, flach, alt oft vertieft u. Hutrand wellig, 6–12 cm ∅; Lamellen jung weiß, alt gelblich mit braunen Flecken; Stiel oben weiß, mit Wassertröpfchen, nach unten orange körnig-punktiert, 4–8 cm lang, 1,5 cm ∅; Fleisch bitterlich, mit Mehlgeruch; 8–11	**Orangeroter Ritterling** *Tricholoma aurantium* Kein Speisepilz MHK III,208 / Ce 604
Hut 5–10 cm ∅, milchkaffeefarben od. rotbräunlich, am Rand oft mit weißen Flocken; Lamellen weiß, alt ocker; Stiel gelbbraun, mit herabhängendem Haarsaum (Cortina), 5–7 cm lang, 1,5 cm ∅; Fleisch weiß, mild; in Wäldern auf Kalk-, Lehm- od. Sandböden; 7–10	**Knolliger Schleierritterling** *Leucocortinarius bulbiger* Speisepilz MHK IV,198 / Ce 509 / SKE 214
Hut braun, mit filziger, kleinschuppig-zerreißender Oberhaut, nie schmierig, 3–8 cm ∅; Lamellen weißlich, oft rostfleckig; Stiel lang, 6–10 cm, 1,5 cm ∅, unten oft braunfasrig, hohl; Fleisch meist bitterlich; 9–11	**Schuppiger Ritterling** *Tricholoma imbricatum* Kein Speisepilz MHK I,73 / Ce 571

Lamellenpilze, Weißsporer

(von Tafel 43)

braunhütige Ritterlinge; Hut klebrig-schmierig, glänzend; Stiel ohne Ring u. nicht abgesetzt-zweifarbig

in sandigen Kiefernwäldern

Hut rotbraun, mit dunkleren radial angeordneten Fasern

Stiel jung weiß, dann Verfärbung von der Basis her nach braun, mit Schuppenbildung

Hut rotbraun, nicht radialfasrig, sondern glatt, mit tropfenförmigen dunkleren od. helleren Vertiefungen

Stiel jung weiß, später von der Basis her braun, aber ohne Schuppenbildung

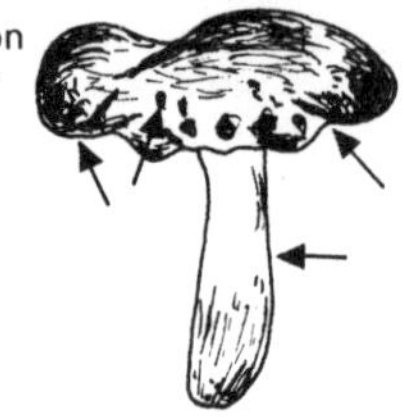

bei Pappeln, Birken, Buchen

nur unter Pappeln; Pilze oft büschelig wachsend

in Wäldern, meist bei Birken od. Buchen

Hut- u. Stielfleisch im Anschnitt gelb; nur bei Birken

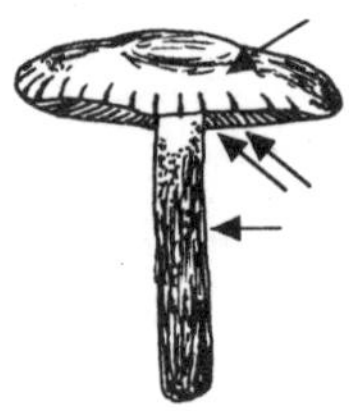

auf sauren od. moorigen Böden

Hut- u. Stielfleisch im Anschnitt weiß (od. schwach rötlich od. schwärzend); meist bei Buchen

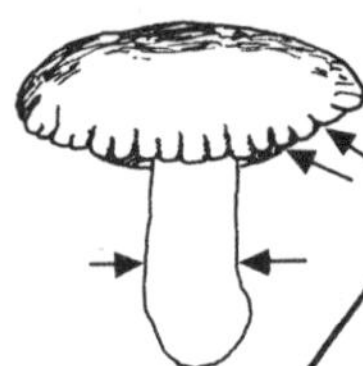

Hut zartfilzig, gelbbraun; Fleisch weiß, etwas scharf schmeckend

Hut feucht schmierig, trocken glänzend, kastanienbraun

Hut 5–8 cm ∅, alt ausgebreitet mit niedrigem Buckel, schwach klebrig-schmierig; Hutrand lange eingerollt; Lamellen weißlich, braunfleckend; Stiel 3–6 cm lang, 1–2 cm ∅, gleichdick, voll u. fest; Fleisch im Anschnitt mit Mehlgeruch, beim Kauen sehr bitter; meist nur im Flachland; 9–10

Weißbrauner Ritterling
Tricholoma albobrunneum
Giftpilz
MHK III,210 / SKE 134

Hut 5–15 cm ∅, klebrig; Lamellen weiß, oft stark rostrot getüpfelt; Stiel oben weiß, Basis rotbraun, 2–11 cm lang, 1–3 cm ∅, fest u. voll; Fleisch weiß, im Anschnitt mit Mehlgeruch, meist bitter; meist im Flachland; 10–11

Getropfter Ritterling
Tricholoma pessundatum
Giftpilz
MHK I,71 / Ce 569 / E 175

Hut 7–15 cm ∅, braun (oft rötlich), dunkler-gefleckt, feucht schmierig, trocken glänzend; Lamellen jung weiß, alt bräunlich; Stiel alt rostbraun, mit fasrigen Schüppchen, 10 cm lang, 2–4 cm ∅, gebogen, voll; Fleisch weiß, mit Mehlgeruch, manchmal leicht bitter; 9–11

Pappel-Ritterling
Tricholoma populinum
Speisepilz n.V.
MHK III,212 / SKE 132

Hut 4–10 cm ∅, fasrig u. feucht schmierig, Mitte etwas dunkler, Hutrand rippig-gefurcht, Lamellen gelb, oft braun gefleckt; Stiel gelblich mit rötlichen Fasern, schmierig, 7–15 cm lang, 1–2 cm ∅; Fleisch mild, mit Mehl- od. Gurkengeruch; 8–10

Gelbblättriger Ritterling
Tricholoma fulvum
= T. flavobrunneum
Speisepilz n.V.
MHK I,69 / SKE 132 / Ce 140

Hut 8–12 cm ∅, derbfleischig; Hutrand jung eingerollt, alt deutlich gerippt-gefurcht; Lamellen gelb, rostfleckig, leicht vom Hutfleisch lösbar; Stiel wie der Hut gefärbt, 6–8 cm lang, 2 cm ∅, fasrig-rauh, oben körnig, fest u. voll; Fleisch weiß, scharf schmeckend; meist im Laubwald; 8–10

Gerippter Ritterling
Tricholoma acerbum
Kein Speisepilz
MHK III,213 / Ce 590

Hut 8–10 cm ∅, glatt u. kahl, Hutrand nicht gerippt; Lamellen weißlich mit Rostflecken, alt an der Schneide schwärzlich; Stiel braunrot überfasert, 5–8 cm lang, 1–1,5 cm ∅, alt hohl; Fleisch weiß, manchmal leicht bitterlich, oft mit Mehlgeruch; 8–11

Brandiger Ritterling
Tricholoma ustale
Kein Speisepilz
MHK III,209 / Ce 570

Lamellenpilze, Weißsporer

(von Tafel 12)

Pilze mit meist rübenartig in den Boden verlängertem Stiel; Stiel sehr biegbar-elastisch; Stielfleisch mit Längsfasern; Stiel oft hohl (Gummischlauch); Lamellen am Stiel angeheftet, ausgebuchtet od. gerandet angewachsen; Pilze meist dünnfleischig mit wenig Speisewert, unbekömmliche u. giftige Vertreter wurden nachgewiesen; **Rüblinge** *(Collybia)* u. **Schwindlinge** *(Marasmius)* haben viele gemeinsame Merkmale; von den rüblingsartigen Pilzen wurden hier 22 Arten aufgeschlüsselt

Pilzstiel wurzelartig tief im Boden eingesenkt

Pilzwurzel tief im Boden auf Kiefern- od. Fichtenzapfen

auf Fichtenzapfen

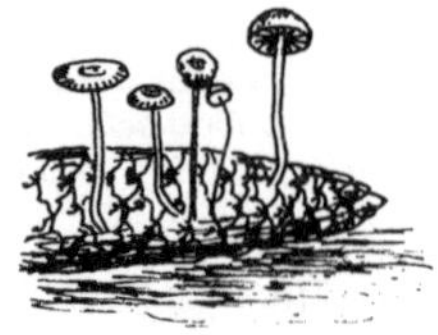

auf Kiefernzapfen

Pilzstiel tief im Boden wurzelnd, aber nicht auf Zapfen

Hut dunkelbraun

Hut gelb, graugelb od. ocker

Sporenstaub in dicker Schicht gelbrötlich gefärbt

Hut mit braunen Flecken

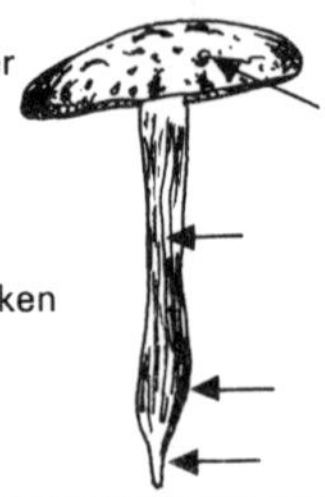

Hut nicht gefleckt

Stiel hellbraun, längsstreifig-gefurcht

Stiel ocker, samthaarig

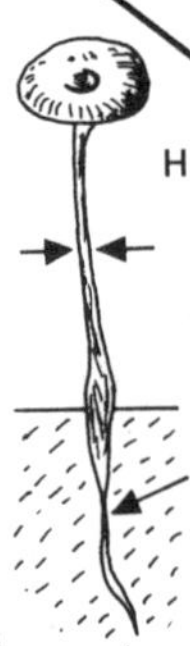

Pilze auf dem Erdboden od. auf Holzstubben siehe Tafel 46

Hut braungrau bis dunkelbraun, matt, 2–4 cm ∅; Lamellen weißgrau, engstehend; Stiel 10–20 cm lang, meist nur 2–3 cm über der Erde; Fleisch weiß u. mild; 10–5	**Fichten Zapfenrübling** *Strobilurus esculentus* Speisepilz (nur die Hüte) MHK III,146 / Ce 112 / SKE 148
Hutrand nicht gerieft, braun bis ockerrötlich, 2,5 cm ∅; Lamellen creme-ocker, am Rande gilbend; Stiel ockerrötlich, über der Erde 5–7 cm, unter der Erde 5–8 cm lang; Fleisch weiß, bitter; 3–6	**Milder Zapfenrübling** *Strobilurus stephanocystis* Speisepilz MHK III,147 / SKE 146
Hutrand gerieft, graubraun bis ockerbraun, 2,5 cm ∅; Lamellen jung weiß, alt ocker; Fleisch bitter; Stiel gelbbräunlich, 3–4 cm über dem Boden; 5–6	**Bitterer Zapfenrübling** *Strobilurus tenacellus* Kein Speisepilz MHK III,148
Hut 4–7 cm ∅, ausblassend; Lamellen weißgrau, oft rotfleckig, weitstehend, adrig verbunden; Stiel dunkelrotbraun, stark furchig-gerillt, oft gedreht, spindlig-wurzelnd, hohl; 8–12 cm lang; an Stubben von Laubbäumen; kaum faulend; 7–10	**Spindeliger Rübling** *Collybia fusipes* Kein Speisepilz MHK III.159 / Ce 106 / E 247
Hut weiß-(gelblich), mit rotbraunen Flecken, Rand lange eingerollt, kahl, 3–12 cm ∅; Lamellen blaßgelb, sehr engstehend, Schneide gezähnelt; Stiel weißlich, 4–12 cm lang, 1–2 cm ∅, gedreht, hohl, Basis spitz; Fleisch weiß, bitter; vorwiegend im Nadelwald; 6–10	**Gefleckter Rübling** *Collybia maculata* Kein Speisepilz MHK I,104 / Ce 111 / SKE 144
Hut gelbbraun, 3–8 cm ∅, dünnfleischig, radial-gerunzelt, schleimig-glänzend; Lamellen weißlich, entfernt stehend; Stiel weißlich, längststreifig gefurcht, gedreht, zur Basis dickkeulig, 10–20 cm über dem Boden, bis 50 cm im Boden; Fleisch weiß, mild; im Laubwald; 5–10	**Wurzel-Schleimrübling** *Xerula radicata* = *Oudemansiella radicata* Kein Speisepilz MHK I,106 / Ce 114 / E 264
Hut 3–6 cm ∅, gelbbraun, graubraun, trocken fein samtig; Lamellen breit u. dick, oft verbunden; Stiel mit Hutfarbe, Basis erweitert u. tief im Boden wurzelnd; Fleisch weiß, bitter; bei Eichen; 7–10	**Samtiger Wurzelrübling** *Xerula pudens* = *Oudemansiella longipes* Speisepilz SKE 148 / Ce 115

Lamellenpilze, Weißsporer

(von Tafel 45)

Rüblinge; Pilze auf dem Erdboden, auf Holzstubben od. an lebenden Bäumen

→ Pilze auf dem Erdboden od. auf verfaulenden Pilzen

→ → Stiel od. Stielbasis haarig od. zottig-strieglig siehe Tafel 47

→ → Stiel nicht haarig-zottig

→ → → Stiel längsstreifig

→ → → → Stiel 1–2 cm ∅

→ → → → Stiel 0,2–0,5 cm ∅

→ → → Stiel stark längs gefurcht-gerillt, oft verdreht

→ Pilze auf Holzstubben od. an lebenden Bäumen

→ → Stiel mit Ring

→ → Stiel ohne Ring

→ → → Stiel dicht feinsamtig, unten schwarzbraun, oben gelb

→ → → Stiel weißgrau, oft gerieft, an der Basis mit Strängen im modrigen Stubben

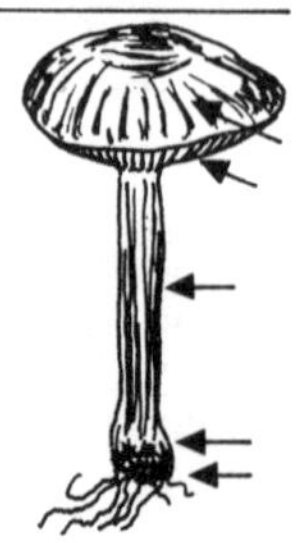

Hut rötlichbraun, 4–9 cm ∅, fettig-glänzend; Lamellen weißlich, engstehend, gekerbt, abgerundet angewachsen; Stiel bräunlich, Basis keulig; Fleisch weiß u. mild; Nadelwald, auf sauren Böden; 7–11	**Butter-Rübling** *Collybia butyracea* Speisepilz MHK I,103 / Ce 109 / SKE 144
Hut gelbgrau, olivgrau, trocken oft weißlich, Hutrand heller u. alt gerieft, 3–6 cm ∅, glatt u. glänzend; Lamellen weiß, eng stehend; Stiel grau, bräunlich, Basis verdickt; Fleisch grauweißlich, mild; Nadel- u. Laubwald; 10–11	**Horngrauer Rübling** *Collybia butyracea* var. *asema* Speisepilz MHK III,160 / SKE 144
Hut zimtbraun, braungelb, gelblich ausblassend, 2–6 cm ∅, scharfrandig, kahl; Lamellen eng, gelblich; Stiel fuchsigrot, hohl, gerillt, Basis keulig od. gleichdick, 3–8 cm lang, 2–5 mm ∅; Fleisch mit Holzgeruch; Laub- u. Nadelwald; 6–11	**Waldfreund-Rübling** *Collybia dryophila* Speisepilz MHK I,102 / MHK III,161 / SKE 142 / Ce 105
Hut rotbraun, gelbrot, alt heller ausblassend, ausgebreitet mit Buckel, 4–8 cm ∅; Lamellen weißgelb, alt rostfleckig; Stielspitze weiß, Basis rötlichgelb, 5–9 cm lang, 1 cm ∅, hohl; Fleisch weiß, Geruch unangenehm; Laub- u. Nadelwald; 8–9	**Verdrehter Rübling** **Drehstiel-Rübling** *Collybia distorta* Kein Speisepilz MHK III,162 / Ce 547
Hut weiß, 4–8 cm ∅, stark schleimig; Lamellen weiß, weitstehend; Stiel weiß, 3–10 cm lang, 2–4 mm ∅; oft mehrere büschelig verwachsen; Fleisch weiß, säuerlich, geruchlos; meist bei Buchen, oft hoch am Stamm; 8–11	**Buchen-Schleimrübling** *Oudemansiella mucida* Speisepilz MHK III,167 / Ce 113 / SKE 148
Hut braungelb, feucht glänzend, 3–10 cm ∅; Lamellen gelblich; Stiel 3–10 cm lang, 3–5 mm ∅, oft mehrere büschelig verwachsen; an Laubholzstubben; bei Tauwetter im Winter wachsend	**Samtfuß-Rübling** **Winter-Rübling** *Flammulina velutipes* Speisepilz (nur die Hüte) MHK I,107 / Ce 107 / SKE 150 / E 261 / He 27
Hut graubraun, 5–15 cm ∅, radialfasrig gestreift; Lamellen weitstehend, Schneide oft gesägt, weißlich; Stiel 2–15 cm lang, 1–2 cm ∅; Fleisch weiß, mild; meist an Laubholz; 5–10 Hinweis: Lamellenschneide glatt, nicht an Holz; Huthaut nicht radial-gestreift; siehe Tafel 42 (Weichritterlinge)	**Breitblättriger Rübling** *Megacollybia platyphylla* Giftpilz MHK I,105 / SKE 146 Ce 108 / E 262

Lamellenpilze, Weißsporer

(von Tafel 46)

Pilze rüblingsartig; auf dem Boden wachsend; Stiel od. Stielbasis filzig-haarig od. zottig-striegelig

Pilze in Wäldern od. auf verfaulenden u. verwesenden Pilzen wachsend

Pilzstiele an der Basis büschelig verwachsen

Lamellen sehr eng stehend

Pilze einzeln wachsend

Fleisch pfeffrig, sehr scharf schmeckend

Pilze nicht pfeffrig-scharf schmeckend

Pilze geruchlos

Lamellen rötlichbraun

Lamellen weiß

Geruch nach verfaulendem Kohl od. wie alter Camembert-Käse

Pilze auf Wiesen, Rasenflächen

Stiel zäh u. voll; Lamellen sehr weit stehend u. dick

Hut 3–7 cm ∅, braun, trocken matt, dünnfleischig-zäh, Hutrand leicht gerieft; Lamellen bräunlich; Stiel flockig-striegelhaarig, 2–4 mm ∅, bräunlich; Fleisch weiß u. mild (!); bei Buchen u. Fichten; 7–11	**Knopfstieliger Rübling** *Collybia confluens* Kein Speisepilz MHK III,154 / Ce 117 / E 243 / SKE 142
Hut 3–8 cm ∅, rötlichbraun, ledergelb ausblassend, matt; Lamellen alt zimtbraun; Stiel wie der Hut gefärbt, 3–5 mm ∅, Basis mit dichtem, weißzottigem Filz; Fleisch blaßocker, beim Kauen erst mild (!), dann sehr scharf schmeckend; meist im Laubwald; 7–11	**Brennender Rübling** *Collybia peronata* Kein Speisepilz MHK III,155 / Ce 119 / SKE 142 / E 244
Hut rotbraun-rotgelb, trocken heller, 1,5–4 cm ∅; Lamellen rötlichbraun, dick u. eng; Stiel kastanienbraun, Basis mit striegligem Filz; Fleisch ocker u. zäh; auf Buchenblättern; 9–10	**Purpurbrauner Rübling** *Collybia fuscopurpurea* Kein Speisepilz MHK III,156
Hut 0,3–1,5 cm ∅, weißlich bis hellbräunlich, häutig, dünnfleischig, Hutmitte genabelt od. vertieft; Lamellen weiß, am Stiel angewachsen; Stiel 2–5 cm lang, fadendünn, röhrig, seidenhaarig; Pilze stets auf verfaulenden Pilzen od. Pilzresten im Boden (von *Lactarius, Russula* u. *Hygrophorus*); bei den knolligen Typen wächst der Stiel aus einem gelben od. braunen Knötchen (Sklerotium); 8–11	**Seidiger Rübling** *Collybia amanitae* **Gelbknolliger Rübling** *Collybia cookei* **Braunknolliger Rübling** *Collybia tuberosa* Keine Speisepilze MHK III,151–152 / Ce 1033
Hut 2–6 cm ∅, bräunlich, weißlich ausblassend, kahl mit feingerieftem Rand; Lamellen weißlich; Stiel oben weißgelb, Basis rotbraun, verdickt u. strieglig-wollig behaart, 3–6 cm lang, 3–4 mm ∅, hohl; Fleisch weißlich; bei Buchen, Birken, Erlen; 5–10	**Striegeliger Rübling** *Collybia hariolorum* Giftpilz MHK III,157 / Ce 551
Hut 1–6 cm ∅, blaßgelb-lederbräunlich, trocken heller; Lamellen weißlich; Stiel gelblich, Basis weißzottig, 4–10 cm lang, 3–5 mm ∅; oft in Reihen od. Hexenringen; 5–11	**Nelken-Schwindling** *Marasmius oreades* Speisepilz MHK I,101 / Ce 118 / SKE 152 / He 52 / E 242

Lamellenpilze, Weißsporer, Helmlinge

(von Tafel 12)

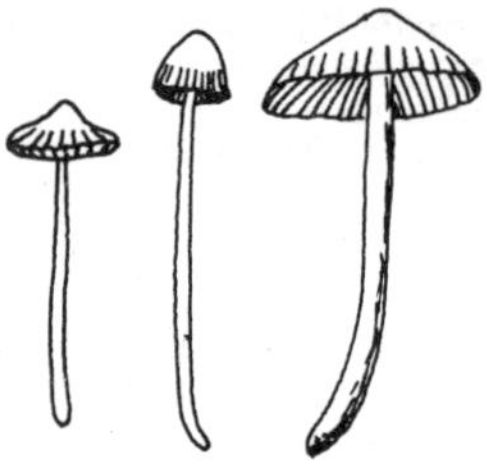

Helmlinge; kleine Pilze; Stiel dünner als 3 mm; Hut häutig; Lamellen deshalb durchscheinend

- Stiel mit Milchsaft (beim Zerschneiden quillt Milchsaft aus dem Stiel)
  - roter od. gelber Milchsaft im Stiel
    - Milchsaft rot

    - Milchsaft gelb
  - weißer Milchsaft im Stiel

- Stiel ohne Milchsaft
  - Pilze mit Schleimschicht (beim Zerbrechen fädenziehend)
    - Hut graubraun

    - Hut gelbgrün

  - Pilze ohne Schleim
    - Lamellenschneide anders gefärbt als die Lamellenfläche
      - Lamellen rosa mit dunkelroter Schneide
      - Lamellen graubraun mit orange gelber Schneide
    - Lamellenfläche u. Lamellenschneide gleichfarben
      siehe Tafel 49

Helmlinge; im Gebiet etwa 90 Arten. Im Bestimmungsschlüssel wurden nur sehr häufig vorkommende Arten aufgenommen, deren Vertreter durch leicht erkennbare, deutlich unterschiedliche Merkmale auffallen. Alle hier aufgeführten Helmlinge sind für Speisezwecke nicht interessant

Hut rötlichbraun, trocken, 0,8–1,5 cm∅; Lamellen grau, mit roter Schneide; Stiel rosabraun; Pilz geruchlos; auf Holz mit Laub- u. Nadelwald; 5–10

Purpurschneidiger Helmling
Mycena sanguinolenta
Kein Speisepilz
MHK III,116b / Ce 565

Hut olivgrau-braun, orangefleckig, 1–3 cm ∅; Lamellen weißlich; Stiel gelb, 8–15 cm lang (!), orangefleckig; auf Buchenholz in Kalkgebieten; 8–10

Gelbmilchender Helmling
Mycena crocata
Kein Speisepilz
MHK III,112

Hut olivgrau, weißlich ausblassend, 1–2 cm ∅; Lamellen grau; Stiel rötlichbraun; im Laub- u. Nadelwald; 8–10

Weißmilchender Helmling
Mycena galopus
= *M. leucogala*
= *M. lactescens*
Kein Speisepilz
MHK III,118 / SKE 154 / Ce 1005

Hut 0,5–1,5 cm ∅, mit schleimig gummiartig-zäher, abziehbarer Haut; die Lamellenschneide läßt sich ebenfalls als Schleim abziehen; Stiel graubraun, schmierig; auf Nadeln; 10–11

Klebriger Helmling
Mycena vulgaris
Kein Speisepilz
MHK III,114 / Ce 1001

Hut 1–2 cm ∅, neben gelbgrünen auch in weißgrauen od. rotbraunen Tönen, mit klebrig-zäher, hautartiger Schleimschicht überzogen; die Schleimschicht des Stieles läßt sich gummiartig auseinanderziehen; in Laub- u. Nadelwäldern, wie gesät, herdenweise; 9–10

Überhäuteter Helmling
Mycena epipterygia
Kein Speisepilz
MHK III,115 / SKE 152 / Ce 125

Hut rosa, dunkler gerieft, 0,5–1,5 cm ∅; Stiel hellrosa, mit ocker gefärbtem Basisfilz; auf Nadelstreu; 8–11

Rosaschneidiger Helmling
Mycena rosella
Kein Speisepilz
MHK III,113

Hut graubraun, mit olivgelbem Rand, 1–2,5 cm ∅; Stiel grau-gelbbraun, Spitze orange u. Basis gelb; Nadelwald; 8–10

Orangeschneidiger Helmling
Mycena aurantiomarginata
Kein Speisepilz
MHK III,119 / Ce 564

Lamellenpilze, Weißsporer, Helmlinge

(von Tafel 48)

Helmlinge; Hüte nicht klebrig; kein Milchsaft im Stiel; keine besonders gefärbten Lamellenschneiden

→ Pilze auf dem Erdboden

→ 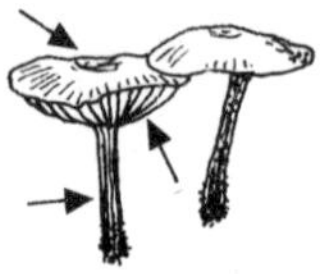

Hut blaßviolett od. rosa

→ Hut zitronengelb

→ Pilze an Holz, Baumstubben od. Ästen

→ nur an Laubholz; Geruch nicht nach Ammoniak (Lauge)

→ 

Hut u. Lamellen nicht rotbraun gefleckt

→ Stiel nicht gerillt

→ Stiel stark längsgerillt

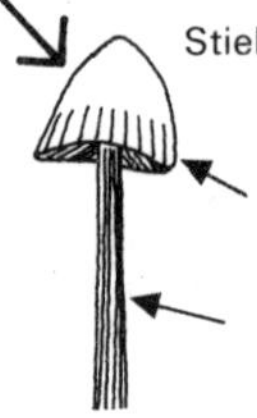

→ Hut u. Lamellen rotbraun gefleckt

→ meist an Nadelholz

Geruch nach Ammoniak (wie Lauge).

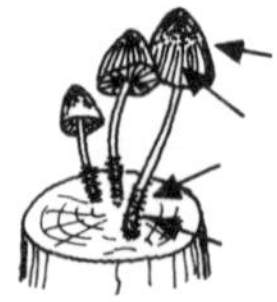

Hut mit stumpfen Buckel, 2–6 cm ∅, Rand gerieft; Lamellen lila, rosa, breit; Stiel lila-rosa; Fleisch riecht u. schmeckt nach Rettich od. rohen Kartoffeln. Laub- u. Nadelwald; 7–10	**Rettich-Helmling** *Mycena pura* Die Rosa-Form wird auch als *M. pura* var. *rosea* ausgewiesen Giftpilz (Muskarinwirkung) MHK III,122 / Ce 1002 / SKE 154
Hut 1–3 cm ∅, alt oft zerrissen-gespalten, oft heller ausblassend; Lamellen weiß; Stiel durchscheinend glasig; auf Nadeln u. Blättern; 8–11	**Zitronengelber Helmling** *Mycena flavoalba* Kein Speisepilz MHK III,111
Hut graubraun, heller ausblassend, Mitte dunkler, 2–6 cm ∅, gestreift-gefurcht; Lamellen erst weiß, alt rosa (!); Stiel graubraun, oben weiß, 4–19 cm lang (!), glatt, glänzend; mit Gurken- od. Mehlgeruch; 7–11	**Rosablättriger Helmling** *Mycena galericulata* Kein Speisepilz MHK I,108 / He 29 / SKE 156 / E 284 / Ce 558
Hut 3–5 cm ∅, braungrau, auch heller, gerieft, stumpfkegelig; Lamellen weißlich, grau, selten rötlich; Stiel 6–10 cm lang, 3–5 mm ∅, jung weißlich, alt graublau, glänzend, hohl, hart; Fleisch geruchlos; an Stümpfen von Laub- u. Nadelbäumen, oft büschelig; 8–11	**Rillstieliger Helmling** *Mycena polygramma* Kein Speisepilz MHK III,103 / E 282 / Ce 563 / SKE 156
Hut 0,5–3 cm ∅, graubraun, rötlichbraun-gefleckt; Lamellen grau u. rotbraun gefleckt; Stiel graubraun u. -basis weißrötlich, unten zottig behaart; an Laubholzstubben, oft büschelig; 10–11	**Gefleckter Helmling** *Mycena maculata* Kein Speisepilz MHK III,116c
Hut graubraun-rotbraun bis schokoladenbraun, 1–2 cm ∅, sehr klein; Lamellen grau, mit weißer Schneide; Stiel graugelbbraun, mit weißer Basis; Pilze oft rasig-büschelig; 9–10	**Salpeter-Helmling** *Mycena alcalina* Kein Speisepilz MHK III,117 / Ce 562

Lamellenpilze, Weißsporer, Schwindlinge

(von Tafel 12)

Schwindlinge; kleine bis sehr kleine Pilze; Hüte zäh u. wenig faulend; Stiele meist borsten- od. haarförmig

Hutdurchmesser größer als 1,5 cm (möglichst mehrere Exemplare des gleichen Vorkommens beurteilen)

Pilze in Wäldern, stark nach Knoblauch riechend

Pilze bei Kiefern u. Fichten

in Kiefern- u. Fichtenwäldern, -schonungen, Trokkenrasen auf Dünen, auf Nadelstreu

Pilze bei Eichen u. Buchen

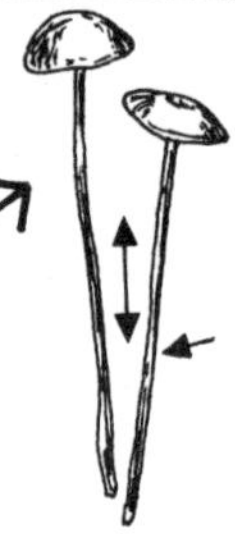

Stiel 8–20 cm lang, tief im Laub wurzelnd

Stiel 6–8 cm lang, nur dem Laub aufsitzend

Pilze auf Wiesen u. Weiden

Pilze mit Bittermandelgeruch

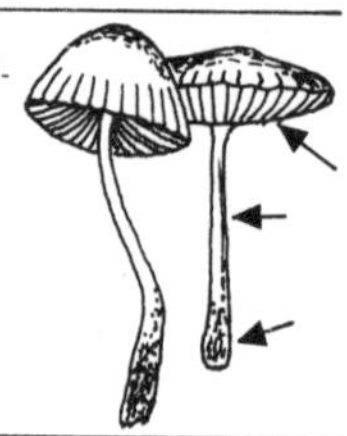

Hutdurchmesser kleiner als 1,5 cm

Pilze ohne Knoblauchgeruch

Hut weiß od. milchweiß

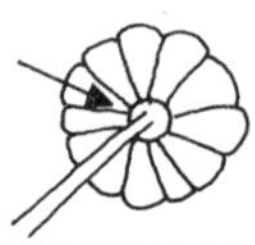

Lamellen um den Stiel zu einem Kranz vereint

Lamellenansatz ohne Kranz

Hut braun od. hellbraun

Pilze knoblauchartig stickig stinkend

Hinweis: Nicht mit Knoblauchschwindling verwechseln (siehe oben)

Schwindlinge Im Gebiet etwa 30 Arten, davon wurden hier im Bestimmungsschlüssel nur sehr auffällige, sich deutlich voneinander unterscheidende Vertreter aufgenommen. Eßbar sind der Knoblauch- u. der Nelkenschwindling, die anderen Schwindlinge sind keine Speisepilze

Hut 1–3 cm ∅, rotbräunlich, lederbraun ausblassend; Stiel braunschwarz, glänzend, hornartig, hohl, 2 mm ∅; Lamellen weißlich u. entfernt; (Lamellen braunrot siehe unten); 6–11	**Küchen-Schwindling** **Knoblauchpilz** *Marasmius scorodonius* Speisepilz MHK I,100 / He 51 / Ce 116 / E 237
nur bei Buchen (!); Hut 2–4 cm ∅, milchweiß bis ocker; Stiel braunschwarz, filzig, matt; Lamellen lederfarben u. entfernt stehend; 5–11	**Langstiel-Knoblauch-Schwindling** *Marasmius alliaceus* Kein Speisepilz MHK III,141 / Ce 999
bei Eichen u. Buchen; Hut 2–4 cm ∅, feucht dunkelbraun, trocken heller; Stiel dunkelbraun, filzig, matt; Lamellen holzfarbig, eng (!); 10–11	**Großer Knoblauch-Schwindling** *Marasmius prasiosmus* Kein Speisepilz MHK III,142
Hut ledergelb, 1–6 cm ∅, wellig-verbogen, zähfleischig; Lamellen weißlich u. sehr weit stehend; Stiel wie Hut gefärbt, unten zottig, zähfleischig, voll, 3–5 mm ∅; 5–11	**Nelken-Schwindling** *Marasmius oreades* Speisepilz, Verwechslungsgefahr mit *Collybia peronata*, mit Rißpilzen od. Trichterlingen SKE 152 / Ce 118 / He 52 / MHK I,101 / E 242
Hut 1,5 cm ∅, häutig, faltig, gefurcht; Lamellen weißlich; Stiel schwarz, glänzend, roßhaarartig, 2–7 cm lang; auf Zweigen, Blättern, Wurzeln; 5–10	**Halsband-Schwindling** *Marasmius rotula* Kein Speisepilz MHK III,143 / SKE 150 / Ce 997
Hut 5–10 mm ∅, häutig, flatterig; Lamellen weißlich, adernförmig verbunden; Stiel fadenförmig, 3–5 cm lang; auf Blättern, Ranken, Stengeln; 10–11	**Aderblättriger Schwindling** *Marasmius epiphyllus* Kein Speisepilz MHK III,138 / Ce 566 / E 240
Hut mit vertiefter Mitte, 0,5–0,8 cm ∅; Lamellen rotbraun; Stiel haarartig, schwarz-glänzend (!), 7 cm lang, 0,5 mm ∅; 5–11	**Roßhaar-Schwindling** *Marasmius androsaceus* Kein Speisepilz MHK III,134
Hut rotbraun, 1–1,5 cm ∅, runzelig, durchscheinend; Lamellen braunrot, verschieden lang; Stiel braunschwarz, matt (!), 2–3 cm lang, 1 mm ∅, samtig-behaart; jeder Pilz auf einer Fichtennadel; 5–11	**Nadel-Schwindling** *Micromphale perforans* = *Marasmius perforans* Kein Speisepilz E 235 / MHK III,135 / Ce 121

Lamellenpilze, Weißsporer, Trichterlinge

(von Tafel 12)

Trichterlinge; für die Bestimmung nur Pilze verwenden, die nicht durchfeuchtet (nicht beregnet) sind, od. die Pilze werden 24 Std. getrocknet u. dann bezüglich der Hutfarbe beurteilt. Feuchte u. trokkene Pilze haben meist große Farbunterschiede. Trichterlinge sind oft nur unter Zuhilfe von Mikroskop u. Reagenzien exakt bestimmbar.

Der Anfänger meide für Speisezwecke alle Trichterlinge mit weißlicher od. grauer Hutfarbe, da tödlich-giftige Vertreter vorhanden sind.

Etwa 100 Arten im Gebiet, davon wurden 22 Arten hier aufgeschlüsselt

Hut weißlich od. grau,oliv gefärbt

Hut trocken (!) mit weißlichem abwischbarem Reif auf dunkelgrauem Untergrund

Pilze auf Wiesen, Weiden, Viehtriften, gedüngten Böden, bei Wildfütterungen u. in Gewächshäusern

Pilz ohne Mehlgeruch

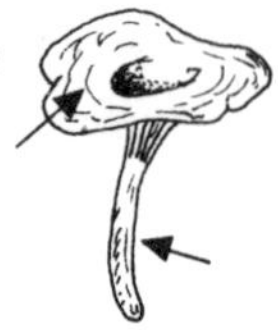

kleiner Pilz; Hut 4–7 cm ∅; säuerlicher Geruch (nicht nach Mehl)

Pilz riecht deutlich nach Mehl

sehr großer Pilz; Hut 10–40 cm ∅

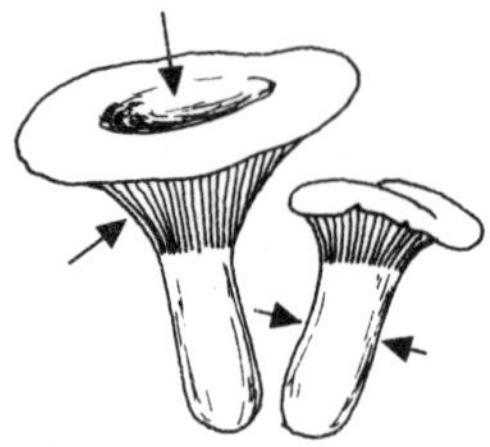

Hut-∅ bis 7 cm

auf Trockenrasen, Dünen od. an Wegrändern; meist in der Ebene

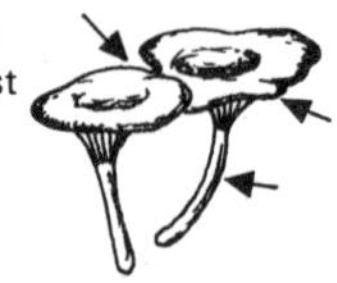

in Gewächshäusern; auf Champignon-Beeten

Pilze in Wäldern

mit starkem Anisgeruch

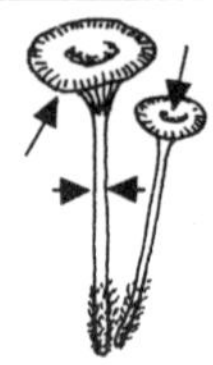

Sporenpulver weiß od. blaßrosa; Stiel matt u. dünn, unten verdickt u. zottig, 5–8 mm ∅ u. 3–5 cm lang

geruchlos od. Geruch nach Mehl od. Tomatenblättern

Sporenstaub creme od. blaßrosa; Stiel matt u. nicht gebogen, kurz (bis 5 cm lang), 4–8 mm ∅

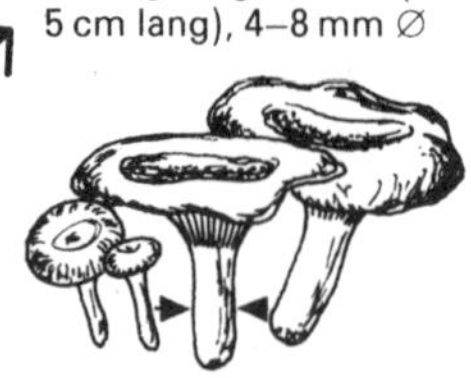

Sporenstaub reinweiß; Stiel glänzend u. an der Basis abgeknickt

Hut mit gelben od. orangen od. braunen Farbtönen,siehe Tafel 52

Hut trocken weiß, grau, grünlich, ohne abwischbaren Reif,siehe Tafel 53

Hut weiß, abwischbar, auf braunrötlichem Untergrund; Hutoberhaut bald in Rinnen zerklüftet, konzentrisch aufplatzend; Stiel feinfilzig, weißrötlich, kurz, Lamellen weißlich; Fleisch weißlich; in Hexenringen od. truppweise; 8–10	**Rinnigbereifter Trichterling** **Wiesen-Trichterling** *Clitocybe rivulosa* Giftpilz MHK I,89 / SKE 126
Hut weiß bis ledergelb, Rand lange eingerollt; Stiel weiß, kurz u. voll; Lamellen gelbweiß, eng; Fleisch immer mit Mehl- od. Rettichgeruch; nur im Mittelgebirge häufiger; 8–11	**Riesen-Krempentrichterling** *Aspropaxillus giganteus* Speisepilz MHK I,84
Hut u. Stiel weiß, mit weißer Bereifung, beim Trocknen erfolgt Verfärbung nach lila; Hut meist flach u. Rand verbogen; Lamellen am Stiel angewachsen, kaum herablaufend; Stiel weiß, fasrig u. zäh; 8–10	**Feld-Trichterling** *Clitocybe dealbata* Giftpilz MHK I,92 / Ce 161
Hut weiß-creme, seidig, 2–7 cm ∅; Lamellen u. Stiel weiß; Pilzform sehr variabel, von flach gebuckelt bis trichterförmig; oft büschelig wachsend	**Treibhaus-Trichterling** *Clitocybe augeana* Giftpilz MHK I,93
Hut 3–6 cm ∅, trocken weißlich-bereift, stark durchfeuchtet hellbraun; Hutrand deutlich gerillt (Lamellen scheinen durch); Lamellen alt bräunlichgrau; Stiel weißlich, Basis verdickt u. strieglig-weißzottig, 3–10 cm lang u. 5–8 mm ∅; in Wäldern; 9–11	**Duft-Trichterling** *Clitocybe fragrans* = *C. suaveolens* Giftpilz MHK III,178 / Ce 1040
Hut 5–8 cm ∅, trocken weißlich, mit abwischbarem Reif, durchwässert, Hutuntergrund braunrosa; nur wenig herablaufende Lamellen; Laub- u. Nadelwald; 9–12 mit deutlichem Mehlgeruch (!)	**Bleiweißer Trichterling** *Clitocybe cerussata* Giftpilz Ce 613
	Bleiweißer Trichterling *Clitocybe phyllophila* Giftpilz MHK I,90 / SKE 126 / Ce 1042
Hut 3–4 cm ∅, trocken weißlich-lila, glänzend, feucht braun-lila-grau; Hutrand lange eingerollt; Lamellen fast gerade angewachsen, weiß; Stiel weiß, glänzend, Basis striegelig, 2–6 cm lang u. 2–5 mm ∅; aromatischer Geruch; 8–11	**Wachsstieliger Trichterling** *Clitocybe candicans* Giftpilz MHK III,183 / E 143

Lamellenpilze, Weißsporer, Trichterlinge

(von Tafel 51)

sehr großer Pilz; Hut-∅ 10–20 (–30) cm, cremegelb; Stiel 6–10 (–15) cm lang; Pilz riecht aromatisch nach Bittermandeln

in Laub- u. Nadelwald, aber auch in Parks u. Gebüsch

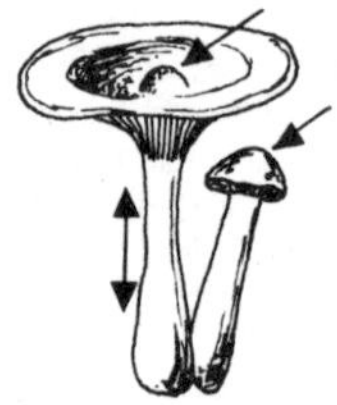

Hutrand lange eingerollt; im Trichter kleiner Buckel

Lamellen weiß

Hut 4–8 cm ∅; Laub- u. Nadelwald; Geruch nach Bittermandeln

Hut trocken weiß, gelblich od. ocker

Lamellen orangerot

Stielbasis spitz

Lamellen gelblich od. rotorange

Hut 2–4 cm ∅; tief trichterförmig-genabelt, feucht

Lamellen gelblich

Hut 6–10 cm ∅; jung flach gewölbt, alt nur wenig trichterförmig; Huthaut gefleckt

Hut nur 3–8 cm ∅; zur Bestimmung ist der Farbvergleich trockener u. feuchter Pilze notwendig; Pilze abtrocknen lassen (15 Std.) auf Farbgegensätze feuchter u. trockener Hüte achten

Trichterlinge; Hutfarben ledergelb, gelb, gelbrot, rötlich, rötlich-braun od. braun

---

Hut trocken fuchsrot od. rötlichgelb; Hut feucht rotbraun

Hut 5–10 cm ∅; Laub- u. Nadelwald; oft büschelig od. gesellig, oft in Hexenringen

Hut trocken rötlich, rötlichgelb od. braun

Hut feucht dunkelbraun, umbrabraun; Hut trocken hell milchkaffeefarben

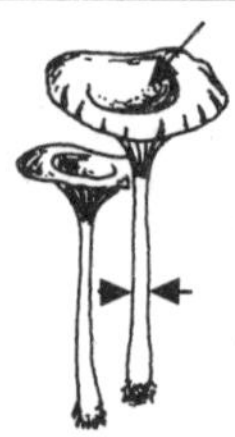

Hut 4–7 cm ∅; Laub- u. Nadelwald

Hinweis: Trichterförmigen Hut haben auch ältere Exemplare von Rötelritterlingen, Räslingen, Lacktrichterlingen u. Milchlingen. Milchlinge haben brüchiges Stielfleisch u. Milchsaft. Bei den anderen ist die Sporenpulverfarbe zu überprüfen. Bei Räslingen u. Rötelritterlingen sind die Lamellen leicht vom Hutfleisch zu trennen, bei den Trichterlingen nicht

---

Hinweis: In südlichen Ländern ist ein rotgelb gefärbter Trichterling an Holz zu beachten (DDR nicht nachgewiesen)

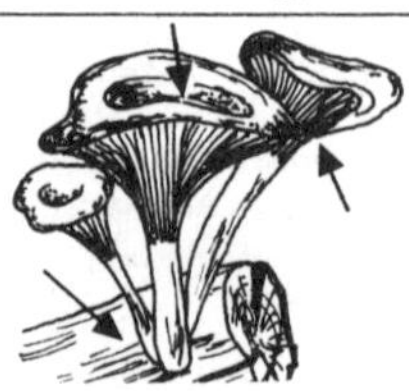

Hut rotgelb, 8–15 cm ∅; an Eichen, Edelkastanien, Ölbäumen

Hutrand dünnfleischig, alt gerieft; Hut feucht matt, trocken glänzend; Lamellen gelbbraun; Stiel ledergelb, voll, zur Basis dicker; 9–11 Hinweis: Trichter ohne Buckel u. ohne Bittermandelgeruch siehe Riesen-Krempentrichterling; Tafel 51; MHK I,84	**Mönchskopf** **Falber Riesen-Trichterling** *Clitocybe geotropa* = C. maxima Speisepilz MHK I,85
Hutrand gebogen-flattrig (gerippt); Hut flockig-filzig-matt; im Trichter kleiner Buckel; Lamellen engstehend; Stiel dem Hute gleichfarben; 6–11	**Gelbbrauner Trichterling** *Clitocybe gibba* = *C. infundibuliformis* Speisepilz MHK I,86 / SKE 124
Hut 3–7 cm ∅, orangerot, feinfilzig, matt, mit eingerolltem Rand, dünnfleischig, schlank u. biegsam, glatt; Fleisch weich, gelblich; bei Fichte, Kiefer, Lärche; 8–11	**Falscher Pfifferling** *Hygrophoropsis auriantiaca* Kein Speisepilz MHK I,139 / He 77 / SKE 226
Hutrand durchscheinend gerieft-wellig, trocken weißlich; Stiel ledergelb, Basis weiß-filzig; Mehlgeruch; 10–11	**Winter-Trichterling** *Clitocybe brumalis* Kein Speisepilz MHK III,184
Hut glatt u. glänzend, ocker; Hutrand lange eingerollt; Stiel ockergelb, fasrig; in Nadel- u. Laubwäldern, oft in Hexenringen, häufiger im Gebirge; 8–10	**Wasserfleckiger Trichterling** *Lepista gilva* = *Clitocybe gilva* = *C. splendens* Speisepilz MHK III,170 / Ce 617
Hutrand lange eingerollt, wellig verbogen; Lamellen eng, jung weiß, alt gelbrötlich; Stiel mit Lamellenfarbe; Fleisch hell rötlichbraun; 8–11 Hinweis: Pilz mit starkem Mehlgeruch, siehe C. sinopica; Speisepilz; MHK III,177	**Fuchsiger Rötelritterling** *Lepista flaccida* = *Clitocybe inversa* Speisepilz Ce 164 / SKE 122 / MHK I,88 / E 151
Hutrand lange eingerollt; Hut glänzend u. glatt; Lamellen braun u. entfernt, dick; Stiel braun-netzig u. lang; 9–11	**Kaffeebrauner Trichterling** *Pseudoclitocybe cyathiformis* Speisepilz MHK III,195 / Ce 150
Hut fasrig-längsgestreift; Pilz oft seitlich gestielt; Lamellen goldgelb; Stiel orangegelb; meist büschelig; 8–10	**Ölbaumtrichterling** *Omphalotus olearius* Giftpilz Ce 153 / MHK III,200

Lamellenpilze, Weißsporer

(von Tafel 51)

Trichterlinge, mit grauen, graubraunen, grauoliven od. grünen Hutfarben; ausgetrocknete Pilze oft ausblassend; ohne abwischbaren Reif

→ großer Pilz; Hut 6–18 cm ∅; Stiel 1,5–4 cm ∅

unter Fichten, Kiefern, Lärchen, Buchen; oft Hexenringe; 9–11

→ kleinere Pilze; Stiel 0,2–1 cm ∅

→ → Hut blaugrün, graugrün; starker Geruch nach Anis

Hinweis: Ohne Anisgeruch, braune Lamellen, Ring am Stiel; siehe Tafel 80

Hut jung blaugrün, alt grüngraugelb verblassend; Laub- u. Nadelwald; 8–11

→ → Hut grau, graubraun, lederfarben

→ → → Hutrand gerieft

→ → → → Geruch deutlich nach Mehl

→ → → → kotartig stinkend

→ → → Hutrand glatt

→ → → → Geschmack mild; Geruch deutlich nach Zimt

→ → → → Geschmack bitter; Geruch ranzig od. nach Leuchtgas

Hinweis:
Hut weiß (ohne abwischbaren Reif), 2–5 cm ∅, Rand gerieft; Lamellen weiß; Sporenpulver weiß bis rosa; Stiel gelblich; auf Wiesen u. Feldern = **Wiesentrichterling** *Clitocybe agrestis;* kein Speisepilz

Hut feucht dunkelgrau, bläuchlich-grau, trocken hellgrau od. weißgrau, kahl, lange mit eingerolltem Rand, alt ausgebreitet, oft mit filzigem Überzug; Lamellen blaßgelb, engstehend; Stiel hellgrau, 5–10 cm lang, voll, Basis verfilzt; Fleisch weiß, süßlich-würzig riechend	**Nebelgrauer Trichterling** **Nebelkappe** *Lepista nebularis* = *Clitocybe nebularis* Speisepilz n.V. MHK I,94 / Ce 158 / He 46 / E 140 / SKE 122
Hut 6–18 cm ∅, Rand lange eingerollt, dann flach gewellt; Lamellen grünlich; Stiel blaugrünlich, 4–7 cm lang, 0,5–1 cm ∅, Basis verfilzt; Fleisch grün. Hinweis: Hut lederocker, 4 cm ∅, Stiel 5 cm lang, 5–8 mm ∅ (!); starker Anisgeruch = Duft-Trichterling; stark giftig; MHK III,178	**Grüner Anis-Trichterling** *Clitocybe odora* Speisepilz MHK I,95 / SKE 122 / Ce 151 / He 47
Hut braungrau, grau, mit Flecken nach weißlich austrocknend, 3–6 mm ∅; Lamellen grauweiß, eng; Stiel 4–7 cm lang, 3–6 mm ∅, dem Hut gleichfarbig, hohl, Basis weißhaarig; Fleisch grau, leichter Geruch nach Mehl; auf Kiefern- u. Fichtenstreu; 10	**Weicher Trichterling** *Clitocybe vibecina* Kein Speisepilz MHK III,181 / Ce 1044
Hut 3–6 cm ∅, feucht olivgraubraun, trocken grauweiß, kahl; Lamellen graugelb; Stiel unten fast olivschwarz, weißzottig, sonst wie der Hut gefärbt, silbrig befasert; Stiele oft büschelig verwachsen; Fleisch grauweiß; im Nadelwald; 10–12	**Staubfüßiger Trichterling** *Clitocybe metachroa* = *C. decembris* = *C. dicolor* Kein Speisepilz MHK III,180 / Ce 616
Hut 4–7 cm ∅, graubraun, gelblichgrau ausblassend, gebuckelt, kahl; Lamellen gelblich; Stiel wie der Hut gefärbt, 4–8 cm lang, 1 cm ∅ (oben), Basis keulig angeschwollen, stark wasserhaltig; Fleisch weißgrau; Laub- u. Nadelwald; 7–11	**Keulenfuß-Trichterling** *Clitocybe clavipes* Kein Speisepilz MHK I,87 / Ce 163 / He 45 / E 147
Hut 4–7 cm ∅, feucht graubraun, trocken weißlich, Rand alt wellig gelappt; Lamellen graubraun; Stiel graubraun, 2–4 cm lang, 0,4–1,3 cm ∅, kahl, etwas zusammengedrückt, Basis weißhaarig; Fleisch hellgrau; Laub- u. Nadelwald, meist auf Buchenlaub; 8–11	**Ranziger Trichterling** **Bitterer Trichterling** *Clitocybe phaeophthalma* = *Omphalia hydrogramma* Giftpilz MHK III,185 / Ce 611

Hinweis: Alle feucht stehenden od. stark beregneten, graugetönten Trichterlinge od. trichterlingsähnlichen Pilze sind schwierig zu bestimmen, da die Hutfarbe sehr vom Durchfeuchtungsgrad des Pilzes abhängig ist. Pilze für die Bestimmung deshalb anfeuchten, bedeckt mehrere Stunden stehenlassen u. mit Trockenpilzen vergleichen.

Lamellenpilze, Weißsporer, Streiflinge

(von Tafel 40)

Stiel ohne Ring od. Manschette; Stielbasis mit freilappiger Scheide (Volva) od. knollig mit Warzengürteln; Hutrand gerieft

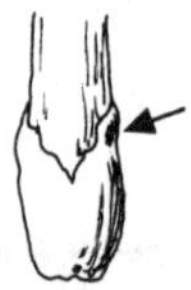

Stielbasis mit enganliegender Scheide (oft tief im Boden)

Hut orange, gelbbraun od. rotbraun

Scheide weiß, weinrot od. braunrot gefleckt

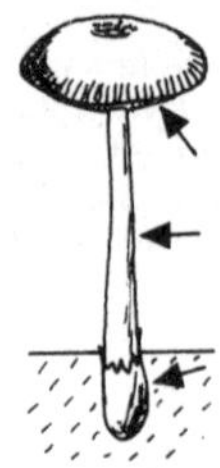

Scheide einfarbig braunocker

Hut grau, grauoliv, blaugrau od. graubraun

Hut grau, blaugrau, hellgrau

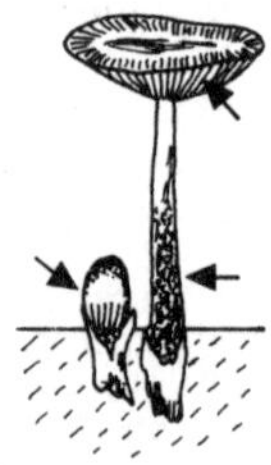

Hut olivgrau, graubraun

Stielbasis knollig mit Warzengürteln (aber ohne Scheide)

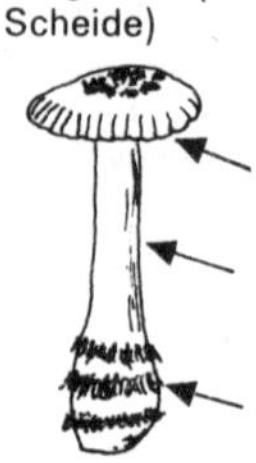

Hut ocker bis braun gefärbt, schmierig, mit weißflockigen, alt grauen, abwischbaren Schuppen

Hut gelb, hellgelb, schmierig-glänzend, mit abwischbaren, weißen Flockenschuppen

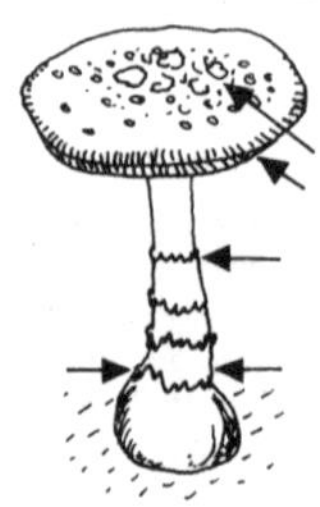

Hut 3,5–10 cm ∅, braunrot, jung klebrig-glänzend, Rand heller; Lamellen weiß, eng, angeheftet; Stiel 8–19 cm lang, 0,6–1,8 cm ∅, nach oben verjüngt, angedrückt-faser-schuppig, aber kaum genattert; Fleisch weiß, geruchlos; Laub- u. Nadelwald; 7–10

Fuchsiger Streifling
Amanita fulva
Speisepilz n. V.
MHK I,12 / SKE 160 / E 356 / Ce 392 links

Hut 6–10 cm ∅, klebrig-glänzend, orange; Lamellen weiß, eng, angeheftet; Stiel 10–15 cm lang, 1–2 cm ∅, nach oben verjüngt, auf weißem Grund orange geschuppt-genattert; Fleisch weiß, geruchlos; meist bei Buchen u. Eichen; 7–10

Orangegelber Streifling
Amanita crocea
Speisepilz n. V.
Ce 394

Hut 4–11 cm ∅, klebrig-glänzend; Lamellen weiß, angeheftet; Stiel hellgrau, 10–15 cm lang, 1–2 cm ∅, nach oben verjüngt, nicht genattert; Fleisch weiß, geruchlos; meist bei Buchen; 7–10

Grauer Streifling
Amanita vaginata
Speisepilz n. V.
MHK I,13 / SKE 160 / Ce 392 rechts

Hut 4,5–12 cm ∅, olivbraungrau, Rand oft heller; Lamellen weiß, angeheftet; Stiel graubraun geschuppt-genattert, 8–10 cm lang, 1–2 cm ∅, nach oben verjüngt; Scheide an der Stielbasis creme; im Gebirge/Mittelgebirge; Nadelwald; 8–10

Verfärbender Streifling
Amanita umbrinolutea
= *A. battarrae*
Speisepilz n. V.
Ce 17

Hut 8–25 cm ∅, auch gelbbraun, graubraun, Rand heller, klebrig, Lamellen weiß, frei; Stiel oben weiß, zur Basis braungrau, 10–15 cm lang, 2–3,5 cm ∅, nach oben verjüngt, an Stelle der Scheide mit mehreren Gürteln (oft tief im Boden); Fleisch weiß, geruchlos; meist im Laubwald; 6–10

Riesen-Streifling
Amanita ceciliae
= *A. strangulata*
Speisepilz
MHK I,14

Hut 4–10 cm ∅; Lamellen weiß, frei, Scheide flockig; Stiel 6–10 cm lang, oben 8 mm ∅, Basis birnenförmig verdickt, mit schuppigem, zerrissenem Scheidenrand; Fleisch weiß; in Wäldern wärmerer Gebiete, fehlt im Gebirge; 5–11

Narzissengelber Wulstling
Amanita gemmata
Giftpilz
MHK I,10 / SKE 164 / Ce 13 / E 371

Lamellenpilze, **Weißsporer, Stiel mit Ring (od. Manschette)**

(von Tafel 12)

Weißsporer mit Ring (Manschette) am Stiel

→ Pilze büschelig nur auf Holz wachsend

→ Hut weiß, glatt u. schleimig

bis in die Krone von kranken od. abgestorbenen Buchen, auch an Buchenstümpfen u. Brettern

→ Hut honiggelb od. dunkel fleischfarben, rötlichbraun, dunkelbraun

→ Hut honiggelb, olivgelb; mit feinen, winzigen Schüppchen besetzt; 7–11 (meist 10); Huthaut kaum abziehbar

→ Hut dunkel gefärbt, fleischrötlichbraun bis kastanienbraun; dicht mit 1–2 mm langen dunkelbraunen Schüppchen besetzt; Huthaut ½ abziehbar

→ Pilze nur auf dem Erdboden wachsend

→ Stielbasis knollig **mit** Warzengürteln od. **mit** gerandeter, abstehender Knolle **bzw.** lappig-freier Scheide (Volva), oft tief im Boden

→ knollige Stielbasis mit Warzengürteln

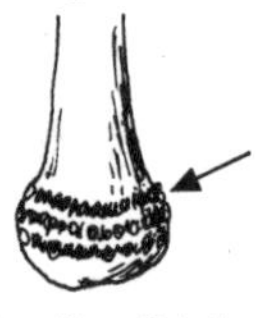

→ Manschette am Stiel glatt, nicht gerieft

→ Hut rot, mit weißen abwischbaren Warzen (Perlen); unter der Huthaut gelbe Fleischschicht; im Flachland stets bei Birken, im Gebirge auch bei Fichten

→ Hut braun, mit gelbweißen abwischbaren Flocken; unter der Huthaut ge̦lbe Fleischschicht; bei Fichten, auf sauren Böden

→ Manschette am Stiel längsgerieft

→ Hut braunrot, mit grauweißen, abwischbaren Pusteln (Perlen); Fleisch färbt sich bei Verletzung langsam rötlichbraun (Fraßstellen beachten), dazu Pilz längs durchschneiden

→ Hut u. Pusteln dunkelgrau; Fleisch leicht grauend, mit Kartoffel- od. Rettichgeruch; Laub- u. Nadelwald

→ knollige Stielbasis mit abstehend-gerandeter Knolle od. lappiger-freier Scheide (Volva) siehe Tafel 59

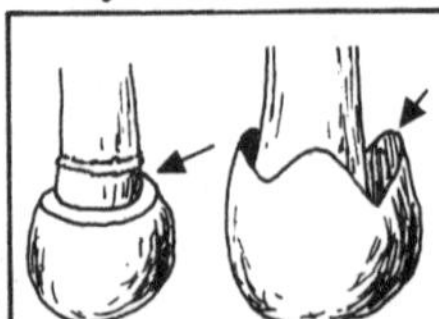

→ Stielbasis keulig (**ohne** Warzengürtel, **ohne** gerandete Knolle od. **ohne** lappige Scheide) siehe Tafel 56

Hut 3–9 cm ∅, leuchtend weiß, glatt, von zähem, klebrigem Schleim überzogen, durchscheinend gerieft; Lamellen weiß, entfernt stehend, am Stiel angewachsen; Stiel weiß, 3–8 cm lang, 2–4 mm(!) ∅, voll; Fleisch weiß, geruchlos; 8–11	**Buchen-Schleimrübling** **Beringter Schleimrübling** *Oudemansiella mucida* Speisepilz MHK III,167 / SKE 148 / Ce 113
Hut 3–10 cm ∅, klebrig-glänzend, Rand jung stark eingebogen, glatt; Lamellen jung creme, alt graurötlich, gedrängt, schmal; Stiel rotbraun, an der Spitze fein gerippt, unter dem Ring mit gelblichen Flöckchen; Ring gelb, glatt; Fleisch weiß, mit Camembertgeruch u. Seifengeschmack	**Honiggelber Hallimasch** *Armillaria mellea* Speisepilz n. V. MHK I,97a / SKE 128, links oben
Hut 3–14 cm ∅, anfangs Rand stark eingebogen, jung weißflockig behangen, gerieft; Lamellen jung creme, alt rosa-graubräunlich, schwach ausgebuchtet; Stiel braun, unter dem Ring mit graubraunen, groben Schuppen, 5–22 cm lang, 1–2 cm ∅; Fleisch wie bei *A. mellea*	**Dunkler Hallimasch** **Braunschuppiger Hallimasch** *Armillaria obscura* Speisepilz n. V. MHK I,97 b / Ce 35 / SKE 128, rechts oben
Hut 8–20 cm ∅, durch die rote Huthaut oft gelblicher Untergrund sichtbar; Lamellen creme, fast frei; Stiel creme, 10–20 cm lang, 1–2,5 cm ∅, Manschette glatt u. groß, Knolle mit mehreren weißen Warzengürteln; Fleisch im Stiel weiß; 5–11	**Roter Fliegenpilz** *Amanita muscaria* Giftpilz MHK I,8 / Ce 5 / He 7 / SKE 162
Hut 5–20 cm ∅, klebrig-glänzend, Rand deutlich gerieft; Lamellen weiß, angeheftet, mit flockiger Schneide; Stiel creme, mit hellgelbem Ring, Knolle mit mehreren Schuppengürteln; Fleisch im Stiel gelbweiß; 7–9	**Brauner Fliegenpilz** **Königs-Fliegenpilz** *Amanita regalis* Giftpilz MHK I,9 / Ce 384 / He 8 / SKE 162
Hut 6–15 cm ∅, Haut leicht abziehbar, Fleisch darunter blaßrötlich; Lamellen weiß, alt rötlich gefleckt, angeheftet; Stiel jung weiß, alt rötlich-weiß, 8–15 cm lang, 2–3 cm ∅, Ring weiß, dicke Knolle mit Warzenringen; Fleisch weiß, stets rötend; Laub- u. Nadelwald; 6–11	**Perlpilz** *Amanita rubescens* Speisepilz, Verwechslungsgefahr MHK I,7 / Ce 9 / He 3 / SKE 168
Hut 5–12 cm ∅, Oberhaut fasrig od. schmierig; Lamellen grauweiß, angeheftet; Stiel 6–12 (–20) cm lang, 1–2 cm ∅, grau, wenn der Stiel tief im Boden, dann Knolle u. Warzen meist nicht vorhanden, Manschette grau; Fleisch weißgrau; 6–10	**Grauer Wulstling** **Gedrungener Wulstling** **Grauer Perlpilz** *Amanita excelsa* = *A. spissa* = *A. ampla* Speisepilz, Verwechslungsgefahr MHK I,6 / MHK III,4 / SKE 168 / He 10 / Ce 386

Lamellenpilze, Weißsporer, Riesenschirmpilze, Körnchenschirmlinge

(von Tafel 55)

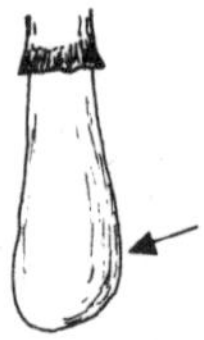

Pilze mit keuliger Stielbasis (keine Warzengürtel, ohne gerandete od. ohne freilappige Knolle)

→ Fleisch bei Verletzung u. im Anschnitt rötend; Stiel mit verschiebbarem, wattig-schwammigen Ring

→ bei Fichte u. Kiefer

Hut braun, mit konzentrisch-ringförmig liegenden, dachziegelartigen, dunkelbraunen Schuppen

→ auf Wiesen, in Gärten, Parks, auf Kompost

Hut weißlich, mit konzentrisch-ringförmig liegenden dachziegelartigen, dunkelbraunen Schuppen
Hinweis: Der **Gift-Schirmpilz** (*M. venenata*; MHK III,16) ist braunhütig; die Schuppen sind nicht konzentrisch angeordnet; Stiel mit gerandeter, brauner Knolle

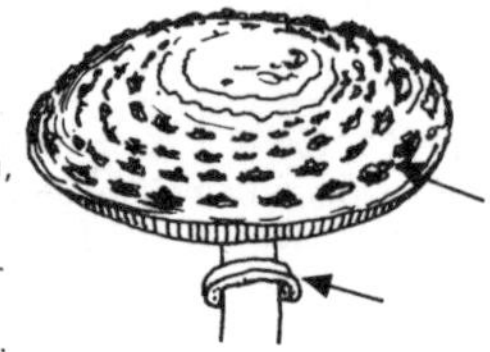

→ Fleisch bei Verletzung u. im Anschnitt nicht rötend

→ Hutoberfläche mit runden Körnchen besetzt, kleine Pilze (Hut 2–5 cm ∅)

→ Hutrand kammartig, faltig-gerieft; Hut zitronengelb, mit braunen Körnchen

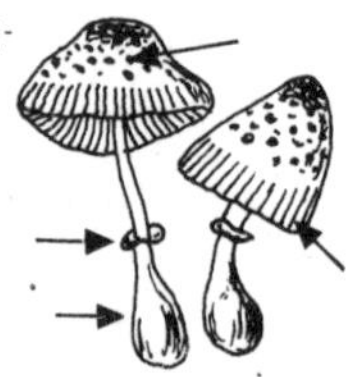

→ Hutrand glatt u. scharf

→ Pilz stark muffig riechend; Hut rosa od. ockergelb

→ Pilz riecht stark modrig-muffig

Hut rosa, rötlich-grau

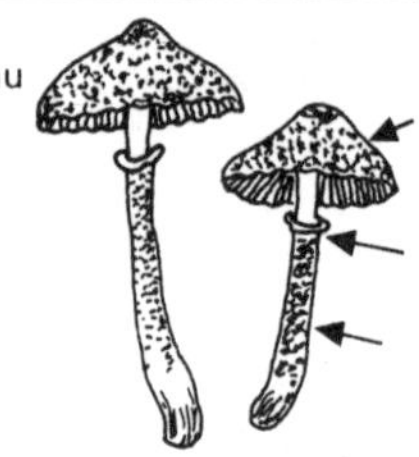

→ Hut ockergelb

→ Pilz geruchlos; Hut braunrot, zimtbraun

→ Hut stark fasrig od. schuppig, siehe Tafel 57

Hut 10–16 cm ∅, jung kugelig, alt ausgebreitet; Lamellen weiß, orange fleckend, fast frei; Stiel weiß, bei Berührung u. im Alter rotbräunlich, kahl, nicht gebändert, 12–23 cm lang, 1–2 cm ∅, hohl; Fleisch weiß, mit der charakteristisch raschen rotbräunlichen Verfärbung; 7–11

Safran-Schirmpilz
Rötender Schirmpilz
Macrolepiota rachodes
= *M. rhacodes*
Speisepilz
MHK I,30 / SKE 172 / He 2 / Ce 21

Hut 10–18 cm ∅, fleischiger als beim Safran-Schirmpilz; Lamellen weiß, nur sehr langsam rotbräunlich fleckend, auch das weiße Fleisch verfärbt nur sehr langsam; Stiel wie beim Safran-Schirmpilz; 7–11

Garten-Schirmpilz
Macrolepiota rachodes
var. *hortensis*
Kein Speisepilz

Hut 1–5 cm ∅, jung eiförmig, alt kegelig-glockig, nur häutig, Riefung oft bis zur Hutmitte; Lamellen schwefelgelb, breit, frei; Stiel gelb, kahl, nur die auffällige Knolle flockig, hohl, tiefsitzender häutiger Ring; Fleisch hellgelb, geruchlos, aber bitter schmeckend; in Gewächshäusern, auf Blumenerde

Gelber Faltenschirmling
Leucocoprinus birnbaumii
Kein Speisepilz
MHK III,28 a / Ce 403

Hut 3–6 cm ∅, mit braunroten kleinen Schuppenkörnchen dicht besetzt, mit Zentralbuckel; Lamellen jung weiß, alt gilbend, angeheftet; Stiel 4–7 cm lang, 4–6 mm ∅, fleischrosa, unter dem trichterförmigen Ring stark körnig, hohl; Fleisch creme, mit widerlichem Geschmack; Nadelwald; 9–11

Rauher Körnchenschirmling
Starkriechender Körnchenschirmling
Cystoderma carcharias
Kein Speisepilz
MHK III,30 / SKE 180 / Ce 29

Hut 2–5 cm ∅, dicht mit bräunlichen Körnchen besetzt, häutig; Lamellen ockergelb, ausgerandet; Stiel ockergelb, 4–6 cm lang, 2–5 cm ∅, unter dem Ring bräunlich schuppig, alt hohl; Fleisch gelblich; in Moospolstern von Nadelwäldern; 9–11

Amiant-Körnchenschirmling
Cystoderma amianthinum
Kein Speisepilz
MHK I,35 / SKE 180 / Ce 31

Hut 4–5 cm ∅, alt ausblassend, kleiig-körnig, oft faltig-runzelig; Lamellen weißlichgelb, Schneide zerrissen, abgerundet; Stiel 3–8 cm lang, 3–6 mm ∅, unter dem zerrissenen Ring rotbräunlich faserschuppig; Fleisch weißgelb; im Nadel- u. Laubwald; 9–10

Rostroter Körnchenschirmling
Cystoderma granulosum
Kein Speisepilz
MHK III,29 / Ce 872

Lamellenpilze, Weißsporer, Riesenschirmpilze, Schirmpilze

(von Tafel 56)

Pilze **mit** Ring am Stiel; Stielbasis keulig; Hut stark fasrig od. schuppig

→ Stiel mit schlangenhautähnlicher, schuppig-genatterter Oberfläche

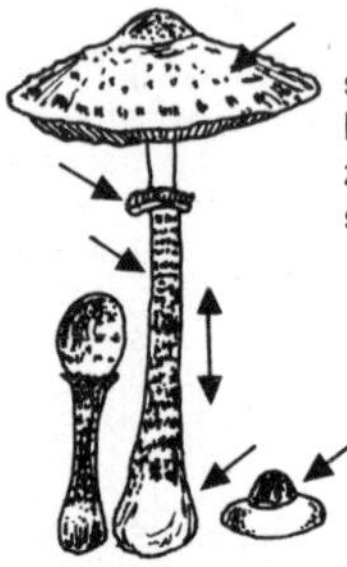

sehr großer Pilz, bis 40 cm hoch; Stiel mit doppelt zerfetzt-gerandetem, verschiebbarem Ring

→ Stiel nicht schlangenhautähnlich genattert

→ Hut braun, mit stachelartig-spitzen Schuppen

Pilzgeruch widerlich nach Leuchtgas

Fleisch weiß, mit unangenehmem Geschmack; in Wäldern, Parks, Gärten, Friedhöfen, auf humusreichen Böden; bevorzugt in wärmeren Gebieten

→ Hut nicht stachel-spitzschuppig, sondern filzig, fasrig bzw. angedrückt schuppig

→ Stiel 6–15 mm ∅

→ Lamellen am Stiel frei (zur Prüfung Pilz längs durchschneiden)

→ Pilze nur auf Wiesen u. Äckern

→ Lamellen weiß

→ Lamellen rosa

→ Pilze im Wald

→ Hut weiß; nur im Nadelwald

→ Hut gelbbraun; Laubwald, lichte Gehölze

→ Lamellen am Stiel ausgebuchtet od. abgerundet angewachsen

siehe Tafel 58 (oberer Teil)

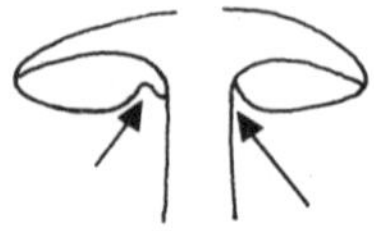

→ Stiel 2–6 mm ∅; siehe Tafel 58 (unterer Teil)

Hut bis 25 cm ∅, jung eiförmig-glatt, beim Aufschirmen zerreißt die Huthaut in breite, sparrig abstehende Schuppen, zwischen den Schuppen ist weißes Hutfleisch sichtbar; Lamellen weiß, frei; die Stielzeichnung ist nur bei sich streckendem Stiel vorhanden; Fleisch weiß, nicht rötend; in lichten Wäldern, Gärten; 7–11

Riesen-Schirmpilz
Parasol
Macrolepiota procera
Speisepilz
MHK I,29 / SKE 172 / Ce 20 / He 1 / E 376

Hut 6–15 cm ∅, rostbraun, zwischen den spitzkegeligen braunen Schuppenstacheln ist die Huthaut weißlich; Lamellen jung weiß, alt bräunlich, frei, an der Schneide fein gekerbt, eng; Stiel 5–12 cm lang, 1–2 cm ∅, unter dem breiten, häutigen Ring ist der Stiel fasrig, rostbräunlich geschuppt; 8–10

Kegelschuppiger Schirmpilz
Lepiota aspera
= *L. acutesquamosa*
Kein Speisepilz
MHK I,31 / SKE 174 / Ce 26 / E 393

Hut 5–12 cm ∅, die feinfilzige Huthaut zerreißt in bräunliche angedrückte Schuppen auf weißem Untergrund, Rand aufgerissen; Lamellen weiß, frei, eng; Stiel 6–8 cm lang, 6–12 mm ∅, weißlich, einfacher, verschiebbarer Ring; Fleisch weiß, mild; 8–10

Acker-Schirmpilz
Geschundener Schirmpilz
Macrolepiota excoriata
= *L. excoriata*
Speisepilz
MHK III,13 / SKE 176 / Ce 25

Hut 5–10 cm ∅, weißlich, mit bräunlicher Mitte, filzig-körnig-matt; Lamellen jung weiß, alt rosa, eng, frei; Stiel weiß, 7–10 cm lang, 7–15 mm ∅, dünner, schmaler Ring, glatt; Fleisch weiß, mit angenehmem Geruch; auch in Gewächshäusern; 9–11

Rosablättriger Schirmpilz
Leucoagaricus leucothites
= *Lepiota naucina*
Speisepilz
MHK III,18 / Ce 24

Hut 4–10 cm ∅, mit weißen bis ledergelben Schüppchen, Mitte glatt; Lamellen jung weiß, alt blaßrosa, frei; Stiel weiß, alt bräunlich, 7–16 cm lang, 1–2 cm ∅, mit einfachem, verschiebbarem Ring; Fleisch weiß, im Stiel rötlich, Rettichgeruch; 8–9

Jungfern-Schirmpilz
Macrolepiota puellaris
Kein Speisepilz
MHK III,15 / SKE 174 / Ce 23

Hut 8–15 cm ∅, brustwarzenförmiger brauner Buckel, feinkörnig-schuppige Huthaut; Lamellen eng, weiß, frei; Stiel weiß, mit feinen bräunlichen Schüppchen, einfachgerandeter, verschiebbarer Ring; Fleisch weiß; 9–10

Warzen-Schirmpilz
Macrolepiota mastoidea
Speisepilz
MHK III,14 / Ce 802

Lamellenpilze, Weißsporer, Schirmlinge, Ritterlinge

(von Tafel 57)

Pilze **mit** Ring am Stiel; Stiel nur keulig; Hut stark fasrig od. schuppig

- Lamellen am Stiel ausgebuchtet od. abgerundet angewachsen
  - braune Längsfasern auf Hut u. Stiel

    in sandigen Kiefernwäldern (auch auf Dünen); Fleisch weiß, mit Mehlgeruch; 9–11
  - braune feldrige Schuppen auf Hut u. Stiel

    nur in wärmeren Gebieten bei Kiefern; Fleisch weiß, mit Geruch nach Birnen, Geschmack bitterlich-süß
- Lamellen am Stiel frei
  - Hutoberfläche gelblichweiß mit bräunlichen Schuppen
    - Stiel unterhalb des Ringes weißflockig-wollig gestiefelt

    - Stiel unterhalb des Ringes seidig-feinfasrig (Ring alt vergänglich)

      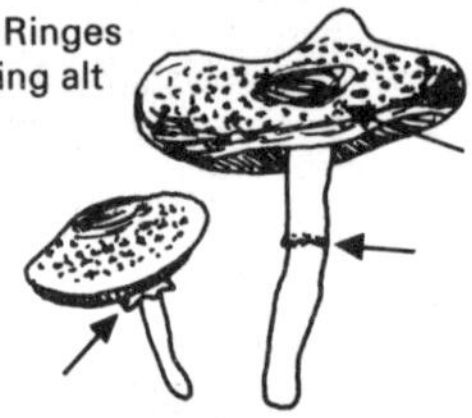
  - Hutoberfläche fleischrosa mit violett-braunen od. braunen Schuppen
    - Lamellen weiß, nicht braunfleckend

    - Lamellen alt u. bei Berührung braunfleckend

Hut 6–10 cm Ø, auch orange-ziegelrot, durch die Fasern gestreift, oft längsrissig; Lamellen weißlich, bei Druck od. alt braunfleckig, ausgebuchtet, angeheftet od. ausgerandet; Stiel von unten bis zum Ring rotbraun, schuppigfasrig, Ring braun, zerrissen; Stiel 6–8 cm lang, 1,5–2 cm Ø	**Halsband-Ritterling** *Tricholoma focale* Giftpilz MHK III,205 / SKE 132 / Ce 600 / E 171
Hut 6–15 cm Ø, die feldrigen Schuppen auf gelblichweißem Untergrund; Lamellen gelbweiß, braunfleckend, ausgebuchtet; Stiel weißlich, unter dem Ring marmoriert braun, Ring weißlich, Stiel 10–14 cm lang, 1,5–3 cm Ø; 10–11	**Braungefleckter Ritterling** **Krokodil-Ritterling** **Gestiefelter Ritterling** *Tricholoma caligatum* Kein Speisepilz MHK III,204 / SKE 132 / Ce 603
Hut 4–8 cm Ø, Rand flockig beschleiert; Lamellen hellgelblich, frei; Stiel 4–10 cm lang, 4–6 mm Ø, hohl, Ring zerrissen; Fleisch gelblich, nach Holz riechend u. süßlich schmeckend; in Wäldern; 8–10	**Wollstiel-Schirmling** *Lepiota clypeolaria* Kein Speisepilz MHK III,19 / SKE 174 / E 384 / Ce 27
Hut 2–6 cm Ø, mit braunem Zentralbuckel, dünnfleischig; Lamellen weiß, frei, an der Schneide flockig; Stiel 5–6 cm lang, 4–6 (–8) mm Ø, seidig-fasrig, hohl, Basis leicht knollig, Ring alt vergänglich; Fleisch weiß, widerlich muffig-gasartig stinkend; in Wäldern, Anlagen, Gärten; 6–10	**Stink-Schirmling** **Kamm-Schirmling** *Lepiota cristata* Kein Speisepilz MHK I,32 / SKE 174 / Ce 28
Abbildungen: MHK I,33 u. 34 / Ce 30; sämtliche aufgeführten Vertreter der fleischrötlichen Schirmlinge sind stark giftig; die Bestimmung ist nur mit Spezialliteratur möglich	**Fleischbräunlicher Schirmling** *Lepiota brunneoincarnata* **Fleischrötlicher Schirmling** *Lepiota helveola* **Fleischbräunlicher Schirmling** *Lepiota josserandii*
Hut 2–4 cm Ø, kastanienbraun, rosa geschuppt; Lamellen frei; Stiel wie der Hut gefärbt; kleinschuppig, 3–6 cm lang, 2–4 mm Ø, Ring vergänglich; in Nadel- u. Laubwäldern; 7 8	**Rotbrauner Schirmling** *Lepiota castanea* Kein Speisepilz MHK III,22

Lamellenpilze, Weißsporer, Wulstlinge

(von Tafel 55)

Aufsicht Längsschnitt

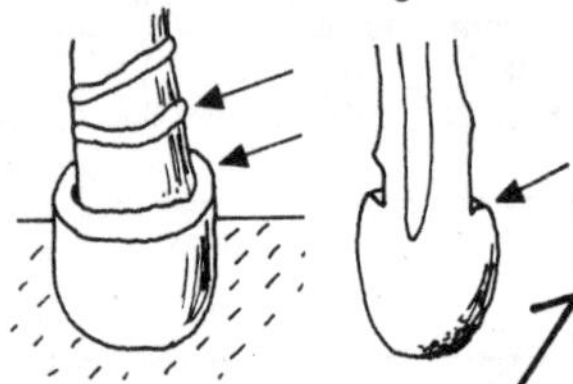

Stielbasis mit wulstig gerandeter Knolle

Hutrand mit klebrigen Fransen od. Fetzen

Stiel mit klebrigen weißen Flocken; in wärmeren Laub- u. Nadelwäldern, meist auf Kalk; 7–9

Hutrand kammartig längsgerieft

Hut braun, braungrau

Stiel mit ungeriefter Manschette

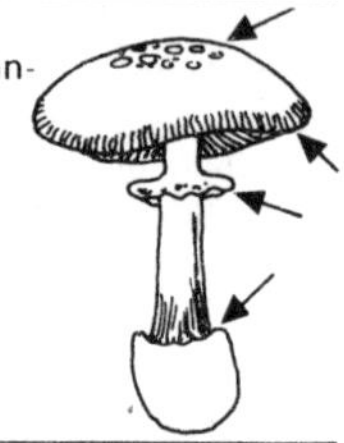

Hut narzissengelb

Manschette nur bei jungen Pilzen vorhanden, alt vergänglich

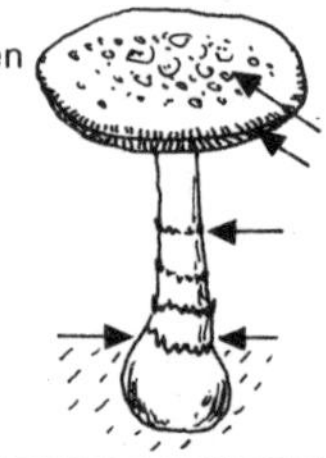

Hutrand ohne Fransen od. Fetzen

Wulstlinge; knollige Stielbasis mit abstehend-gerandeter Knolle od. lappigfreier Scheide (Volva)

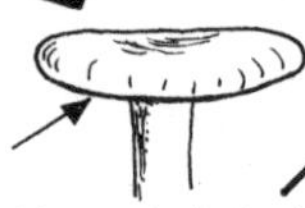

Hutrand glatt, ohne Längsriefen

Stiel mit nicht geriefter Manschette

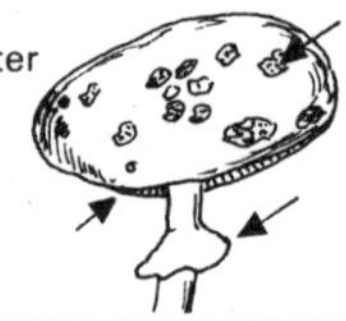

Hut gelbweiß; Pilz riecht nach Kartoffelkeimen

Stiel mit lappig-dünner Manschette

Hut braungrau; Pilz riecht muffig

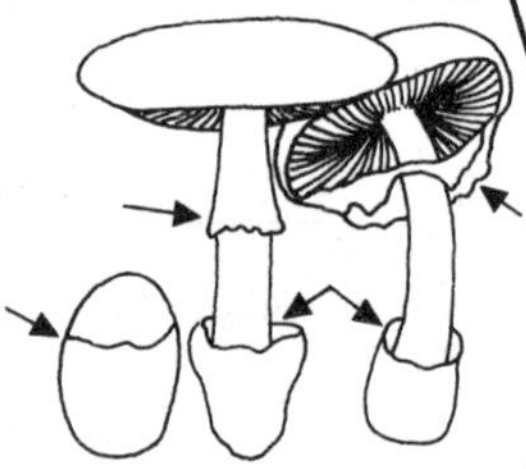

Aufsicht Längsschnitt

knollige Stielbasis mit abstehend-lappig-freier Scheide (Volva)

Hut grünlich, graugrün od. oliv; Stielbasis dickknollig

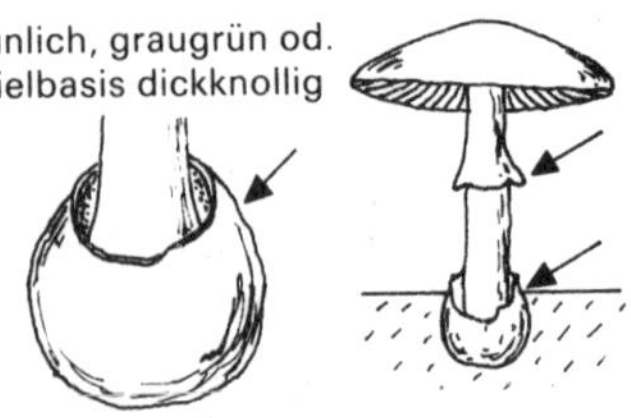

Stiel mit lappig-gefalteter Manschette

Hinweis:

Hut rot; Lamellen, Stiel, Manschette goldgelb; Scheide weiß; in südl. Ländern **Kaiserling**, *A. caesarea*, kein Speisepilz; sehr selten! MHK III,1 / Ce 4

Hut weiß; dickknollige Volva; Pilz kleiner als *A. phalloides*; warme Gegenden = *A. verna*, **Weißer Knollenblätterpilz**, Giftpilz; MHK I,2 / Ce 2

Hut weiß; Stielbasis dünnknollig

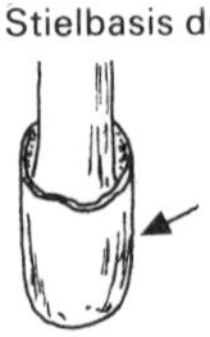

Stiel mit fetzig-zerrissener (im Alter vergänglicher) Manschette

Hut 10–18 (20) cm ∅, auf weißgelblichem Untergrund kleben bräunliche od. graubraune leicht abwischbare Flocken, stark beregnet ohne Flocken; Lamellen gelblich, abgerundet-frei; Stiel weiß, entweder mit gerandeter Knolle od. glattknollig, 14–20 cm lang, 2–4 cm ∅	**Fransiger Wulstling** **Einsiedler-Wulstling** *Amanita strobiliformis* = *A. solitaria* Kein Speisepilz MHK III,3 / SKE 170 / Ce 11
Hut 4–10 cm ∅, mit vielen kleinen weißen Flocken (nach Regen abgewaschen), feucht schmierig, trocken glänzend; Lamellen weiß, angeheftet; Stiel 5–12 cm lang, 0,5–2 cm ∅, weiß, fasrig, hohl; Fleisch weiß, mit schwachem Rettichgeruch; Laub- u. Nadelwald; 7–11	**Pantherpilz** *Amanita pantherina* Giftpilz MHK I,5 / SKE 164 / MHK III,7 / Ce 7 / He 4
Hut 4–10 cm ∅, auf feucht schmieriger, trocken glänzender Huthaut weiße Flocken, Lamellen weiß, frei, Schneide flockig; Stiel weiß, weich, 6–10 cm lang, 5–8 mm ∅; Fleisch weißgelb, geruchlos; Nadel- u. Mischwald; fehlt im Gebirge; 5–11	**Narzissengelber Wulstling** *Amanita gemmata* Giftpilz MHK I,10 / Ce 13 / SKE 164
Hut 4–10 cm ∅, breite, fetzige Flocken auf gelblichem Grund, Mitte vertieft; Lamellen gelbweiß, frei, mit flockiger Schneide; Stiel 6–12 cm lang, 7–12 mm ∅, mit gelblichen Farben; Fleisch weiß, mit charakteristischem Geruch; Laub- u. Nadelwald; 7–11	**Gelber Knollenblätterpilz** **Kartoffel-Wulstling** *Amanita citrina* Giftpilz MHK I,4 / SKE 166 / Ce 12 / He 9 / E 360
Hut 6–8 cm ∅, auch braunrot od. violettbraun, glanzend, mit vergänglichen violettgrauen warzigen Schuppen; Lamellen weiß, frei; Stiel grauviolett, mit Schüppchen, 6–9 cm lang, 6–8 mm ∅, hohl; Fleisch weiß, mit Rettichgeruch; Nadel- u. Mischwald; 7–10	**Porphyrbrauner Wulstling** *Amanita porphyria* Giftpilz MHK I,11 / SKE 166 / Ce 14 / E 361
Hut 4–12 cm ∅, mit grünlichen Farbtönen, Rand heller, fein radial gefasert, klebrig-glänzend; Lamellen weißgrünlich, angeheftet; Stiel weiß mit grünlichem Randmuster, hohl, 5–12 cm lang, 1–2 cm ∅; Fleisch weiß, süßlicher Geruch; Laubwald, Parkanlagen; 7–11	**Grüner Knollenblätterpilz** *Amanita phalloides* Giftpilz MHK I,1 / SKE 164 / Ce 1 / HE 5 / E 358
Hut 4–10 cm ∅, spitzkeglig, feucht klebrig, trocken seidig glänzend; Lamellen weiß; Stiel weiß, seidig-glänzend, längs-faserig-rissig, 8–15 cm lang, 1–2 cm ∅; Fleisch weiß, süßlich-rettichartig riechend; Laub- u. Nadelwald; Gebirgspilz; 7–10	**Spitzhütiger Knollenblätterpilz** **Kegelhütiger Wulstling** *Amanita virosa* Giftpilz MHK I,3 / SKE 166 / Ce 3 / E 359

Lamellenpilze, Seitlinge oder Pilze ohne Stiel

(von Tafel 10)

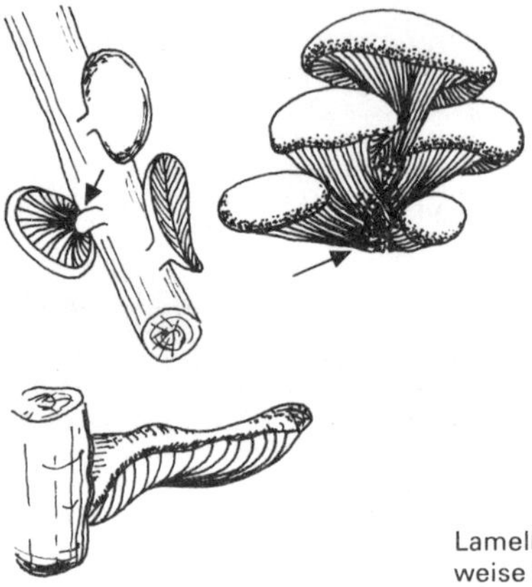

Lamellenpilze mit seitlichem Stiel od. ohne Stiel

→ Seitlinge mit deutlich abgesetztem Stiel

→ Pilze (zumindest jung) fleischig, weich, zerdrückbar

→ Lamellen am Stiel nur teilweise herablaufend

→ Hut-∅ 5–20 cm, muschelförmig; an Holz, Holzstubben

→ Stiel goldgelb; Hut gelbgrün, olivgrün, olivbraun; 4–10 cm ∅

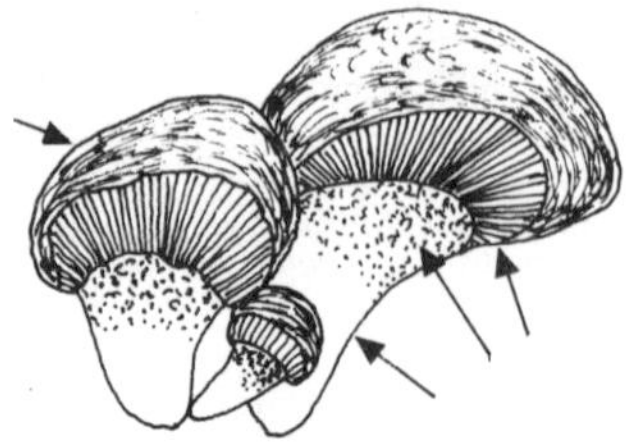

→ Stiel weiß; Hut schwarz, blau, violett, 5–15 (–30) cm ∅

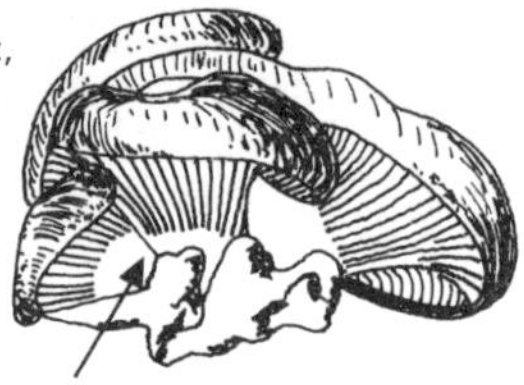

→ Pilz sehr klein

→ Hut u. Lamellen grau, auf Nadelholz u. Torf

→ Hut braun od. weiß

→ Hut ockerbräunlich, zimtfarben

→ Hut jung weiß, alt braun

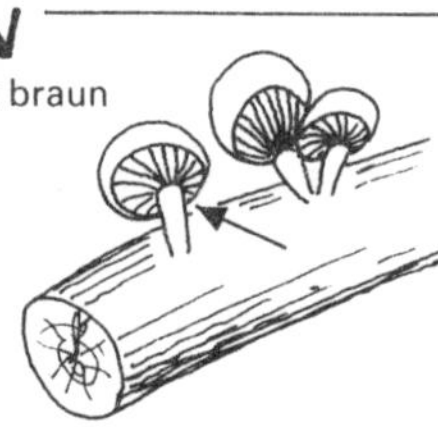

→ Lamellen am Stiel bis zur Basis herablaufend

→ Hüte muschelförmig an Holz

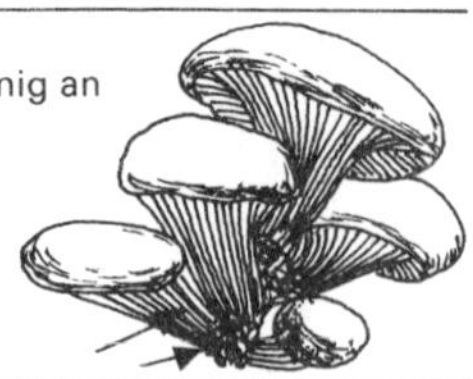

→ Pilze in Trichterform auf dem Erdboden

Pilze schon jung holzig-ledrig, gummiartig-zäh siehe Tafel 62

Pilze ohne Stiel siehe Tafel 61

Hut auch nieren- od. löffelförmig, Untergrund ockerfarben, klebrig, zum Stiel striegelig-filzig, derbfleischig; Lamellen jung gelb, alt bräunlich, eng; Stiel mit bräunlichen filzigen Schüppchen, 2 cm lang, 1,5–2 cm ∅, voll; Fleisch gelblich, schwammig, im Hut gelatinöse Schicht, geruchlos; an Laubholzstubben; 9–12	**Gelbstieliger Muschelseitling** *Sarcomyxa serotina* *= Pleurotus serotinus* Speisepilz MHK III,87
Hut mit schwarzen, bläulichen, violetten od. oliven Farben, glatt, kahl, Rand eingerollt; Lamellen weißlich, eng, herablaufend, verästelt; Stiel weiß, Basis striegelig-zottig, 1–4 cm lang, 1–3 cm ∅, oft büschelig verwachsen; Fleisch weiß, bald zäh; an Stümpfen u. toten u. lebenden Stämmen von Laubbäumen; 10–2	**Austern-Seitling** **Austernpilz** *Pleurotus ostreatus* Speisepilz, ohne Stiele, Zuchtpilz auf Laubholz MHK I,110 / SKE 108 / E 779 / Ce 252
Hut 0,8–3 cm ∅, trocken auch weißgrau-seidig, nierenförmig; Lamellen eng, vom Stiel scharf abgesetzt; Stiel grauweiß, 3–10 mm lang, 3–5 mm ∅, mit zottiger Basis; Fleisch weiß; in Nadelwäldern, Mooren, auf Torf, Binsenresten; 9–11	**Nadeln-Zwergmuscheling** *Leptoglossum acerosum* *= Pleurotus acerosus* *= Phaeotellus acerosus* Kein Speisepilz MHK III,81
Hut 1,5–3 cm ∅, muschel- od. nierenförmig, mit eingerolltem Rand, Huthaut schuppig, bei Druck schleimig; Lamellen gelbocker, eng, vom Stiel scharf abgesetzt, 1–2 cm lang, 3–5 mm ∅; Fleisch ocker, durch Harzkörnchen mit herbem Geschmack; meist an Eichenstümpfen; 1–12	**Eichen-Zwergknäuling** **Herber Zwergknäuling** *Panellus stypticus* Kein Speisepilz MHK III,97 / Ce 256
Hut 0,5–2 cm ∅, seidig, Oberhaut gummiartig; Lamellen jung weiß, alt ocker, scharf vom Stiel abgesetzt, eng, schmal; Stiel weißfilzig-schuppig, 2–8 mm lang, 3–4 mm ∅; Fleisch weiß, im Hut eine gelatinöse Schicht, mild; an toten u. lebenden Nadelhölzern; 10–3	**Milder Zwergknäuling** *Panellus mitis* Kein Speisepilz MHK III,98 / Ce 1125
Hut 5–12 cm ∅, im Licht braun, im Schatten gewachsen graugelb; Lamellen creme, oft mit rosa Schein, breit, am Stiel vernetzt; Stiel weißlich, durch die weiß herablaufenden Lamellen rinnig, büschelig verwachsen; Fleisch weiß, Mehlgeruch; an Laubhölzern; 6–11	**Rillstieliger Seitling** *Pleurotus cornucopiae* Speisepilz MHK III,92 / Ce 688 (gelbe Form)
Hut 4–15 cm ∅, Innentrichter dunkelbraun, aufgeschnittene Trichterform; Lamellen creme, eng, lang herablaufend; Stiel 1–2 cm lang, 0,4–1,5 cm ∅, weiß, feinsamtig-bereift, gerillt; Fleisch weiß, fasrig, Mehlgeruch; in Laub- u. Nadelwäldern, in Gärten, Parks; 8–11	**Erd-Muscheling** *Hohenbuehelia geogenia* Kein Speisepilz MHK III,89

Lamellenpilze, Seitlinge ohne Stiel

(von Tafel 60)

Seitlinge ohne Stiel, auf Holz od. Pflanzenresten

→ Lamellenschneide gespalten

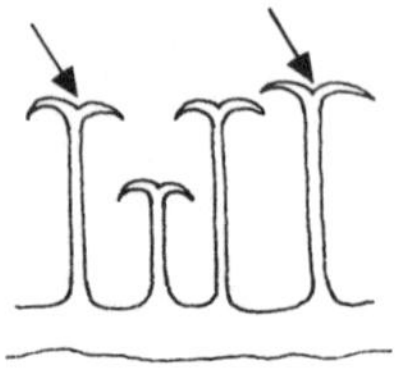

Lamellenquerschnitt (Lupenvergrößerung)

hellgraue, grauweißliche, feucht bräunliche, 2–4 cm breite, dachziegelartige, muschlige Pilzchen

→ Lamellenschneide nicht gespalten

→ → Sporenpulver weiß

→ → → Hut blauschwarz, graubraun, olivbraun

Fleisch mit starkem Mehlgeruch

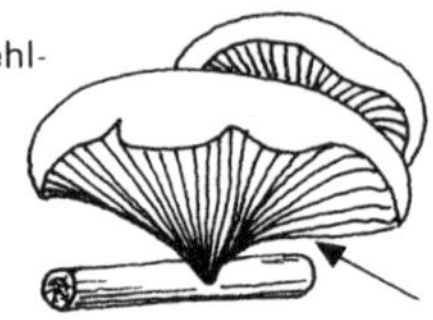

→ → → Hut schneeweiß

→ → Sporenpulver ocker bis braun

→ → → Hut weiß

→ → → Hut gelblich, olivgelb, gelbbraun

→ → → → an Kiefernstubben od. -holz

→ → → → an Laubholzstubben

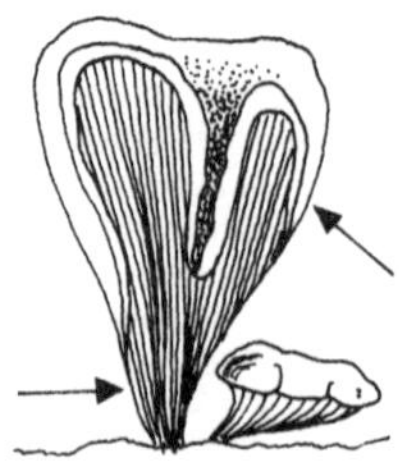

Hütchen fächerförmig, filzig-wollig, mit verschmälerter Basis an Holz sitzend; Lamellen rötlichgrau bis violett, nach den gespaltenen Außenseiten umgerollt, Fleisch (Substanz) grau, lederartig trocken, feucht elastisch, geruchlos, mild; an lagernden Laubhölzern, an trockenen Stellen; 1–12

Spaltblättling
Schizophyllum commune
Kein Speisepilz
MHK III,96 / SKE 90 / Ce 370

Hut 2–5 cm breit, auch rötlichbraun; Hutschicht gelatinös-gummiartig abziehbar, dicht mit grauweißer Filzschicht überzogen; Lamellen jung weiß, alt ocker, eng, an der Basis zusammenlaufend; Fleisch weißlich; an lebenden u. toten Laubhölzern, einzeln, aber auch dachziegelartig; 7–11

Blauschwarzer Muscheling
Gelatinöser Muscheling
Hohenbuehelia atrocoerulea
Kein Speisepilz
MHK III,88 / Ce 1124

Hüte 3–12 cm breit, dünnfleischig, ohrförmig vorstehend, gelappt; Lamellen creme, eng, zur Basis zusammenlaufend; Fleisch geruch- u. geschmacklos; in Gebirgswäldern, nur an Nadelholzstümpfen, dachziegelartige Rasen bildend; 7–10

Ohrförmiger Seitling
Phyllotus porrigens
= *Pleurotus porrigens*
= *Pleurocybella porrigens*
Kein Speisepilz
MHK III,80 / Ce 1123

Hut 0,5–3 cm breit, wollig-flaumig-seidig, ohne Gallertschicht, muschelförmig, Rand lange eingerollt; Lamellen gelbrötlich, entfernt, zur Ansatzstelle zusammenlaufend; Fleisch weiß, geruchlos; an Holzstücken von Laubbäumen; 6–11

Gemeiner Krüppelfuß
Crepidotus variabilis
Kein Speisepilz
MHK III,84 / SKE 194 / Ce 1128

Hut jung weißlich, alt von gelb bis bräunlich gefärbt, muschel-trichterförmig, 2–8 cm breit, Rand eingerollt; Lamellen jung gelb, alt ocker, breit, leicht vom Hutfleisch ablösbar, an der Basis zusammenlaufend, unten mit Querleisten; Fleisch weiß, geruchlos; an Kiefernholz (auch in Bergwerken); 1–10

Muschelkrempling
Tapinella panuoides
Kein Speisepilz
MHK III,290 / SKE 228

Hut 3–8 cm breit, grauweiß bis olivgelblich, Huthaut abziehbar, darunter Gallertschicht, Rand wellig; Lamellen gelbbräunlich, eng, an der Stielbasis zusammenlaufend; Fleisch weich, gallertig, geruch- u. geschmacklos; Pilz dachziegelartig wachsend; 5–11

Gallertfleischiger Krüppelfuß
Crepidotus mollis
Kein Speisepilz
MHK IV,22 / Ce 1552

Lamellenpilze, Seitlinge

(von Tafel 60)

Seitlinge mit Stiel; zähledrig, gummiartig, nicht zerdrückbar

Lamellenschneide eingesägt od. tiefer gekerbt

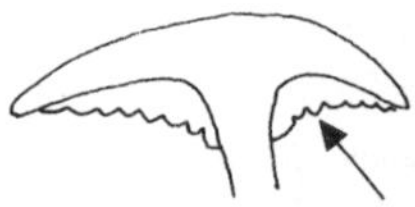

nur an Nadelholz, an Stümpfen, Brettern, Pfählen, Balken, Eisenbahnschwellen

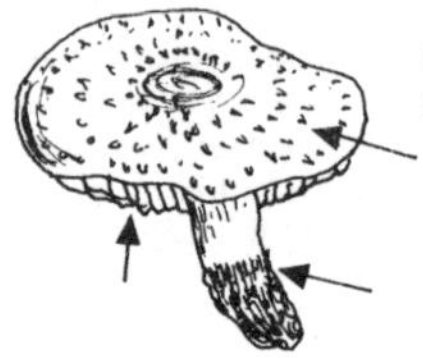

Hut flach, nicht tief getrichtert

nur an Laubholz, (Obstbäumen, Pappeln, Weiden, Ulmen)

Hut tief trichterförmig genabelt

Lamellen scharfrandig

Pilzhüte trichterförmig

Pilz mit Mehlgeruch; auf dem Erdboden, in Laub- u. Nadelwäldern

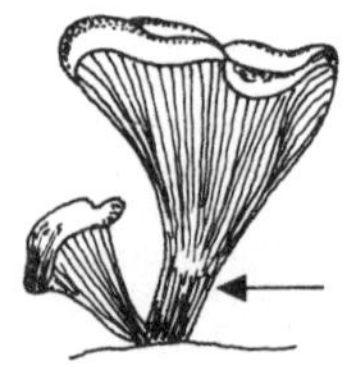

Pilz mit starkem Anisgeruch; meist an Laubholzstümpfen, Wurzeln, Stämmen; büscheliges Wachstum

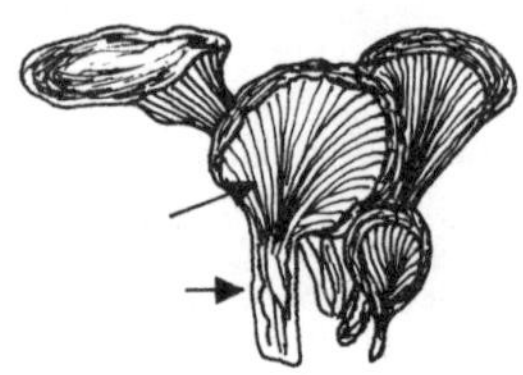

Pilze muschelförmig

Pilzfleisch stark gilbend; Pilz wächst an lebenden u. frisch gefällten Stämmen von Laubbäumen, selten auch an Tanne u. Fichte

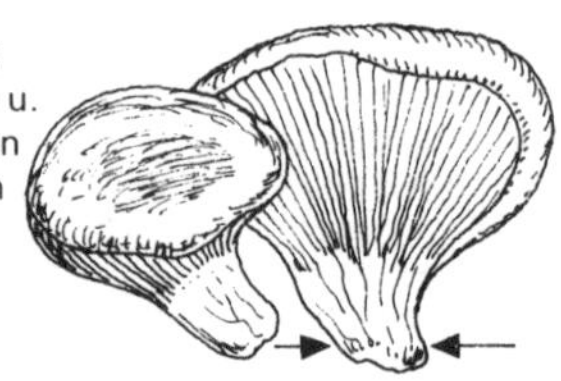

Pilzfleisch nicht gilbend

Stiel von den Lamellen scharf abgesetzt; an alten Stümpfen, meist an Eichen

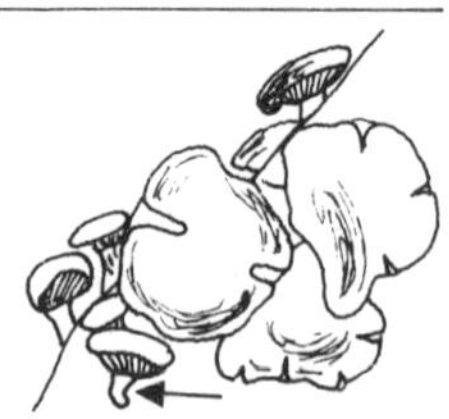

Lamellen am Stiel herablaufend; büschelig wachsend; meist im Gebirge; an Laubholzstümpfen

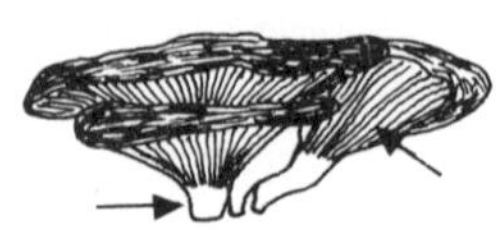

Hut weißgelb, in große, angedrückte Schuppen aufbrechend, filzig, 5–10 (–15) cm ∅; Lamellen gelbocker; Stiel oben weißgelb, zur Basis schwarzbraun, holzig; Fleisch weiß, aromatischer Geruch; 5–10	**Schuppiger Sägeblättling** *Lentinus lepideus* Kein Speisepilz MHK III,99 / SKE 106 / Ce 254
Hut gelblich, mit schwarzbraunen Schuppen, 3–8 (–10) cm ∅; Lamellen gelbocker; Stiel oben weiß, zur Basis braun-schwärzlich, schuppig, mit langer Wurzel im Holz steckend; Fleisch weiß, leicht gilbend, aromatisch riechend; 4–10	**Getigerter Sägeblättling** *Lentinus tigrinus* Kein Speisepilz MHK III,95 / Ce 689
Pilz wie ein längs aufgeschnittener Trichter aussehend, innen dunkelbraun, feucht glänzend, 3–10 cm ∅; Lamellen gelblich, eng; Stiel weißlich, rillig, feinsamtig; Fleisch weiß; 8–11	**Erd-Muscheling** *Hohenbuehelia geogenia* Kein Speisepilz MHK III,89 / SKE 118
Hut rötlichbraun, 3–7 (–10) cm ∅, löffelartig, tütenförmig zusammengerollt; Lamellen gelbrötlich, Schneide gesägt u. gekerbt; Stiel nach unten rotbraun, rippig-runzelig verwachsen; Fleisch weiß bis rötlich-weiß; 7–10	**Anis-Zähling** *Lentinellus cochleatus* Würzpilz MHK III,102 / SKE 106 / Ce 253
Hüte dickfleischig, in allen Teilen graubräunlich u. gilbend, 4–15 (–20) cm ∅, Lamellen dick, an der Stielbasis vernetzt, weißlich; würziger Geruch; Weißfäule-Erreger; 8–11	**Berindeter Seitling** *Pleurotus dryinus* = *P. corticatus* Kein Speisepilz MHK III,91 / Ce 684
Hüte nierenförmig, kleiig, ockerbräunlich, als ausblassend, 2–4 cm ∅, Rand eingerollt; Lamellen braungelb, eng, klebrig an der Schneide; Stiel ocker, kleiig-schuppig, 1–2 cm lang, 3–5 mm ∅; Fleisch ocker, mit Harzkörnchen, die zuerst süßlich, dann herb schmecken; 1–12	**Herber Zwergknäuling** **Eichen-Zwergknäuling** *Panellus stypticus* Kein Speisepilz MHK III,97 / SKE 146 / Ce 256
Hut lila, fleischbraun, ocker, 5-8 (–10) cm ∅, Rand eingerollt; Lamellen ocker, netzadrig; Stiel jung lila, alt gelb, filzig, 2–3 cm lang, 1 cm ∅; Fleisch weiß, herb schmekkend; 7–11	**Birken-Knäuling** *Panus conchatus* Kein Speisepilz MHK III,93 / SKE 108 / Ce 255

Lamellenpilze, Sporenpulver rotbräunlich oder rosa

(von Tafel 11)

Pilze längs durchschneiden u. Lamellenansatz am Stiel überprüfen

Hinweis: Einige der Rotsporer sind Giftpilze, deshalb sorgfältig den Lamellenansatz am Stiel, Stielbasis u. Vorkommen untersuchen; eine mikroskopische Prüfung der Sporenform (Vergr. ca. 400 x) erleichtert die Bestimmung

Pilze mit Hut-∅ kleiner als 3 cm wurden nicht aufgeschlüsselt, dafür Spezialliteratur benutzen

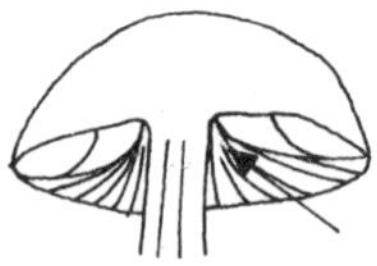

Lamellen erreichen den Stiel nicht (Freiblättler)

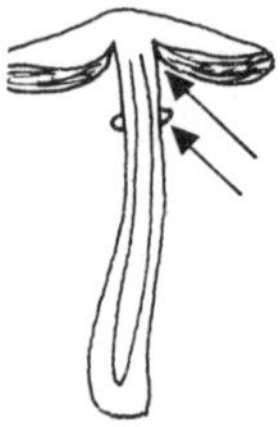

Hinweis: Stiel mit Ring; Stielbasis ohne lappige Scheide, Lamellen alt rosa; Hut 5–10 cm ∅, weiß, filzig-körnig; Stiel weiß, hohl; in Gärten, Parks, Gewächshäusern, auf Wiesen; 9–11
Rosablättriger Schirmpilz
Leucoagaricus leucothites
Speisepilz
MHK III,18

Pilze auf dem Erboden; Hutrand nicht gerieft; Stiel ohne Ring; Scheide an der Stielbasis (oft tief im Boden; Pilze sorgfältig ausgraben)

Hut feucht schmierig, trocken stark klebrig

Hut (auch feucht) fasrig-filzig

Pilze stets an Holz

Stielbasis mit lappiger Scheide

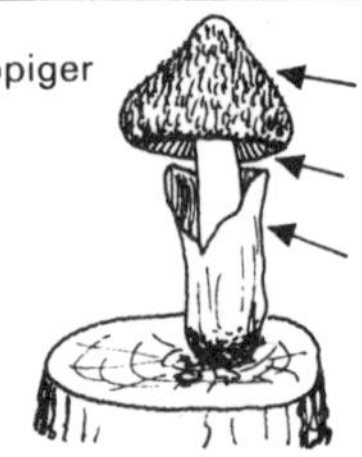

nur auf Laubholz

Stielbasis ohne Scheide

Hut löwengelb od. orangegelb

an morschem Laubholz

Hut braun od. braunschwarz

an Nadelholz

an Laubholz

Hut 5–12 cm ∅

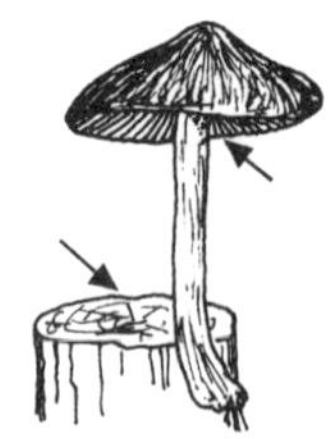

Hut 2–5 cm ∅

Lamellen sind am Stiel ausgebuchtet od. angewachsen od. herablaufend; weiter Tafel 64

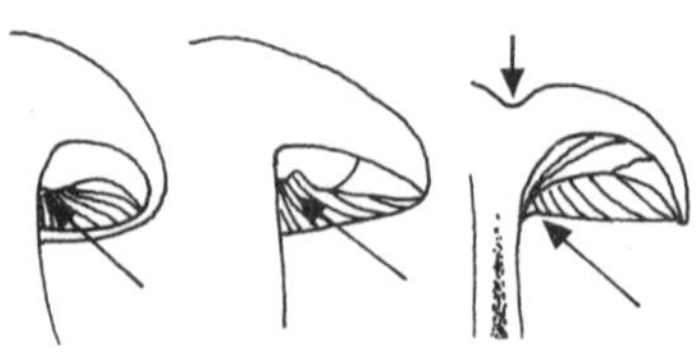

Hut 5–12 cm ∅, weiß bis rußiggrau, jung glockig, dann flach; Stiel lang (10–15 cm), alt seidenglänzend, tief in die Erde eingesenkt; Lamellen jung gelb, alt rötlich; in Gärten, Parks, auf Äckern u. gedüngten Böden; 5–11	**Ansehnlicher Scheidling** *Volvariella speciosa* *V. gloiocephala* Speisepilz MHK I,15 / Ce 396
Hut 5–7 cm ∅, durch angedrückte dunkle Fasern auf grausilbrigem Grund gestreift-seidig; Fleisch geruchlos; Stiel weißlich in schwärzlicher Scheide; auf Gartenerde, Kompost, in Treibhäusern, Mistbeeten; 6–9	**Schwarzstreifiger Scheidling** *Volvariella volvacea* Speisepilz MHK III,37
Hut 8–20 cm ∅, weiß, seidig-wollig-schuppig; Stiel 8–15 cm lang, weißlich, in weißgelblicher Scheide; Fleisch mit Rettichgeruch; auf gefälltem od. lebendem Holz od. Holzabfällen (auch Zuchtpilz); 6–10	**Wolliger Scheidling** *Volvariella bombycina* Speisepilz MHK III,31 / Ce 19
Hut 3–6 cm ∅, samtig mit gerieftem Rand; Stiel weiß, nach unten gelblich; Lamellen erst weißlich, alt rötlich; Fleisch geruchlos; 5–10	**Löwengelber Dachpilz** *Pluteus leoninus* Speisepilz MHK III,40 / Ce 538
Hut 5–10 cm ∅, braun bis rauchschwarz, flockig-filzig-zottig-schuppig; Lamellen jung weiß, alt rosa; Lamellenschneiden schwärzlich, oft auch fleckig; Stiel braunschwärzlich, gestreift, faser-schuppig; 5–11	**Schwarzschneidiger Dachpilz** *Pluteus atromarginatus* Speisepilz MHK III,46 / SKE 170
Hut braun bis dunkelbraun, in der Mitte schuppig-fasrig, Rand oft glänzend; Lamellen weißlich, alt rosa, nie mit schwärzlichen Schneiden; Stiel mit dunklen Fasern; süßlich nach Kartoffeln riechend; 5–11	**Rehbrauner Dachpilz** *Pluteus atricapillus* = *P. cervinus* Speisepilz MHK I,16 / E 342 / SKE 170
Hut bräunlich bis rußbraun, grauflockig bereift; Lamellen weißlich, alt rosa; Stiel weißlich-gelb, glatt u. gerieft; 3–4 mm ∅; 7–9	**Flockigbereifter Dachpilz** *Pluteus nanus* Kein Speisepilz MHK III,42

Lamellenpilze, Sporenpulver rosa oder rosabräunlich

(von Tafel 63)

Lamellenansatzstelle am Stiel u. Lamellen-, Hut- u. Stielfarbe untersuchen

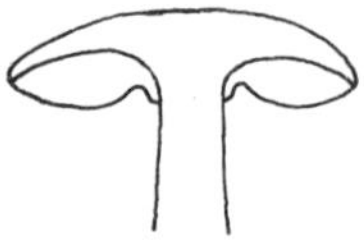

Lamellen am Stiel ausgebuchtet od. schmal angewachsen

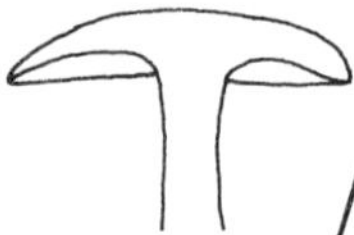

Lamellen bei voll aufgeschirmten (alten) Pilzen fleischrosa; siehe Tafel 65

Lamellen bei alten Pilzen violett, gelbgrau od. weiß

Lamellen violett od. violettbraun

Stiel-∅ 0,4–0,8 cm

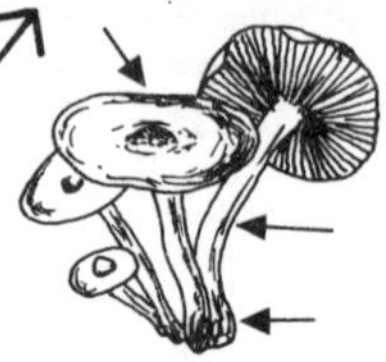

auf Kompost, Schuttplätzen, Wegrändern, gedüngten Böden

Stiel-∅ 1–2,5 cm

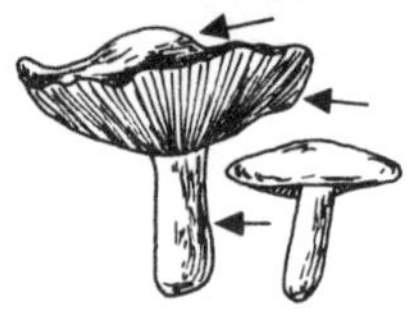

Hut u. Stiel mit violetten Farben; im Laub- u. Nadelwald, auf Wiesen, in Gärten

Lamellen ohne Violett-Tönung, weißlich od. gelblichgrau

Stiel violett-lila

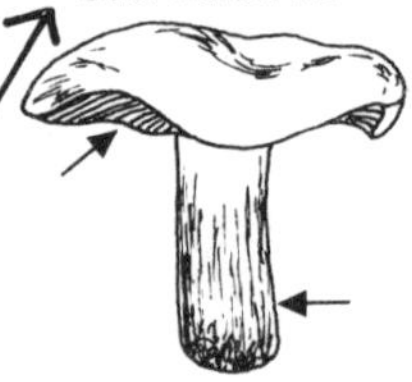

nur Stiel mit violetten Farben; nur auf Wiesen u. Weiden

Stiel weißlich od. gelbbräunlich

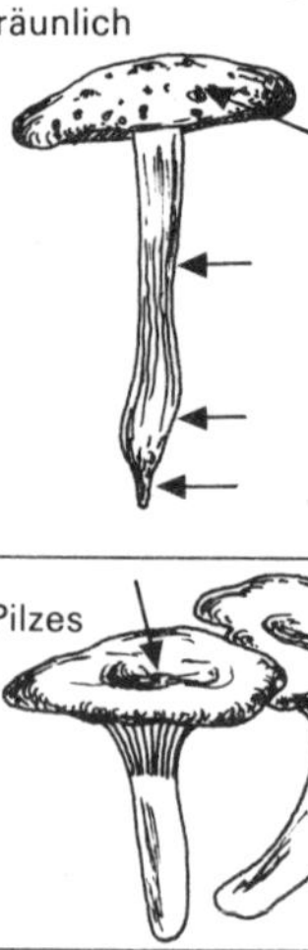

Fleisch nicht bitter, mit starkem Parfümgeruch; Pilz gelbbraun; Hut nie gefleckt

Fleisch stark bitter schmeckend, mit Holzgeruch; Pilzhut gelblich mit braunen Flecken

Lamellen am Stiel herablaufend

Pilzlängsschnitt

Lamellen des alten Pilzes rosa gefärbt

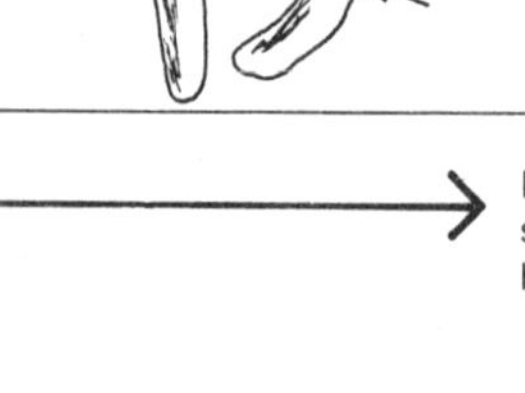

Pilz riecht stark nach Mehl; Lamellen vom Hutrand (mit Messer od. Fingernagel) leicht ablösbar

Lamellen nie rosa gefärbt, sondern weißlich od. graubräunlich

Hut 3–7 cm ∅, trocken matt-graulila, feucht glänzend-lila; Lamellen engstehend, lilabräunlich; Stiel wie Lamellen gefärbt, feinfasrig-gestreift; Pilze oft büschelweise; 7–10

Fleischbräunlicher Rötelritterling
Lepista sordida
Speisepilz
MHK III,76 / Ce 149 / SKE 128 / E 199

Hut 8–15 cm ∅, jung hell bis dunkellila, alt bräunlich violett; Hutrand jung eingerollt; Lamellen violett, alt bräunlich; Stiel jung violett, alt bräunlich, oft gerillt; Stielbasis meist mit violettlichem Filz; 7–11

Violetter Rötelritterling
Lepista nuda
Speisepilz n.V.
MHK I,62 / SKE 130 / E 198 / Ce 143 / He 40

Hut 8–25 cm ∅, jung bräunlichgelb, alt weißlich od. bräunlich; Hutrand lange eingerollt; Lamellen blaßgrau, engstehend; Stiel violett, innen grau; Hutfleisch weißlich; Stiel stets kurz; oft außergewöhnlich große Hut-∅ (bis 30 cm); 10–12

Lilastieliger Rötelritterling
Lepista personata
= *L. saeva*
Speisepilz
MHK I,63 / He 41 / SKE 130 / Ce 587

Hut jung weißlich, alt bräunlichgelb, 5–12 cm ∅; Hutrand jung eingerollt; Lamellen wie der Hut gefärbt; Stiel oben weiß, unten gelbbraun, Basis verdickt, 1,5–2 cm ∅; Fleisch weiß; auf Wiesen, in grasigen Wäldern (oft Hexenringe; oft bei Buchen); 9–10

Veilchen-Rötelritterling
Lepista irina
Speisepilz
MHK III,219 / Ce 583

Hut 3–12 cm ∅, weißlich, alt immer gefleckt, Rand lange eingerollt; Stiel oft gedreht-gerieft u. hohl, elastisch, 0,5–2 cm ∅; Lamellen blaßgelb u. engstehend; Fleisch weiß; Sporenpulver hellrötlichocker; auf sauren Böden im Nadelwald; 6–11

Gefleckter Rübling
Collybia maculata
Kein Speisepilz
MHK I,104 / SKE 144 / Ce 111

Hut 3–12 cm ∅, oft flach gewölbt, aber auch trichterförmig vertieft; Lamellen jung weiß, alt gelbrosa; Stiel weiß, an der Basis spitz u. filzig; im Laub- u. Nadelwald; 6–11

Mehlpilz, Mehl-Räsling
Clitopilus prunulus
Speisepilz (aber Vorsicht, Verwechslung mit giftigen Trichterlingen)
MHK I,59 / SKE 222 / Ce 101 / E 302

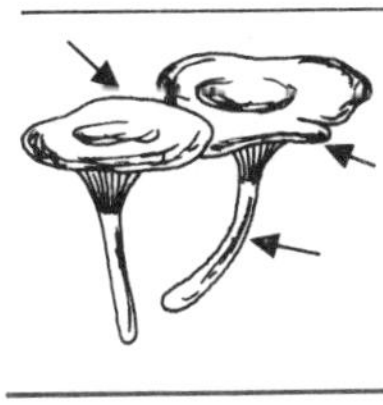

Man vergleiche folgende, stark giftige Trichterlinge mit rötlichem Sporenpulver:

Bleiweißer Trichterling *Clitocybe cerussata/Clitocybe phyllophila*
Duft-Trichterling *Clitocybe suaveolens*
(siehe Tafel 51)

Lamellenpilze, Rötlinge

(von Tafel 64)

Pilzlängsschnitt

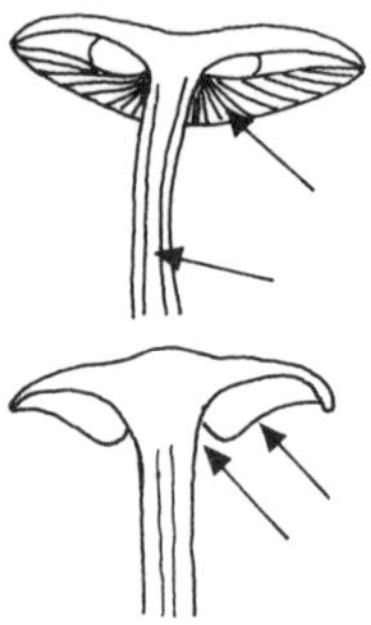

Pilze (alt) **mit rötlichen Lamellen** (Sporenstaubfarbe überprüfen); Lamellen abgerundet od. bogig (fast frei) angewachsen

Von den zentral gestielten Lamellenpilzen mit abgerundet od. bogig angewachsenen Lamellen lassen sich die **Rötlinge** (*Entoloma* = *Rhodophyllus*) mit rötlichem Sporenpulver, bei alten Pilzen mit rötlichen Lamellen u. durch die eckig geformten Sporen (mikroskop. Vergrößerung ca. 400 x) sicher abgrenzen. Einige der Rötlinge sind stark giftig, deshalb sollten Rötlinge (Verwechslungen sind möglich) für Speisezwecke nicht gesammelt werden. Im Gebiet gibt es ca. 100 Rötlingsarten, davon wurden hier nur 7 häufige Arten berücksichtigt. Für das Bestimmen weiterer Vertreter (viele sind sehr klein, tiefgenabelt od. mit glöckchenförmigen Hütchen) ist Spezialliteratur zu nutzen

Vorkommen März bis Juni

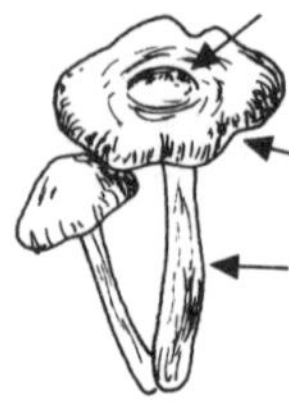

Fleisch mit Mehlgeruch; Pilz nur unter Pflaumen-, Birnen-, Vogelbeerbäumen, Schlehe u. Weißdorn

- Fleisch an Larvenfraßstellen u. im Anschnitt rötend (2–3 Std. abwarten); Stiel 0,6–1,8 cm ∅
- Fleisch an Larvenfraßstellen u. im Anschnitt nicht rötend; Stiel 1–2 cm ∅

Fleisch ohne Mehlgeruch; an Wegrändern, grasigen Hügeln, auf Wiesen, in der Heide

Hut braun, schwarzbraun, olivschwarz; Stiel 0,3–0,5 cm ∅

Vorkommen August u. September

in Laubwäldern

Stiel dick, Basis keulig

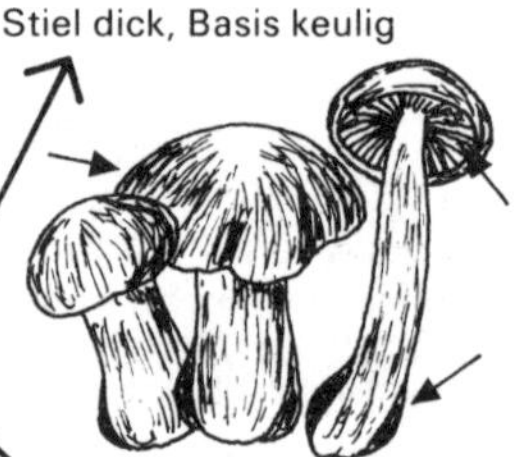

Pilz mit Mehlgeruch; Hut dickfleischig, einfarbig, gelbocker, gelbbräunlich

Stiel dünn, Basis ausspitzend

Pilz ohne Mehlgeruch; Hut dünnfleischig, zweifarbig, durchwässert olivgrau, trocken weißlichgrau

auf Wiesen, Weiden grasigen Stellen

Hut feucht dunkelbraun, trocken hellbraun; Pilz mit Mehlgeruch

Hut weißlich bis weißgrau, trocken u. feucht nicht farbändernd; Pilz mit Mehlgeruch

Hut 3–10 cm ∅, feucht graugelb, bräunlich, trocken fast weiß; Lamellen jung weiß, alt braunrot, Stiel weiß, mit rötlichen Längsfasern; 5–6

Blaßbrauner Schlehen-Rötling
Entoloma sepium
Speisepilz, aber wegen Verwechslungsgefahr zu meiden
MHK III,49 / E 311 / Ce 984

Hut 5–12 cm ∅, feucht braungrau, trocken graugelblich; Lamellen jung weiß, alt rosa; Stiel weiß u. fasrig; 5–6

Schild-Rötling
Entoloma clypeatum
Giftpilz
MHK I,61 / SKE 224 / E 310 / Ce 94

Hut 2,5–6 cm ∅, seidig glänzend, fein gestreift, grau ausblassend; Lamellen graubraun, rötlich; Stiel braungrau, seidig gestreift u. zusammengedrückt; Fleisch weiß; 3–5

Frühlings-Rötling
Entoloma vernum
Giftpilz
MHK III,51 / SKE 224

Hut 5–17 cm ∅, Haut mit dunkleren eingewachsenen Fasern, seidig glänzend, mit dünner abziehbarer Haut; Lamellen jung gelblich, alt rosa; Stiel weiß, glänzend, gerillt, 2–4 cm ∅; Fleisch weiß; auf Lehm- u. Kalkböden, in wärmeren Gegenden

Riesen-Rötling
Gift-Rötling
Entoloma sinuatum
Giftpilz
MHK I,60 / SKE 226 / Ce 93

Hut 4–10 cm ∅, alt flach, oft genabelt, gebuckelt, seidig glänzend; Lamellen jung weiß, alt rot, eng, Schneide meist gekerbt; Stiel weißlichgrau, seidig, gerieft, Basis gebogen; Fleisch weiß; im Buchenwald

Hinweis:
Ähnlicher Pilz mit stickigem Geruch = *E. niderosum* Ce 97

Niedergedrückter Rötling
Entoloma rhodopolium
Giftpilz
MHK III,55 / SKE 226 / Ce 531

Hut 2–6 cm ∅, glatt, seidig-glänzend, sehr dünnfleischig; Lamellen jung grau, alt graurötlich; Stiel hellgraubräunlich, glänzend, fasrig gestreift; Fleisch weiß, brüchig; auf grasigen Stellen

Seidiger Rötling
Entoloma sericeum
Giftpilz
MHK III,52 / Ce 985

Hut 4–8 cm ∅, trocken matt, feucht schmierig, dickfleischig; Lamellen jung weiß, alt fleischrosa, eng, Schneide eingerissen; Stiel weißlich, gerieft; Basis spitz; Fleisch weißlich

Mehl-Rötling
Entoloma prunuloides
Speisepilz
MHK III,48

Lamellenpilze, Braunsporer

(von Tafel 11)

Braunsporer; für die Bestimmung sind junge u. alte Exemplare des gleichen Vorkommens notwendig

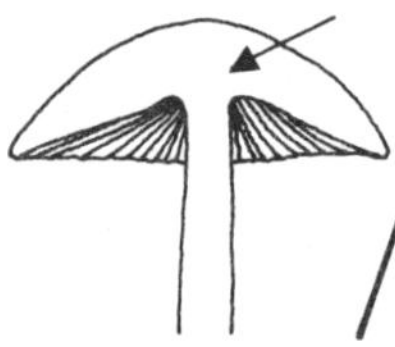

Hut mit deutlicher Fleischschicht

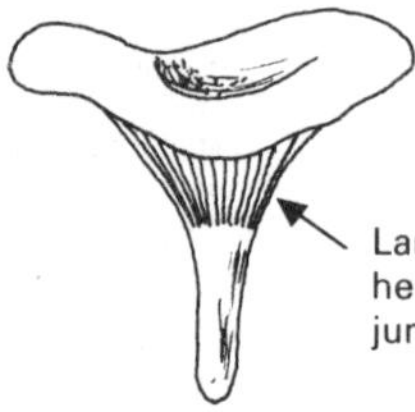

Lamellen am Stiel weit herablaufend; Hutrand jung stark eingerollt

auf Fichten u. Kiefernstubben; Stielbasis braunfilzig; Fleisch u. Lamellen stark bräunend

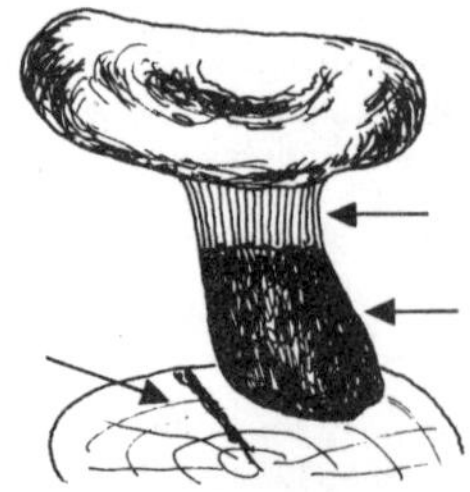

auf dem Erdboden; Pilz, Fleisch u. Lamellen bei Druck stark bräunend

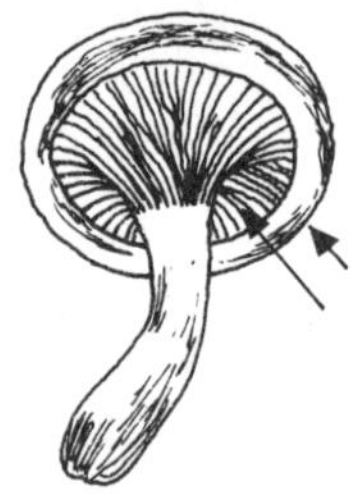

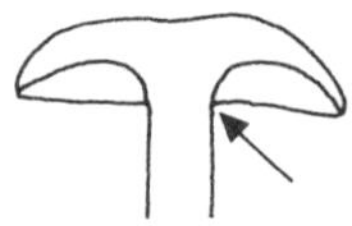

Lamellen am Stiel ausgebuchtet od. angewachsen

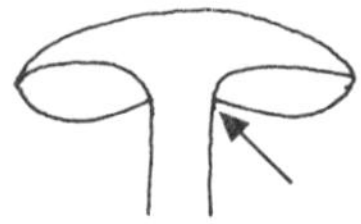

Pilz auf dem Erdboden

Pilz an Holz od. Holzstubben, auf Ästen siehe Tafel 70

Hut nur häutig (ohne Fleischschicht) siehe Tafel 69

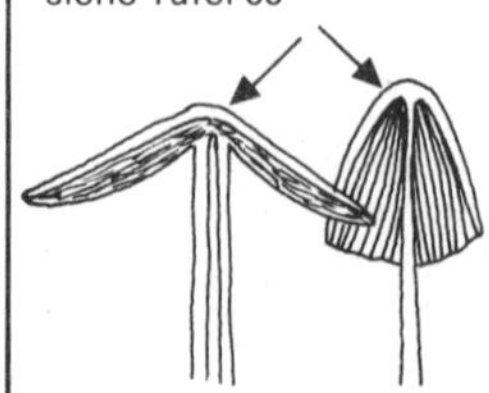

Hinweis:
In der Bestimmungsliteratur u. bei den Pilzbeschreibungen werden für die Hut- u. Sporenpulverfarbe oft Bezeichnungen verwendet, bei denen der Laie wenig Vergleichsmöglichkeiten hat. Das betrifft z. B. falb, umber, blaß, erdbraun, tabakbraun, schmutzigbraun, rußbraun, fleischbraun, um nur einige zu nennen. Wir haben uns in den Bestimmungstafeln auf Brauntönungen beschränkt, für die eindeutigere Vergleichsmöglichkeiten vorhanden sind. Mit diesen „Brauntönungen" lassen sich die meisten Bestimmungsmerkmale (auch bei den Sporenpulverfärbungen) einordnen

Hut 7–18 cm ∅, rostbraun, dunkelbraun, samtig-filzig, muschelförmig, dickfleischig; Lamellen gelblich, eng, queradrig verbunden; Stiel kurz, 3–6 cm lang, 1–4 cm ∅, voll; Fleisch creme, weich, Geruch säuerlich, Geschmack widerlich-bitter; 7–10

Samtfuß-Krempling
Paxillus atrotomentosus
Kein Speisepilz
MHK I,141 / Ce 258 / SKE 228 / He 75 / E 90

Hut 6–15 cm ∅, braun, olivbraun, rostgelb, verbogen, filzig-zottig, alt kahl, feucht schleimig; Lamellen jung gelblich, alt olivbraun, eng, oft gabelig, maschenartig, vom Hutfleisch leicht ablösbar(!); Stiel braun, 4–5 cm lang, 1–2 cm ∅, kahl, voll; Fleisch gelbbräunlich, säuerlich; 7–10

Kahler Krempling
Empfindlicher Krempling
Paxillus involutus
Giftpilz
MHK I,140 / Ce 259 / SKE 228 / He 74 / E 89

Hutrand bei alten Pilzen stark eingerissen (Rißpilz), Hutoberfläche meist radialfasrig od. faserschuppig (Faserkopf); meist kleine Pilze, oft stark riechend

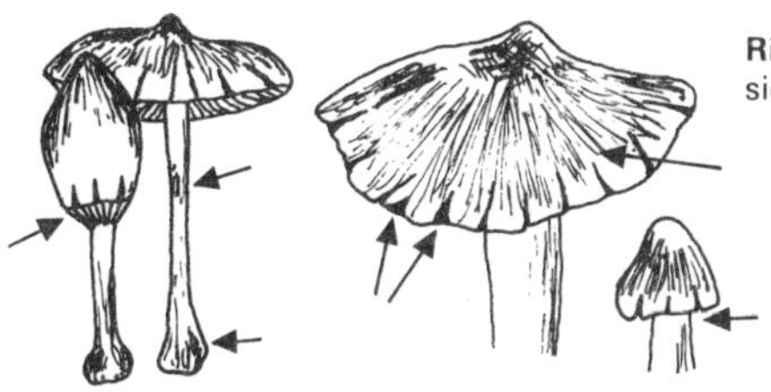

Rißpilze, Faserköpfe, Wirrköpfe
siehe Tafel 71

Hutrand alt nicht eingerissen, glatt

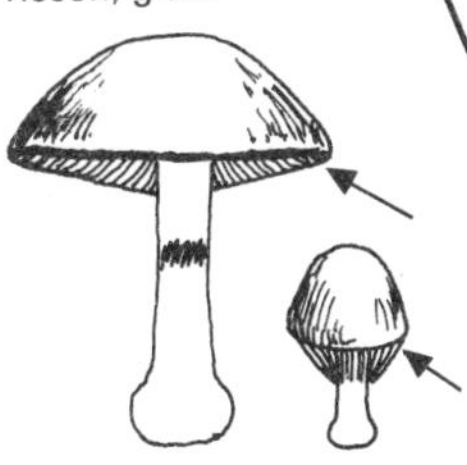

→ bei jungen Pilzen zwischen Hutrand u. Stiel ein Haarschleier (Cortina)

→ Hutoberfläche feucht schleimig, klebrig; trocken glänzend — siehe Tafel 73

→ Hutoberfläche kahl bzw. fasrig, samtig od. schuppig — siehe Tafel 70

→ bei jungen Pilzen kein Schleier aus Haaren vom Hutrand zum Stiel, sondern ein Häutchen; Stiel alt mit Ring od. schuppig — siehe Tafel 67

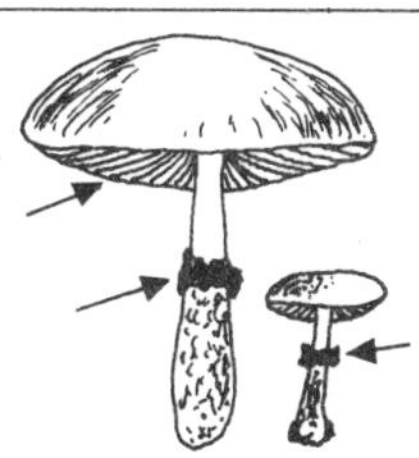

Allgemeine Hinweise zu den **„Braunsporern"**
Bei den zentralgestielten Lamellenpilzen mit braunem Sporenpulver werden hier die **Haarschleierlinge, Fälblinge, Rißpilze, Schüpplinge, Flämmlinge, Häublinge, Mistpilze, Samthäubchen** u. **Trompetenschnitzlinge** untergebracht. Große Formenvielfalt zeichnet diese Gruppe aus. Wichtige Bestimmungsmerkmale sind die Beschaffenheit des Hutes u. Stieles (schleimig, klebrig, fasrig, schuppig u. die Färbungen) sowie die Farbänderungen der Lamellen (jung u. alt). Junge Pilze haben meist zwischen Hutrand u. Stiel ein Häutchen od. einen Haarschleier. Stark giftig wirkende u. Nichtspeise-Pilze sind zahlreich vorhanden. Für die Bestimmung ist oft Spezialliteratur od. der Rat eines Sachverständigen notwendig.

Lamellenpilze, Braunsporer

(von Tafel 66)

Braunsporer;
Stiel **mit** Ring jung mit Häutchen vom Hutrand zum Stiel

Pilze auf dem Erdboden, in Moospolstern

Hinweis: Pilz auf Brandstellen, auf holzkohlehaltiger Erde, verkohlten Stubben; Hut 2–4 cm ∅, braun; Stiel mit braunen Schüppchen
= **Kohlen-Schüppling**
Pholiota carbonaria
Kein Speisepilz
MHK IV,243 / Ce 62 / SKE 222

Hut-∅ 4 cm

Vorkommen März–Juni

Pilz mit Mehlgeruch; Hut weißgelb bis creme; Stiel reinweiß; Laubwald, Gebüsche

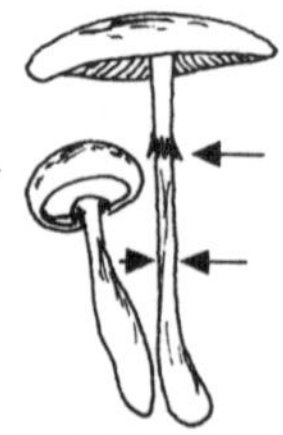

Pilz mit Pelargoniengeruch; Hut braun; Stiel braun; Wälder, Gärten, Gebüsche

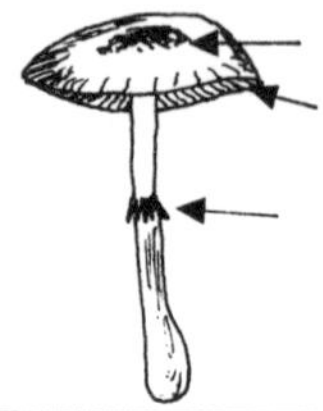

Vorkommen Juli–Nov.

Hut gelb, orange, lehmfarben

Stiel unter dem Ring abstehend geschuppt

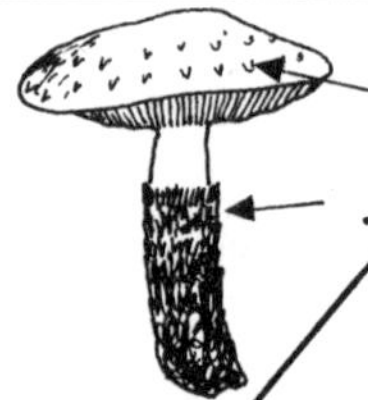

Hut olivweiß bis lehmfarben; auf Laub u. Holzstücken; 9–11

Hut gelb, goldgelb; nur scheinbar auf dem Erdboden; stets an Hölzern, Nadeln, Rinden, die im Erdboden verborgen sind; 6–11

Stiel unter dem Ring glatt, kleiig, seidig-fasrig

Hut feldrig aufgerissen; Fleisch bitter

Gärten, Äcker, Rasen, Schuttplätze

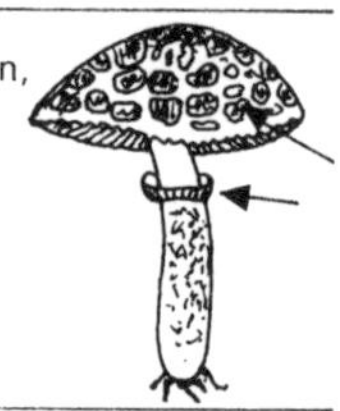

Hut silbrig bereift; Fleisch mild

nur auf sauren Böden in Nadelwäldern

Hut braun, leberbraun, über dem Ring stark gerieft

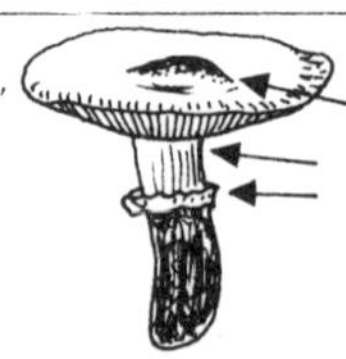

auf fetten Böden, in Parkanlagen, Laubwäldern, oft büschelig; 7–10

Hut-∅ 5–10 mm

Vorkommen in Moospolstern

auch auf moosigen Strünken; 5–12

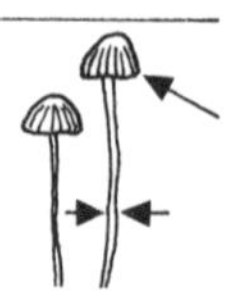

Pilze an Holz, Holzstubben od. Bäumen
siehe Tafel 68

Hut 3–6 (–8) cm ∅, trocken heller ausblassend, glatt, brüchig; Lamellen jung gelb, alt braun, eng; Stiel 6–10 cm lang, 8–10 mm ∅, alt hohl; Ring weißlich, abstehend, Basis mit Fasern; Fleisch weiß	**Frühlings-Ackerling** *Agrocybe praecox* Speisepilz MHK IV,227 / Ce 56 / SKE 186 / E 479
Hut 1–4 cm ∅, Rand gerieft, trocken ocker, gebuckelt; Lamellen bräunlich; Stiel 4–5 cm lang, 2–3 mm ∅, weißseidig, flockig; weißer geriefter Ring, hohl; Fleisch bräunlich, mild	**Frühlings-Samthäubchen** *Conocybe aporos* Giftpilz MHK IV,214
Hut 5–8 cm ∅, olivweiß, lehmfarben, stark schleimig, mit weißen Flocken im Schleim; Lamellen jung olivgelb, alt braun; Stiel 5–8 cm lang, 7–12 mm ∅, gelbbraun, keulig; Fleisch gelbbraun, mit Rettichgeschmack u. Holzgeruch	**Tonfalber Schüppling** *Pholiota lenta* Kein Speisepilz MHK IV,239 / Ce 924 / SKE 222
Hut 4–7 cm ∅, schmierig, mit vergänglichen, angedrückten Schüppchen; Lamellen gelb, Schneide leicht gesägt; Stiel 3–5 cm lang, 5–10 mm ∅, gelb, Schüppchen rostbraun; oft büschelig; Fleisch gelb, geruchlos, bitter	**Fettiger Schüppling** *Pholiota lucifera* Kein Speisepilz Ce 445
Hut 3–10 cm ∅, ockergelb, Risse heller, alt bräunlich; Lamellen jung gelbviolett, alt braun, Schneide gekerbt; Stiel 4–7 cm lang, 3–5 mm ∅, gelbbraun, Ring vergänglich; Fleisch weiß, bitter, widerlich riechend; 7–9	**Rissiger Ackerling** *Agrocybe dura* Speisepilz MHK IV,229 / Ce 926
Hut 5–15 cm ∅, runzlig, weiße Schüppchen auf gelbem Grund, mehlig, Rand strahlig gerippt; Lamellen jung creme, alt braun, eng, Schneide gekerbt; Stiel seidig gestreift, 7–12 cm lang, 1,2 cm ∅, weißgelber Ring; Fleisch weißlich, im Stiel lila	**Reifpilz, Zigeuner Runzel-Schüppling** *Rozites caperatus* Speisepilz MHK I,47 / Ce 59 / SKE 216 / E 654
Hut 2,5–7 cm ∅, trocken zimtfarben, schmierig, glänzend; Lamellen braun; Stiel 4–7 cm lang, 4–10 mm ∅, unter dem Ring braun, schuppig, Ring gerieft; Fleisch bräunlich, mit Rettichgeschmack; geruchlos	**Leberbrauner Ackerling** *Agrocybe erebia* Kein Speisepilz MHK IV,223 / Ce 452
Hut gelbbraun, ausblassend, durchscheinend gestreift, glockig; Lamellen ockerbraun, adrig verbunden; Stiel 1–4 cm lang, 1–2 mm ∅, gelbocker, bereift, Ring vergänglich; Fleisch mit ranzigem Mehlgeruch	**Moos-Häubling** *Galerina hypnorum* Kein Speisepilz MHK IV,207

Lamellenpilze, Braunsporer, Ring am Stiel

(von Tafel 67)

Braunsporer; Stiel **mit** Ring; Pilze an od. am Grunde von Baumstubben od. Bäumen

Hut nicht hygrophan

Pilzfleisch mit Marzipan- od. Bittermandel-Geruch

im Laubwald, am Grunde von Stubben; 7–10

Pilzfleisch geruchlos od. Geruch nach Rettich

Fleisch bitter schmeckend

nur in Pappeln od. Pappelholz

Hut u. Stiel mit abstehenden, weißlichen od. bräunlichen Schuppen bedeckt

an Stubben von Eiche, Erle, Rotbuche, Edelkastanie, Ulme od. Kiefer

an Laubholzstubben; 8–10

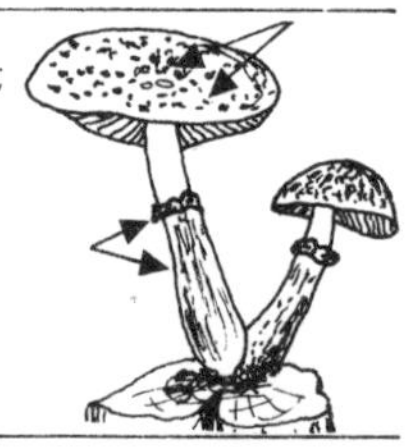

an Kiefernstubben; 9–11

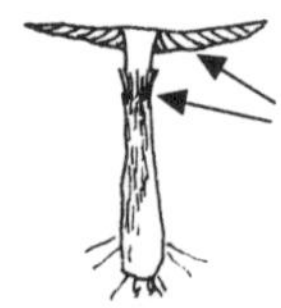

Fleisch mild schmeckend (wenn an Pappeln siehe oben)

Hut stets schmierig od. glänzend; büschelig an lebenden Laubbäumen (oft hoch am Stamm) od. an Stubben; 4–11

Hut stets matt; büschelig am Grunde von lebenden Laub- u. Nadelholzstämmen od. an Stubben; 9–11

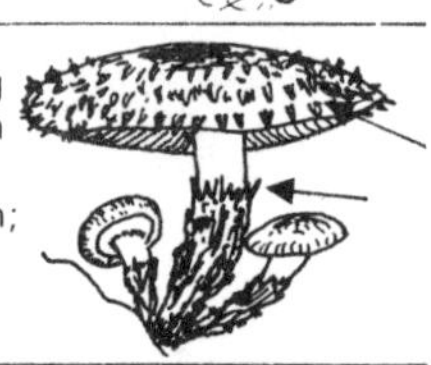

Hut hygrophan (durchwässerter Hutteil dunkler gefärbt)

Stiel unterhalb des Ringes feinschuppig (Lupe!); Hutrand nicht durchscheinend gestreift of. gerieft; Pilz würzig riechend

Stiel fasrig-gestreift, nie schuppig (Lupe!); Hutrand durchscheinend gestreift od. gerieft; Huthaut abziehbar, aber nicht gelatinös dehnbar; nach Mehl riechend

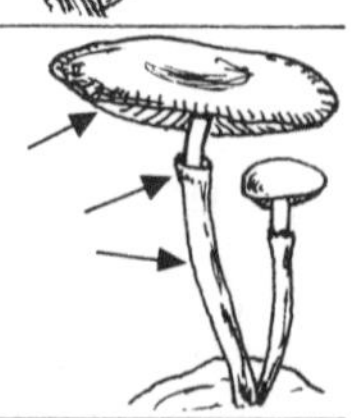

Hinweis: Huthaut abziehbar u. gelatinös dehnbar; weitere Merkmale wie beim **Nadelholz-Häubling**
= **Überhäuteter Häubling**
Galerina autumnalis
Giftpilz
MHK IV, S. 384 (Anmerkung)

Hut 7–15 (–20) cm ∅, graugelb-bräunlich, dunkler gefleckt, feucht stark schleimig, trocken glänzend; Lamellen braun, fast frei; Stiel 10–20 cm lang, 1,5–3 cm ∅, bräunend, unter dem doppelten Ring geschuppt, Basis keulig mit langer Wurzel

Wurzelnder Fälbling
Marzipan-Fälbling
Hebeloma radicosum
Kein Speisepilz
MHK IV,27 / Ce 65 / SKE 196

Hut 6–12 (–18) cm ∅, klebrig, glänzend, derbfleischig, Rand fransig behangen und abziehbar; Lamellen alt braun, Schneiden gekerbt; Stiel 5–10 cm lang, 1–3 cm ∅, schuppig gegürtelt; Fleisch bräunlich, bitter schmeckend; 8–10

Hinweis: Fleisch mild; Hut glatt; Lamellen nicht gekerbt; Stiel glatt; **Südlicher Ackerling** *Agrocybe cylindracea* = *A. aegerita* Speisepilz (auch Zuchtpilz) MHK IV,230 / Ce 60

Pappel-Schüppling
Pholiota destruens
Kein Speisepilz
MHK IV,232 / Ce 58

Hut 8–25 cm ∅, orangebraun, alt geschuppt, flach; Lamellen alt braun; Stiel 8–15 cm lang, 1–4 cm ∅, gelb, unter dem vergänglichen Ring braun faserschuppig; Fleisch gelb, im Anschnitt mit Rettichgeruch; an Laubholzstubben; 8–10

Beringter Flämmling
Ansehnlicher Flämmling
Gymnopilus junonius
= *G. spectabilis*
= *Pholiota spectabilis*
Kein Speisepilz
MHK IV,89 / Ce 919

Hut 5–8 cm ∅, orangerot, kahl; Lamellen rostgelb, nicht braun gefleckt (!); Stiel gelb, 4–7 cm lang, 7–10 mm ∅; Fleisch gelbbraun

Faserigberingter Flämmling
Gymnopilus hybridus
Kein Speisepilz
MHK IV,91

Hut 6–10 cm ∅, goldgelb, mit angedrückten bräunlichen Schuppen; Lamellen braun, gelbliche, bewimperte Schneide; Stiel 7–10 cm lang, 1–1,5 cm ∅, gelb, bräunlich geschuppt; Fleisch gelb, fest, schwacher Rettichgeruch

Hochthronender Schüppling
Pholiota aurivella
Kein Speisepilz
MHK IV,234 / Ce 920 / SKE 220

Hut 7–12 cm ∅, gelbbraun, sparrig-schuppig; Lamellen alt braun; Stiel gelb, unterhalb des Ringes braun-schuppig, 8–12 cm lang, 1–2 cm ∅, zäh; Fleisch gelbweiß, zäh, mit dumpfem Rettichgeruch

Sparriger Schüppling
Pholiota squarrosa
Speisepilz n. V.
MHK IV,233 / Ce 446 / SKE 218 / E 501

Hut 2–5 (–8) cm ∅, feuchter Teil bräunlich, trocken ockergelb, fettig-glänzend; Lamellen rotbraun; Stiel oben hellbraun, unter dem Ring braun, Schüppchen dunkeloliv; Fleisch rotbraun, Holzgeruch; an Laubholzstubben; 5–11

Stockschwämmchen
Kuehneromyces mutabilis
Speisepilz
Verwechslungsgefahr
MHK I,48 / Ce 57 / SKE 218 / He 25

Hut 1–3 cm ∅, feucht (Randzone) braun, trocken gelbbraun, glatt, flachgewölbt; Lamellen braun; Stiel 2,5–5 cm lang, 1,5–4 mm ∅, braun, hohl; Fleisch ockerbraun, auch mit Rettichgeruch; an Nadelholz; 8–10

Nadelholz-Häubling
Galerina marginata
= *G. unicolor*
Giftpilz
MHK IV,212 / Ce 903 / SKE 218

Lamellenpilze, Braunsporer

(von Tafel 66)

Pilzhut **ohne** Fleischschicht (nur häutig); Stiel dünn (2–6 mm ∅)

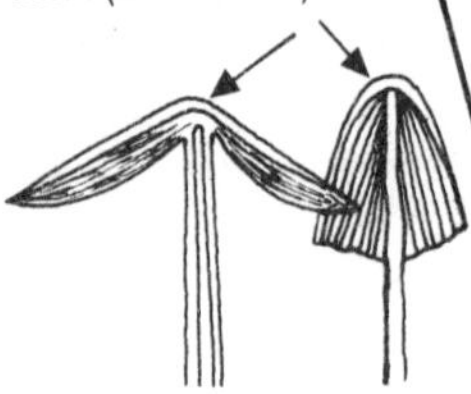

- Hut auffällig längsgefurcht, gerillt

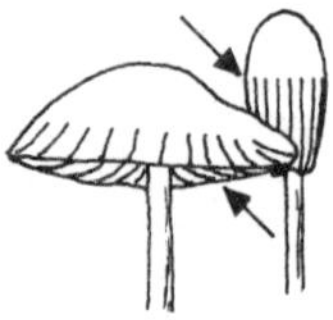

  - Hut gelb, buttergelb – auf Mist, gedüngten Wiesen u. Weiden, Äckern, auch Dünen; 5–11

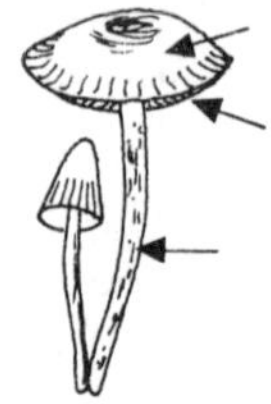

  - Hut weiß, creme, weißgelb – auf Äckern, grasigen Wegrändern; 6–11

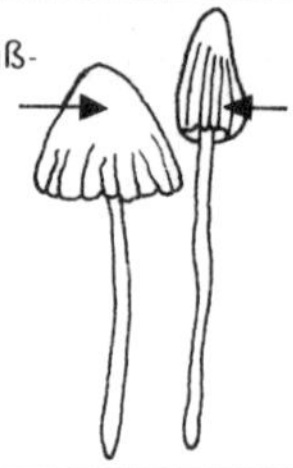

- Hut nicht gefurcht, gerillt

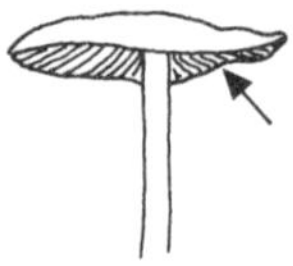

  - Hut hellocker, feucht honiggelb, alt weißlich – auf Mist, Kompost, gedüngter Erde; 7–11
  - Hut graulila, grauviolett, rötlichbraun
    - Hut graulila, grauviolett, mit deutlicher Adernetzzeichnung

    - Hut ohne Netzzeichnung
      - Vorkommen im Winter, Vorfrühling
        - Hut glatt, nicht weißflockig

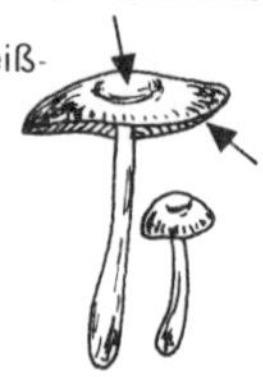

        - Hut mit weißen Flocken bedeckt

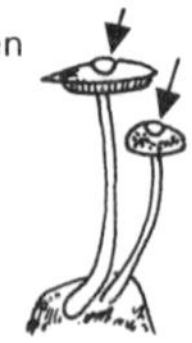

      - Vorkommen Sommer, Herbst

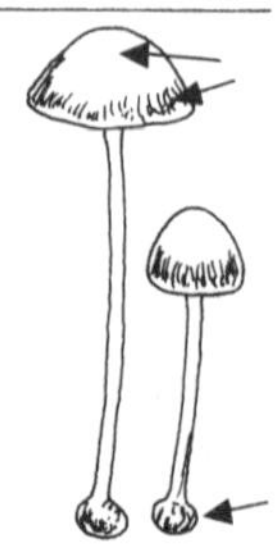

Hut 1–5 cm ∅, klebrig, schmierig, Rand bräunlich, oft eingerissen; Lamellen ockergelb, alt frei, Schneide flockig u. aufspaltend; Stiel gelblich, weißflockig, hohl, 6–10 cm lang, 3–6 mm ∅; Fleisch gelb, mild, geruchlos

Gold-Mistpilz
Bolbitius vitellinus
Kein Speisepilz
MHK IV,219 / Ce 907 / SKE 188

Hut 1–4 cm ∅, leicht schmierig, langkegelig; Lamellen leuchtend braunrotgelb, fast frei; Stiel weißlich, weiß bereift, 7–10 cm lang, 2–3 mm ∅, Basis knollig; Fleisch weißlich, geruchlos

Milchweißes Samthäubchen
Conocybe lactea
Kein Speisepilz
MHK IV,200

Hut 1–4 cm ∅, leicht schmierig, ausgetrocknet gestrichelt, stark durchfeuchtet auch leicht grünlich, kegelig, glockig; Lamellen gelbbräunlich; Stiel weißgrau, leicht gerieft, 6–10 cm lang, 2 mm ∅

Dung-Samthäubchen
Conocybe rickenii
Kein Speisepilz
MHK IV,205 / SKE 186

Hut 2–5 cm ∅, mit dunklerer Mitte schleimig, fast glänzend, Rand gestreift; Lamellen bräunlich, frei, Schneide aufspaltend; Stiel weiß, körnig, flockig, 5–6 cm lang, 4–6 mm ∅, hohl; Fleisch weiß; an morschen Buchenstümpfen, auch an Erle u. Esche; 7–9

Netzadriger Mistpilz
Bolbitius reticulatus
Kein Speisepilz
MHK IV,222

Hut 1–3 cm ∅, feucht rotbraun, trocken braungrau, Rand heller, durchscheinend gestreift, alt ausgebreitet, flach; Lamellen rostbraun, ausgebuchtet, Schneide gekerbt; Stiel 3–4 cm lang, 2–4 mm ∅, rötlichbraun, hohl; Fleisch braun, mild; Wiesen, Ödland, auf Hölzchen; 12–3

Winter-Trompetenschnitzling
Tubaria furfuracea
Kein Speisepilz
MHK IV,23

Hut 1–3 cm ∅, feucht braunrötlich, trocken weißlich, oft genabelt, Rand nicht gerieft; Lamellen zimtfarben; Stiel 3–5 cm lang, 2 mm ∅, hohl; auf Äckern, in Wäldern, auf Erde od. Holzstückchen; Vorfrühling

Flockiger Trompetenschnitzling
Tubaria conspersa
Kein Speisepilz
MHK IV,24

Hut 1,5–3 cm ∅, feucht hellbraun, trocken ockerbraun, kegelig-glockig; Lamellen rostbraun, Schneide weißlich, gezähnelt; Stiel 8–12 cm lang, 2–4 mm ∅, Basis deutlich gerandet-knollig, bräunlich; Fleisch braun, mild; auf Mist, gedüngten Böden, Wiesen, Straßenrändern; 7–11

Rotbraunes Samthäubchen
Conocybe subovalis
Kein Speisepilz
MHK IV,201 / Ce 437

Stielbasis nur keulig sonst wie *C. subovalis*
= *C. tenera*
Kein Speisepilz

Lamellenpilze, Braunsporer

(von Tafel 66)

Braunsporer ohne Ring am Stiel; an Holz, Holzstubben, Stümpfen, auf Nadeln, Holzstücken (ältere Pilze prüfen, bei jungen Pilzen manchmal ringähnliche Zone am Stiel vorhanden)

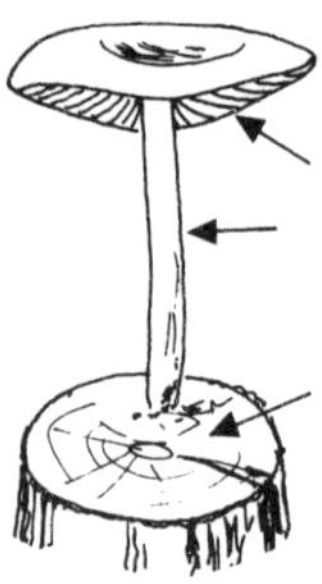

- an Laubholz (Buche, Esche, Erle, Espe, Linde, Hasel)
  - Fleisch mild schmekkend
    - nur an Buche, in Wäldern

      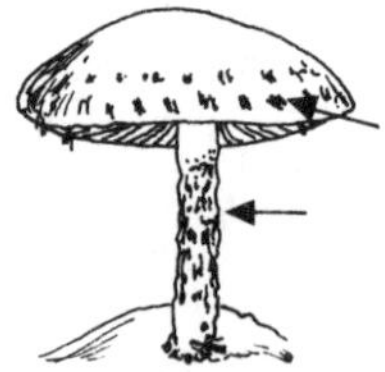

    - an Erle, Espe, Linde, Hasel, Esche; meist außerhalb des Waldes

      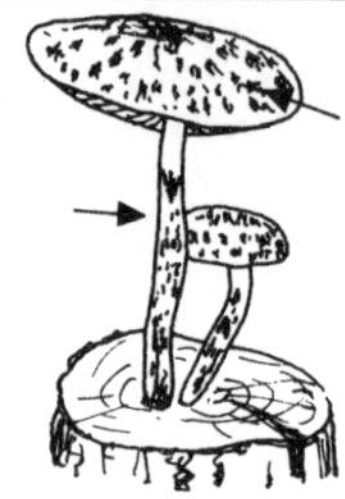

  - Fleisch bitter schmekkend
- an Nadelholz (Fichte, Kiefer)
  - Hut schuppig, filzig

  - Hut glatt od. nur feinfasrig
    - Fleisch schwärzend; Pilze büschelig wachsend; Stiel unten auf gelbem Grund bräunlich faserschuppig, Basis spitz
    - Fleisch nicht schwärzend; Pilze einzeln wachsend; Stielbasis weißfilzig, nicht spitz
      - Lamellen alt braun gefleckt

      - Lamellen alt nicht braun gefleckt

Hut gelb, 5–12 cm ∅, mit gallertartigem, abfließenden Schleim, Schuppen darin schwimmend; Lamellen gelbbraun; Stiel 8–15 cm lang, 1–1,5 cm ∅, gelb, schleimig, Ring zerschlitzt u. vergänglich; Fleisch gelb; 8–11

Schleimiger Schüppling
Pholiota adiposa
Kein Speisepilz
Ce 1325

Hut jung gelbgrünlichweiß, alt strohgelb, bräunlich-flockig geschuppt, klebrig-schmierig, 3–6 cm ∅; Lamellen gelbbraun, eng; Stiel gelb, mit bräunlich schuppiger Ringzone, 6–9 cm lang, 4–7 mm ∅, hohl, Fleisch gelb; 8–11

Strohblasser Schüppling
Pholiota gummosa
Kein Speisepilz
MHK IV,236

Hut gelb, Scheitel rostfarben, glatt, Rand behangen u. gewellt, 4–8 cm ∅; Lamellen jung gelb, alt bräunlich, eng; Stiel gelb, unten braunschuppig, 5–8 cm lang, 5–10 mm ∅, hohl; Fleisch gelb, bitter; meist an Erlenstubben, selten an Rotbuche, Hasel, Eberesche; 9–11

Weißbehangener Schüppling
Erlen-Schüppling
Pholiota alnicola
= *P. apicrea*
Kein Speisepilz
MHK IV,244 / SKE 220

Hut auf gelbem Grund orange geflammt, alt rissig, 6–10 cm ∅; Lamellen hellgelb, alt orange, breit; Stiel gelbbräunlich, Basis weißlich, mit vergänglichem Fasergürtel, voll, 4–5 cm lang, 1 cm ∅; Fleisch gelb, sehr bitter, alt mit Kokosgeruch; meist an Fichten; 7–10

Tannen-Flämmling
Samtschuppiger Flämmling
Gymnopilus sapineus
Kein Speisepilz
MHK I,46

Hut blutrot, orange, Mitte dunkler, 3–6 cm ∅, glatt, jung Rand fasrig; Lamellen jung gelb, alt bräunlich, eng; Stiel 5–10 cm lang, 4–7 mm ∅, oben gelb, hohl; Fleisch hellgelb, bitter; 9–11

Safranroter Schüppling
Pholiota astragalina
Kein Speisepilz
MHK IV,240 / SKE 222 / Ce 450

Hut gelbrötlich, alt ausblassend, glatt, 4–8 cm ∅; Lamellen gelb; Stiel 5–8 cm lang, 7–12 mm ∅, Spitze gelb, unten bräunend, ohne Ringzone; Fleisch weißgelb, bitter; Fichtenwälder (meist im Gebirge); 7–11

Geflecktblättriger Flämmling
Gymnopilus penetrans
Kein Speisepilz
MHK IV,90 / SKE 216 / Ce 918

Hut orangegelbbraun, glatt, 3–8 cm ∅; Lamellen rostgelb, eng; Stiel 4–7 cm lang, 7–10 mm ∅, gelb, jung von weißem Schleier überzogen, der als ringartige Zone bleiben kann; Fleisch gelb, bitter; Kiefernwälder (meist im Flachland); 9–11

Faserigberingter Flämmling
Gymnopilus hybridus
Kein Speisepilz
MHK IV,91

Lamellenpilze, Braunsporer, Rißpilze

(von Tafel 66)

Pilze nur mittelgroß oder klein; auf dem Erdboden; **Hut radialfasrig u. alt, vom Hutrand her eingerissen**

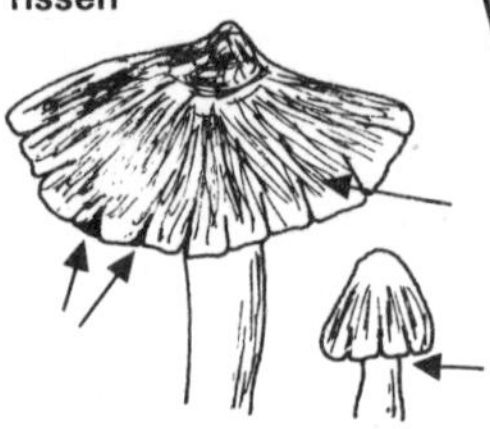

Für das Gebiet sind ca. 80 Rißpilzarten ausgewiesen. Die Bestimmung ist oft nur unter Verwendung von Mikroskop u. Chemikalien möglich. Für Speisezwecke kommen Rißpilze nicht in Frage. Zahlreiche Giftpilze mit tödlicher Wirkung sind in dieser Gruppe vorhanden

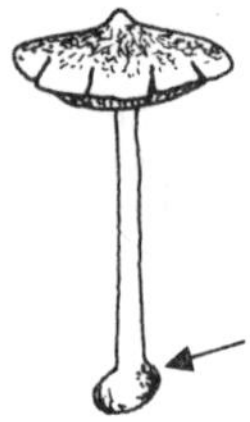

Stielbasis knollig

Pilz jung weiß, an Druckstellen od. alt rötend (rotbraun verfärbend); auf Kalk; in Laub- u. Nadelwald, Parks, Feldgehölzen

Stielknolle abgesetzt gerandet

Stiel keulig-knollig (nicht abgesetzt gerandet)

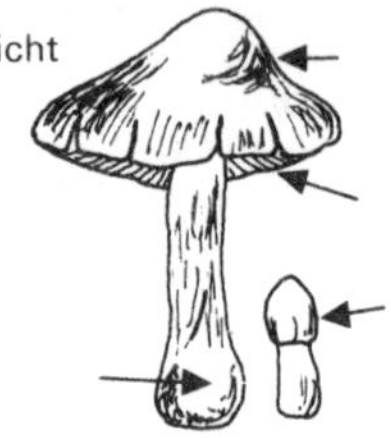

Pilz nicht rötend

Hut rotbraun, dunkelbraun

bei jungen Pilzen deutlicher Haarschleier zwischen Hutrand u. Stiel; bei Kiefern u. Fichten

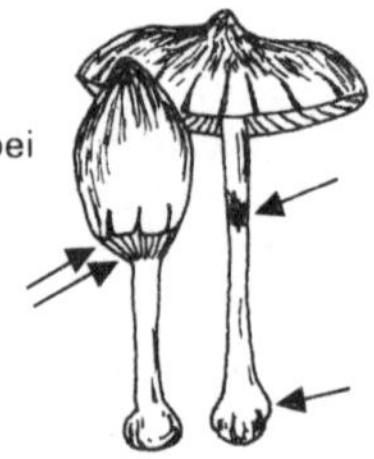

Pilz jung ohne Haarschleier; bei Buchen u. Eichen

Hut gelbbraun, gelbgrau, strohgelb

gelber Hutuntergrund rotbraun geschuppt

Hutoberfläche seidigfasrig (nicht geschuppt)

auf Kalkböden

auf sauren Böden

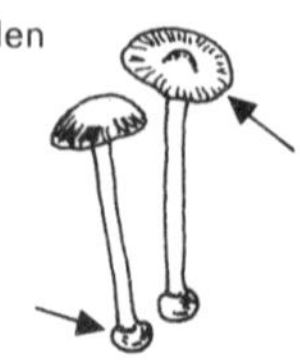

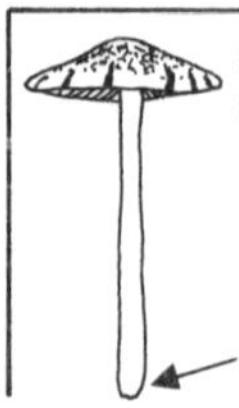

Stielbasis nicht knollig siehe Tafel 72

Hut 3–5 cm ∅, jung erst weiß, dann rot od. orange, seidig, fasrig (nicht schuppig), stumpfbucklig; Lamellen jung weiß, alt braun mit roten Flecken; Stiel wie der Hut gefärbt; 3–7 cm lang, 6–10 mm ∅, seidig, fasrig; Fleisch alt rötend, Geruch widerlich muffig; auf nackten Böden, oft tief eingesenkt; 6–9

Rötender Rißpilz
Inocybe godeyi
= *I. rickenii*
Kein Speisepilz
MHK IV,50 / SKE 202

Hut 3–9 cm ∅, fleischig, alt ziegelrot, längsfasrig, rissig, flach ausgebreitet; Lamellen jung weiß, alt olivbraun, rotgefleckt, alt frei; Stiel 6–7 cm lang, 5–10 mm ∅, jung weiß, alt ziegelrot, voll, gleichdick, fasrig, feingestreift; 5–7 (!)

Ziegelroter Rißpilz, Mai –
Ziegelroter Faserkopf
Inocybe patouillardii
= *I. lateraria*
Giftpilz
MHK I,57 / MHK IV,52 / SKE 198 / Ce 510 / He 43 / E 529

Hut 2–4 cm ∅, braunfasrig, längsrissig, auch wollig, spitzkegelig, fleischig; Lamellen jung gelb, alt braun; Stiel purpurbraun, 4–7 cm lang, 3–6 mm ∅, scharf abgesetzte Knolle; Fleisch braun, frisch geruchlos, trocken widerlich stinkend; saure Böden; 6–9

Rundknolliger Rißpilz
Inocybe assimilata
= *I. umbrina*
Giftpilz
MHK IV,80

Hut 3–7 cm ∅, rötlich- bis gelbbraun, stark radialfasrig, längsrissig; Lamellen olivgraubraun, mit weißer Schneide; Stiel alt braunrot, fast gerieft, voll, 4–8 cm lang, 5–10 mm ∅; Fleisch bräunlich, stark muffig riechend; bei Rotbuchen, Eichen; 7–9

Sternsporiger Rißpilz
Inocybe asterospora
Giftpilz
MHK IV,75

Hut 3–7 cm ∅, Rand gelb; Lamellen jung gelblich, alt olivbraun, scharfrandig; Stiel 4–8 cm lang, 4–10 mm ∅, Farbe wie der Hut, unter dem Ring braunschuppig; Fleisch gelb, geruchlos; in Laub- u. Nadelwäldern, auf sauren Böden; 8–9

Häutigberingter Rißpilz
Inocybe terrigena
Kein Speisepilz, Ce 61

ähnliche Form ohne Stielknöllchen
= *I. dulcamara*
Kein Speisepilz, MHK IV,36 / Ce 91

Hut 2–6 cm ∅, strohgelb, seidig, fasrig; Lamellen jung weiß, alt grauocker, mit weißgefranster Schneide; Stiel strohgelb, seidenfasrig, 4–6 cm lang, 4–8 mm ∅; Fleisch gelblich, Geruch jung obstartig, alt erdig, muffig; Laub- u. Nadelwald; 9–10

Strohgelber Rißpilz
Inocybe cookei
= *I. rimosa*
Kein Speisepilz
MHK IV,44 / Ce 512

Hut 1,5–4 cm ∅, gelbbraun, schlaff-fleischig; Lamellen goldgelb, alt braun, breit; Stiel hellgelb, seidig glänzend, voll, 2,5–5 cm lang, 2–5 mm ∅, feinflockig, Basis mit napfförmigem (1 cm ∅) Knöllchen; Fleisch weiß, muffiger Geruch; in Laub- u. Nadelwald, Parks; 6–10

Gerandetknolliger Rißpilz
Inocybe mixtilis
= *I. praetervisa*
Giftpilz
MHK IV,92 b / Ce 522

Lamellenpilze, Braunsporer, Rißpilze

(von Tafel 71)

Rißpilze;
Stielbasis nicht (abgesetzt) knollig

Hut weiß, weißviolett od. violett

Hut weiß

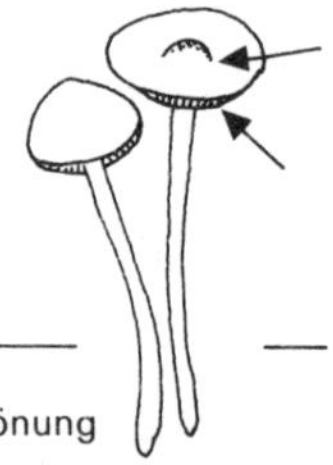

Hut mit Violett-Tönung

Hut gelb, braun, dunkelbraun, graugrün, schwarzgrün od. rotweinfarben

Hut gelb, braun, dunkelbraun od. mit Grüngrau-, Grünschwarz-Tönung

Hutoberfläche mit aufgerichteten Schuppen

Stiel rötlich, oben flockig; Lamellen alt rötlichbraun

Stiel graubraun, oben fasrig; Lamellen alt graubraun

Hutoberfläche seidig od. radialfasrig

Hut gelb, ocker od. bräunlich; stark radialfasrig

Stielbasis u. Stielfleisch gelbbraun

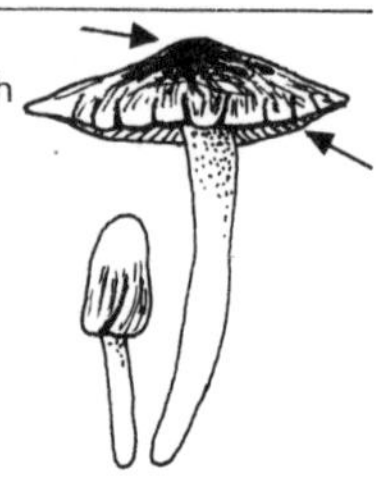

Stielbasis u. Stielfleisch blaugrün, graugrün

bei Pappeln, Eichen, Birken auf Sandböden; 5–8

Hut mit grünschwarzer Färbung; nur Hutrand fasrig

Hut rotweinfarben

Hut 2–4 cm ∅, jung weiß, alt ockergelb, mit Buckel u. seidigen Fasern, wenig rissig; Lamellen jung weiß, alt gelbbraun; Stiel wie der Hut gefärbt, 4–6 cm lang, 2–4 mm ∅, seidig, fasrig; Fleisch weiß, mit muffigem Geruch; Laub- u. Nadelwald; 5–11	**Seidiger Rißpilz** **Erdblättriger Faserkopf** *Inocybe geophylla* Giftpilz MHK I,58 / Ce 90
Hut u. Stiel violett, Hutscheitel ocker; sonst in allen Merkmalen wie der **Seidige Rißpilz**	**Seidiger Rißpilz** *Inocybe geophylla* var. *lilacina* Giftpilz MHK IV,58 a / Ce 528
Hut 2–3,5 cm ∅, ockerfarbene Huthaut mit braunen Schuppen; Lamellen jung ocker, alt erst zimt-, dann rötlichbraun; Stiel 2–4 cm lang, 3–5 mm ∅, oben kleiig geflockt; Fleisch gelb, im Anschnitt schwach rötend, muffig riechend; in Laub- u. Nadelwäldern (Gebirge); 6–9	**Hirschbrauner Rißpilz** *Inocybe cervicolor* Kein Speisepilz MHK IV,47 / SKE 196
Hut 2–4 cm ∅, gelb- bis dunkelbraun, mit wirren struppigen, dunkleren Schuppen; Lamellen erst hell-, dann graubraun; Stiel 2,5–4 cm lang, 2–3 mm ∅; Fleisch im Hut weiß, im Stiel braun, Geruch muffig; auf sauren Böden bei Kiefer, Birke, Weide; 5–11	**Struppiger Rißpilz** **Gemeiner Wirrkopf** *Inocybe lacera* Giftpilz MHK IV,65 / SKE 200
Hut 4–8 cm ∅, sehr rissig, Buckel dunkler als der Hutrand, gelappt u. alt aufgebogen; Lamellen jung hellbraun, alt oliv-braun, Schneide weißflockig; Fleisch weiß, meist muffig riechend; Laub- u. Nadelwald, auf Kalk od. neutralen Böden; 6–10	**Kegeliger Rißpilz** *Inocybe fastigiata* Giftpilz MHK I,56 / Ce 86 / MHK IV,45 / SKE 198
Hut 1–4 cm ∅, ockerbräunlich bis braun, ⅔ radialrissig, stumpfer Zentralbuckel, trocken seidig glänzend; Lamellen jung weiß, alt braun; Stiel 2–6 cm lang, 2–6 mm ∅, gleichdick, voll, Spitze creme; Fleisch im Hut weiß, mild, nicht muffig; 7–10	**Grünender Rißpilz** *Inocybe aeruginascens* Giftpilz Zeitschr. f. Mykologie **50**, 211–214, 1984
Hut 4–7 cm ∅; Lamellen jung hellbraun, alt braun, Schneide flockig; Stiel jung weiß, alt rötlich graubraun, 5–10 cm lang, 5–10 mm ∅, keulig, voll; Fleisch weiß, stark süßlich (Jasmin) riechend; auf Lehm u. Kalk, meist unter Laubbäumen; 7–10	**Grüngebuckelter Rißpilz** *Inocybe corydalina* Giftpilz MHK IV,55 / Ce 1412
Hut 4–10 cm ∅, auch gelbbräunlich mit rotbraunen Fasern; Lamellen jung weißgrau, alt olivbraun, oft fleckig, Schneide bewimpert; Stiel 4–8 cm lang, 0,5–2 cm ∅, voll, rötlichlila, feinwarzig; Fleisch weinrot, mit Fruchtgeruch; nur auf Kalk, meist in Laubwäldern, Parks; 7–10	**Weinroter Rißpilz** *Inocybe adaequata* = *I. jurana* Kein Speisepilz MHK IV,49 / Ce 1409

Lamellenpilze, Braunsporer, Haarschleierlinge

(von Tafel 66)

Hut weinrot, purpur

im Laubwald; auf Kalk- u. Tonböden; 8–10

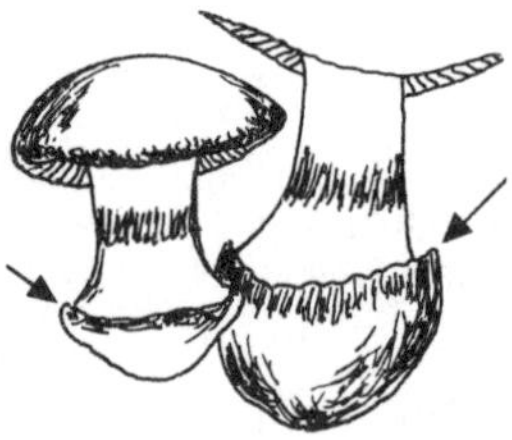

Stielbasis deutlich abgesetzt-knollig (gerandet-knollig)

Lamellen jung violett, alt bräunlich; Buchenwald auf Kalkböden

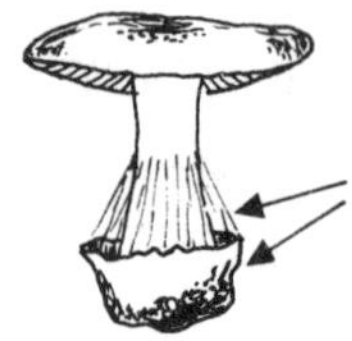

Hut gelb, gelboliv od. orangebraun

Lamellen jung gelblich, alt braun; bei Kiefern u. Fichten, auf sauren Böden

junge od. trockene Hüte sind von einem seidigen Schleier überzogen

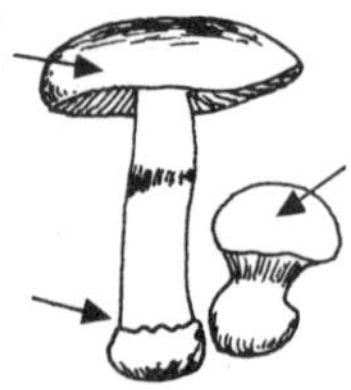

Stiel (auch bei Regen) seidig, fasrig, faserschuppig bzw. flockigschuppig

Pilzhut schleimig, klebrig od. trocken glänzend

bei Fichte u. Kiefer

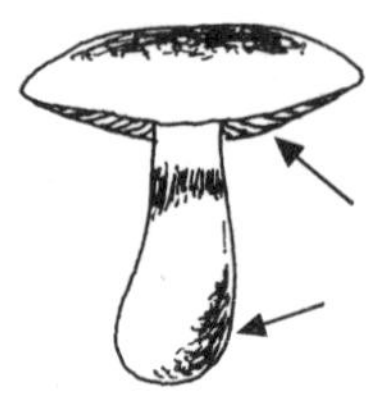

Stielbasis keulig od. gerade

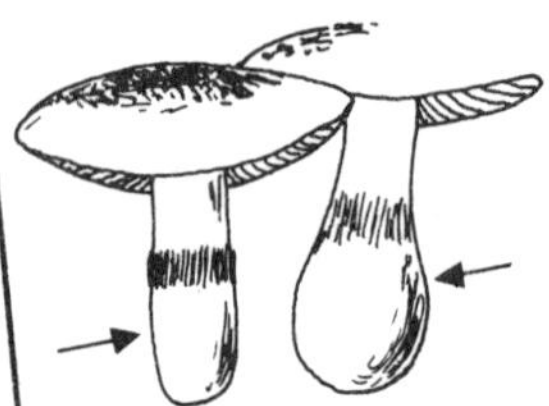

Lamellen bei jungen Pilzen violett, alt braun

Hut feucht schmierig, trocken glänzend (!)

meist nur auf Sandböden

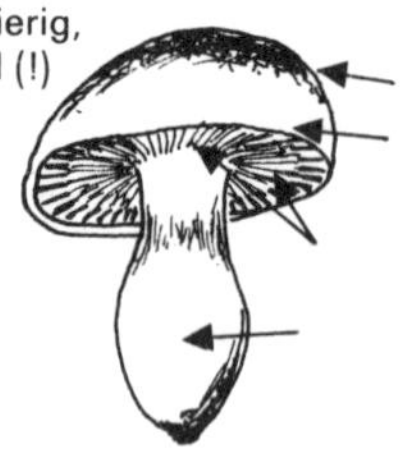

im Laubwald

auf Kalkböden

Hut feucht schmierig, trocken matt (!), fädig-feinschuppig

auch Stiel schleimig od. trocken glänzend (nicht faser-schuppig) siehe Tafel 74

Lamellen bei jungen Pilzen weiß, zimtbraun od. bräunlicholiv; siehe Tafel 75

Hut 7–10 cm ∅, auch kupferrotbraun, aber Randzone lange violett u. eingerollt; Lamellen jung gelbgrün, alt rostbraun, Schneide feingesägt; Stiel blaßviolett mit violetter Spitze, 7–11 cm lang, 1,8 cm ∅, Knolle bis 3 cm ∅

Violettroter Klumpfuß
Cortinarius rufoolivaceus
= *Phlegmacium rufoolivaceum*
Kein Speisepilz
MHK IV.175 / Ce 1380

Hut 4–7 cm ∅, gelb, gelboliv; Lamellen jung rosa-violett, alt braun, Schneide gezähnelt; Stiel 4–6 cm lang, 5–10 mm ∅, weißgelb, Knolle flachgerandet; Fleisch weiß (nie violett), mild; in Buchenwäldern, auf Kalk od. Dolomit; 9–11

Rosablättriger Klumpfuß
Cortinarius calochrous
= *Phlegmacium calochroum*
Kein Speisepilz
MHK IV,169

Hut 4–8 cm ∅, orange-rotbraun; Lamellen alt gezähnelt; Stiel 4–8 cm lang, 1–1,5 cm ∅, jung weiß, alt lehmfarben; Fleisch weißlich, Geruch nach Kunsthonig; in Nadelwäldern, stets auf sauren Böden; 8–10

Bereifter Klumpfuß
Cortinarius allutus
= *Phlegmacium allutum*
Kein Speisepilz
MHK IV,150 / Ce 462

Hut 5–8 cm ∅, gelb- bis kastanienbraun; Lamellen lange violett bleibend, alt lilabraun; Stiel 5–8 cm lang, 1–1,5 cm ∅, Basis bis 2,5 cm ∅, ocker; Fleisch weißlich; nur auf Kalk- od. Tonböden; 7–10

Semmelbrauner Schleimkopf
Cortinarius varius
= *Phlegmacium varium*
Speisepilz
Verwechslungsgefahr
MHK I,51 / Ce 72 / SKE 202

Hut 5–10 cm ∅, jung grauviolett, alt am Scheitel ockerbraun, Rand violettweiß; Lamellen jung lila, alt braun, fein gesägt; Stiel an der Spitze hell-lila, zur Basis weiß, unten braun, 8–10 cm lang, 1–2 cm ∅; Fleisch jung lila, alt weiß, geruchlos; 7–10

Blasser Schleimkopf
Cortinarius largus
= *Phlegmacium largum*
Kein Speisepilz
MHK IV,162 / Ce 939

Hut 5–12 (–16) cm ∅, jung blaßviolett, alt gelbbraun, Rand bleibt violett; Lamellen alt zimtbraun, gekerbt; Stiel blaßviolett, ausblassend, fasrig, 6–12 cm lang, 1–2 cm ∅; Fleisch jung lila, alt weißbräunlich; 8–10

Verfärbender Schleimkopf
Cortinarius nemorensis
= *Phlegmacium nemorense*
Kein Speisepilz
MHK IV,158 / Ce 473

Lamellenpilze, Braunsporer, Haarschleierlinge

(von Tafel 73)

Braunsporer; Hut u. Stiel schleimig, klebrig od. bei Trockenheit glänzend

Hutrand gefaltet, gerieft

Stiel 10–15 cm lang, 1,5–2,5 cm ∅

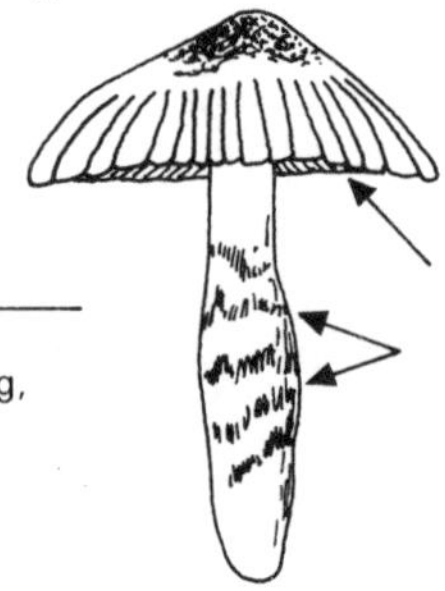

Stiel 5–7 cm lang, 8–10 mm ∅

Hutrand glatt, scharfrandig

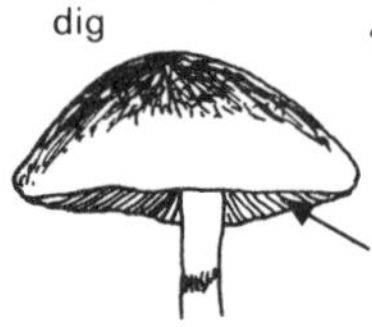

Lamellen jung violett, alt ocker od. zimtbräunlich

untere Stielhälfte schleimig braun gebändert

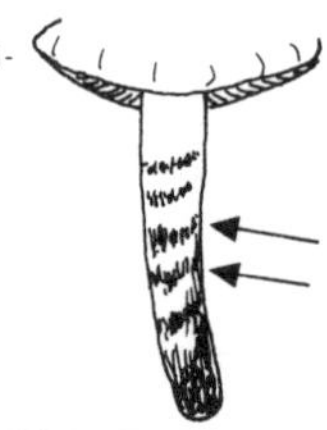

untere Stielhälfte weiß, glatt, nicht gebändert

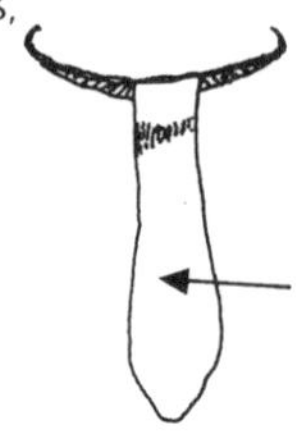

Lamellen jung weiß od. bräunlich (nicht violett)

untere Stielhälfte mit hellviolettem Schleim überzogen

untere Stielhälfte durch grauolive, oft abstehende Schleimgürtel genattert

Haarschleierlinge; bei jungen (!) Pilzen ist ein „Schleier“ aus feinen Haaren vom Hutrand zum Stiel vorhanden; beim alten Pilz sind Reste des Haarschleiers am Hutrand u. am Stiel erhalten; für das Bestimmen sind meist junge u. alte Pilze desselben Standortes (von der gleichen Art) notwendig, da sich die bestimmungswichtige Lamellenfarbe von jungen zu alten Pilzen stark verändert.

Im Gebiet kommen ca. 200 Arten vor, deren Bestimmung Spezialkenntnisse erfordert. Hier werden als Beispiele nur einige häufige Arten aufgeschlüsselt. Haarschleierlinge können ortsgebunden relativ häufig vorkommen (so auf Kalkböden) u. als eßbare Pilze bestimmt werden. Bei Verwendung für Genußzwecke ist aber größte Vorsicht geboten, da tödlich giftig wirkende Vertreter vorhanden sind

Tafel 74

Hut 6–12 cm ∅, sehr verschiedenfarbig, braun, olivbraun, dunkelbraun, Rand leicht violett, bis zum Scheitel gefaltet; Lamellen jung olivbräunlich, alt olivrotbraun (nie violett), queradrig; Stiel violett, schleimig gegürtelt, hohl, an beiden Enden verjüngt; Fleisch creme, mild; in Wäldern, nur auf sauren Böden; 7–11

Langstieliger Schleimfuß
Cortinarius elatior
= *Myxatium elatius*
Kein Speisepilz
MHK IV,148 / Ce 1348

Hut 5–8 cm ∅, ockerbraun, nach olivgelb ausblassend, Rand jung zartlila; Lamellen rostbräunlich, nicht queradrig; Stiel violett, Basis gestiefelt; Fleisch creme, mild, nach Honig riechend; im Laubmischwald (Rotbuche), auf sauren bis neutralen Böden; 8–10

Runzeliggeriefter Schleimfuß
Cortinarius integerrimus
= *Myxacium mucifluum*
Kein Speisepilz
MHK IV,145

Hut 6–12 cm ∅, gelbbraun bis rostbraun; Lamellen engstehend; Stiel 12–15 (–18) cm lang, 8–11 mm ∅, über der Bänderung ist die Schleimschicht schuppig aufgerissen; Fleisch weiß, mild; in Fichten- u. Kiefernwäldern, auf Silikatböden; 9–10

Blaustiel-Schleimfuß
Cortinarius collinitus
= *Myxacium collinitum*
Speisepilz
Verwechslungsgefahr
MHK IV,146 / Ce 67 / SKE 206

Hut 4–8 cm ∅, gelb, Scheitel rötlichgelb, dünnfleischig; Lamellen an den Schneiden gezähnelt; Stiel 5–8 cm lang, 5–15 mm ∅, Basis verdickt, hohl; Fleisch creme, alt leicht bitter; Laub- u. Nadelwald; 9–10

Blaublättriger Schleimfuß
Cortinarius delibutus
= *Myxacium delibutum*
Kein Speisepilz
MHK IV,144 / Ce 459

Hut 4–8 cm ∅, gelb-rotbräunlich, Mitte dunkler, trocken glänzend, glatt; Lamellen jung hellbraun, alt rostbraun, Schneide feingekerbt; Stiel 6–12 cm lang, 1–3 cm ∅, Basis spitz, untere ⅔ mit Schleim bedeckt, meist Ringzone; Fleisch holzgelb, geruchlos, mild; in Kiefernwäldern, auf Sand; 8–10

Heide-Schleimfuß
Kastanienbrauner Schleimfuß
Brotpilz
Cortinarius mucosus
= *Myxacium mucosum*
Speisepilz
Verwechslungsgefahr
MHK I,50 / SKE 206 / He 33 / Ce 1347

Hut 3–10 cm ∅, honigbraun bis olivgelb; Lamellen jung weißlich, selten blaßviolettlich, alt zimtfarben; Stiel 5–10 cm lang, 7–15 mm ∅, seidig fasrig; Fleisch ocker, geruchlos; meist in Laubwäldern, bei Rotbuche, Eiche, Birke, selten bei Nadelbäumen, auf Kalk od. Sand; 7–10

Natternstieliger Schleimfuß
Cortinarius trivialis
= *Myxacium triviale*
Kein Speisepilz
MHK IV,147 / Ce 66 / SKE 208

Lamellenpilze, Braunsporer, Haarschleierlinge, Fälblinge

(von Tafel 73)

Braunsporer;
Hut klebrig, schleimig, trocken glänzend;
Lamellen bei jungen Pilzen weiß, zimtbraun od. braunoliv

→ Pilz geruchlos od. unauffällig riechend

→ → Geschmack bitter; Hutrand nicht gerieft; Stiel nicht gebändert

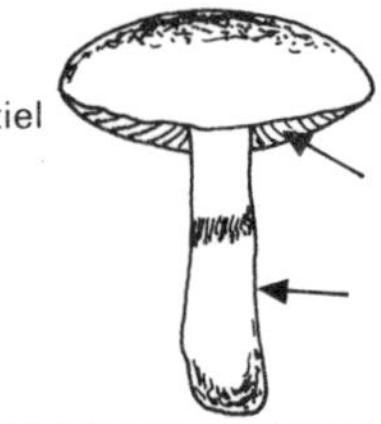

→ → Geschmack mild; Hutrand stark gabelig-gerieft

auf Wiesen u. Weiden, selten im Walde; an Grasresten, Holzstücken; Reisig; 3–12

→ Pilz mit auffälligem Geruch

→ → Geruch unangenehm stinkend (nach Kartoffelkeimen od. wie der Schwefelritterling)

Stiel gelbschuppig, gebändert, gezont; Geschmack mild

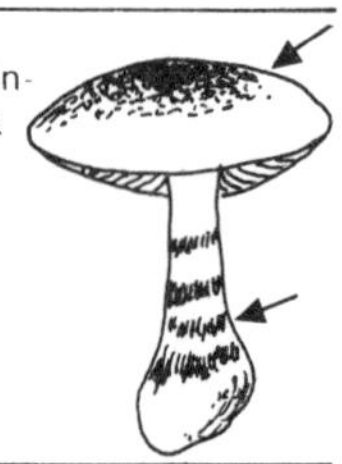

→ → Geruch süßlich od. rettichartig

→ → → Geruch süßlich, kakaoartig; Stiel spindelig wurzelnd

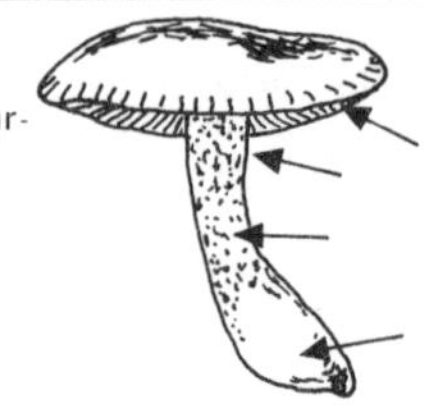

in Nadelwäldern u. bei Rotbuche, meist an lichten, grasigen Stellen; nur auf Kalkböden; 8–10

→ → → Geruch rettichartig

→ → → → Fleisch mild; in Wäldern bei Kiefer u. Fichte, in Gärten u. Parks

→ → → → Geschmack bitter

→ → → → → Hutfleisch mit Zapfen in den hohlen Stiel ragend; Lamellen nicht tränend

meist auf Kalk od. Tonböden; meist bei Rotbuche

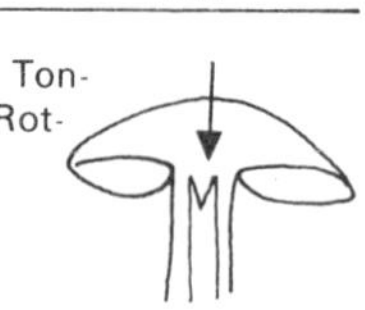

→ → → → → Hutfleisch ohne Zapfen im Stiel; Lamellen tränend

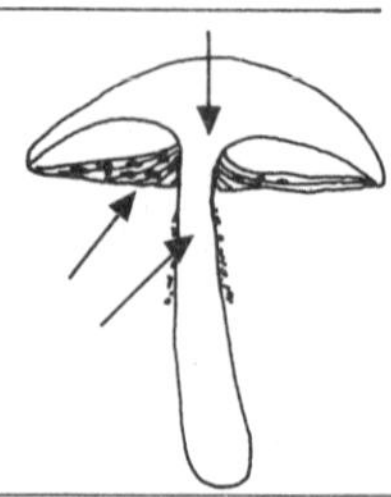

Hut 6–10 cm ∅, olivgraubräunlich, ocker ausblassend; Lamellen olivgrau, alt braunoliv; Stiel 6–10 cm lang, 1,5–2 cm ∅, Spitze u. Knolle bläulich, sonst weißgrau bis ocker; Fleisch grau; im Laub- u. Nadelwald; 8–10	**Bitterer Schleimkopf** *Cortinarius infractus* = *Phlegmacium infractum* Kein Speisepilz MHK IV,180 / Ce 480 / SKE 212
Hut 1–2,5 cm ∅, feucht rötlichbraun, trocken ledergrau, jung mit Schleierresten; Lamellen jung gelbbraun, alt braun; Stiel braun, weißflockig beschleiert, 2–5 cm lang, 2–3 mm ∅; Fleisch bräunlich, mild	**Klebhaut-Kahlkopf** *Psilocybe inquilina* Kein Speisepilz MHK IV,264 / Ce 1321
Hut 5–8 cm ∅, braungelb, faserig-streifig, Oberhaut abziehbar; Lamellen jung creme, alt braun; Stiel 5–8 cm lang, 1–2 cm ∅; Stielbasis rübenartig, knollig; Fleisch weiß, mild, Geruch stinkend, nach Kartoffelkeimen; im Laubwald, auf Kalkböden; 7–10	**Gelbgegürtelter Schleimkopf** *Cortinarius cliduchus* = *Phlegmacium cliduchum* Kein Speisepilz MHK IV,156
Hut 5–10 cm ∅, gelbocker bis braun, Rand gekerbt; Lamellen hellbraun; Stiel 5–8 cm lang, 1–1,5 cm ∅, Spitze weißmehlig, zur Basis bräunend, gebändert, geschuppt; Fleisch weiß, meist stark bitter schmeckend	**Bräunender Fälbling** **Großer Kakao-Fälbling** *Hebeloma senescens* = *H. edurum* = *H. birrus* Kein Speisepilz MHK IV,32 / Ce 64
Hut 2,5–5 cm ∅, Rand rotbraun, Mitte kastanienbraun, Rand mit Schleierresten; Lamellen braun; Stiel gelbbraun, Spitze flockig bis flockig-beringt, 3–6 cm lang, 4–6 mm ∅, hohl; Fleisch braun, mild, leichter Rettichgeruch; 9–11	**Dunkelscheibiger Fälbling** *Hebeloma mesophaeum* Kein Speisepilz MHK IV,28 / Ce 458
Hut 7–12 (–15) cm ∅, gelbbräunlich, Mitte dunkler, Rand wellig, ohne Schleierreste; Lamellen zimtbräunlich, Schneiden flockig, keine Tränenpunkte, alt fast frei; Stiel gelbweiß, mit bräunlichen Schüppchen, 5–12 cm lang, 1–2,5 cm ∅; Fleisch weißlich, bitter; Laub- u. Nadelwald; 8–10	**Rettich-Fälbling** *Hebeloma sinapizans* Giftpilz MHK IV,26 / Ce 455
Hut 6–10 cm ∅, gelbbräunlich, Mitte dunkler, ohne Schleierreste; Lamellen zimtbraun, Schneide weißflockig; Stiel weißlich, Spitze flockig-kleiig, 4–9 cm lang; 1–2 cm ∅; Fleisch weißlich, bitter; Laubwald u. Gärten, bei Rotbuche, Birke, Weide, meist auf sauren od. neutralen Böden; 5–10	**Gemeiner Fälbling** **Tongrauer Fälbling** **Kleiner Rettich-Fälbling** *Hebeloma crustuliniforme* Giftpilz MHK I,49 (5. Aufl.) / Ce 63

Lamellenpilze, Braunsporer, Haarschleierlinge

(von Tafel 66)

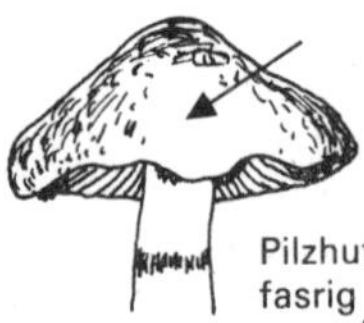

Braunsporer; Hutoberfläche kahl od. fasrig, samtig, filzig, schuppig

Pilzhut seidig od. feinfasrig

junge Pilze mit violetten Lamellen

Pilze geruchlos od. nach Kampfer od. getrockneten Pflaumen riechend

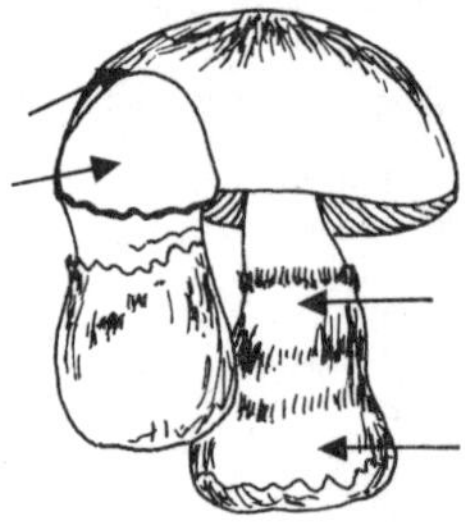

Fleisch bitter schmeckend

in Fichtenwäldern der Gebirge

Fleisch mild schmeckend

Pilz geruchlos

Hut schon jung braun; Stiel nicht gegürtelt

Hut jung violettbraun; Stiel gelbgegürtelt

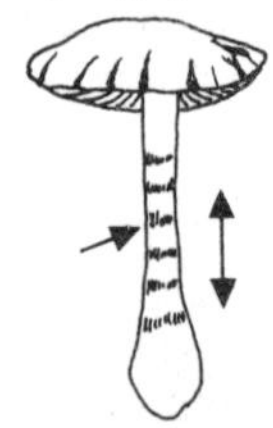

Pilz riecht nach getrockneten Pflaumen od. Kampfer

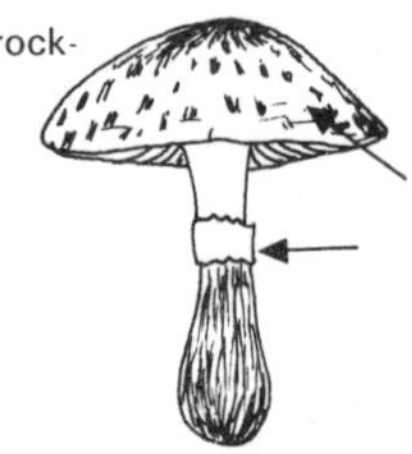

Pilz riecht stark nach rohen Kartoffeln

bei **jungen** Pilzen Lamellenfarbe gelb, orange, ocker, zimtbraun, rosa, rot bzw. dunkelrot

Stiel tief im Boden wurzelnd

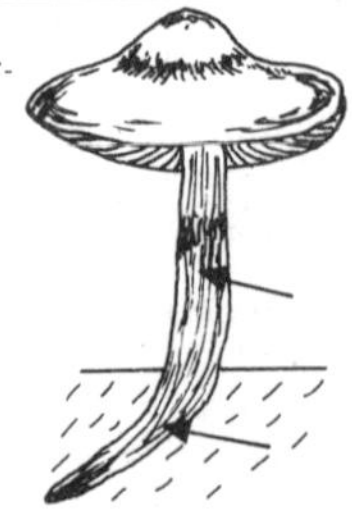

Laub- u. Nadelwald; meist auf Kalkböden

Stiel nicht wurzelnd; siehe Tafel 78

Hut filzig, grobfasrig-schuppig; siehe Tafel 77

Hut 5–12 cm ∅, jung violett, alt bräunlichgelb; Lamellen jung braunviolett, alt braun, dick; Stiel oben violett, nach unten durch mehrere gelbbraune abstehende Gürtel gelbbraun, 5–9 cm lang, 1,5–2 cm ∅, Basis zwiebelknollig; Fleisch ocker; 7–11

Lila Dickfuß
Safranfleischiger Dickfuß
Cortinarius traganus
Giftpilz
MHK I,52 / SKE 204 / Ce 486

Hut 3–10 cm ∅, alt ledergelb ausblassend; Lamellen alt zimtbraun; Stiel 8–12 cm lang, 8–12 mm ∅, fasrig, oben violett, nach unten gelbbraun, nur ein Gürtel; Fleisch weißgelb, mild; meist unter Fichten, auf Kalk; 9–11

Rostbrauner Dickfuß
Cortinarius caninus
Speisepilz
Verwechslungsgefahr
MHK IV,196 b / Ce 483 / SKE 204

Hut 4–6 cm ∅, alt grauockergelb; Lamellen alt zimtbraun; Stiel 7–10 cm lang, 1–1,5 cm ∅, seidig-fasrig, oben violett (jung), nach unten weißgelblich, keulig; Fleisch weiß, mild; in Laub- u. Nadelwald, auf Kalk u. Silikatböden; 8–10

Graubräunlicher Dickfuß
Cortinarius anomalus
Kein Speisepilz
MHK IV,196 a / Ce 491

Hut 4–12 cm ∅, braun, violett marmoriert, seidig; Lamellen alt rostbraun, breit, dick; Stiel 5–10 cm lang, 1–1,5 cm ∅, oben violett, nach unten braun, mit abstehendem Ring, keulig; Fleisch lila; Laubwald; 7–10

Wohlriechender Gürtelfuß
Cortinarius torvus
= *Telamonia torva*
Kein Speisepilz
MHK IV,130 / SKE 212

Hut 3–7 cm ∅, jung weißviolett, alt gelbbraun, seidig; Lamellen jung graulila, alt ockerbraun; Stiel jung weißviolett, mehrfach gegürtelt, alt kahl, 5–10 cm lang, 1–2 cm ∅, keulig; Fleisch hellviolett; Laubwald, bei Birken im Nadelwald; 8–10

Weißvioletter Dickfuß
Cortinarius alboviolaceus
Kein Speisepilz
MHK IV,190 / Ce 488 / SKE 204

Hut 4–8 cm ∅, feucht gelbrötlich, trocken gelbbraun, gebuckelt, Oberhaut fest; Lamellen jung zimtbraun, alt braun, fein gesägt; Stiel 7–14 cm lang, 1–1,5 cm ∅, langspindelig, längsgestreift weiß-bräunlich, Fleisch leicht violett; 10–11

Wurzelnder Wasserkopf
Cortinarius duracinus
= *Hydrocybe duracina*
Kein Speisepilz
MHK IV,117 / Ce 958

Lamellenpilze, Braunsporer, Haarschleierlinge

(von Tafel 76)

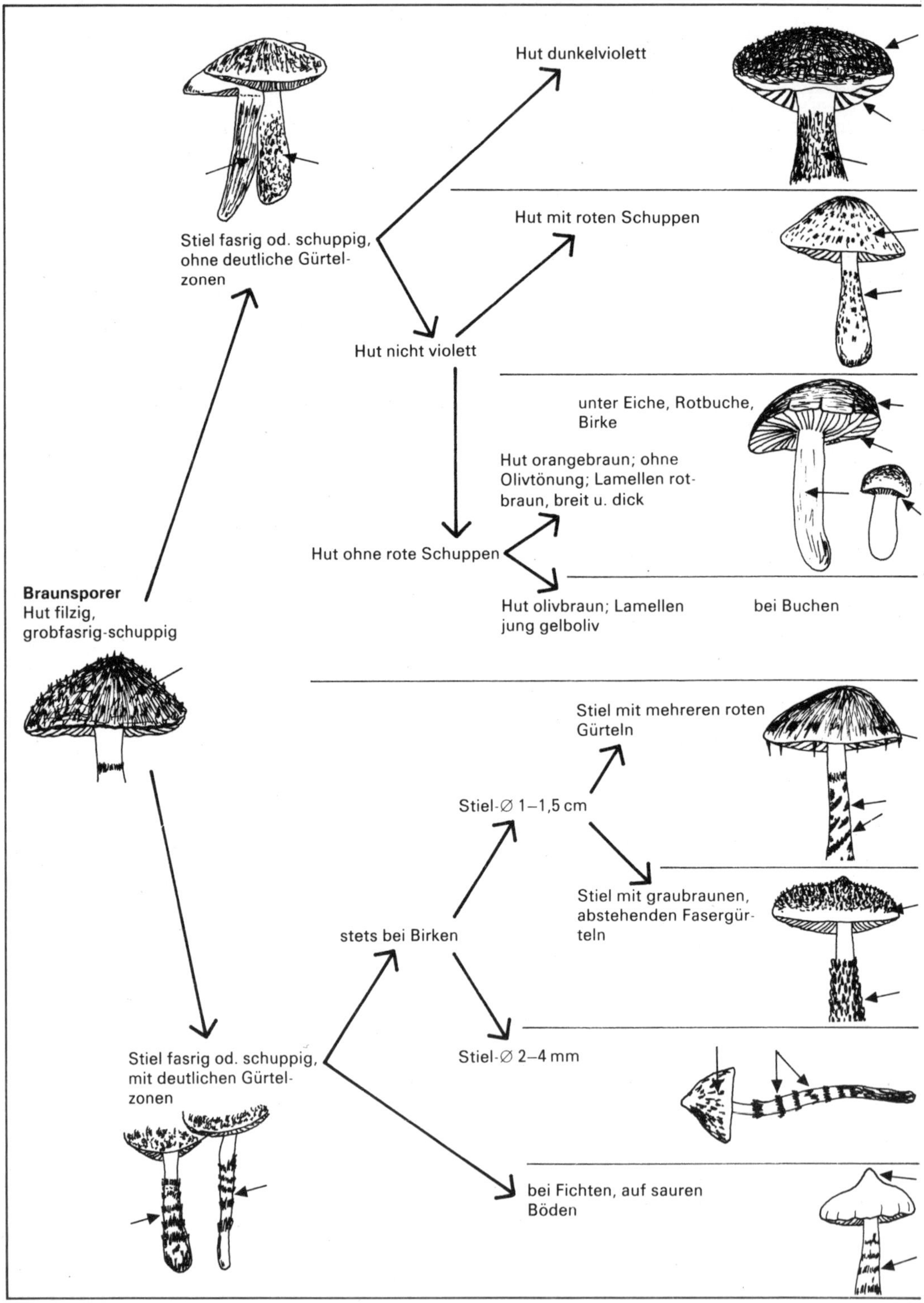

Hut 5–15 cm ∅, zottig-schuppig, trocken glatt, fleischig; Lamellen jung schwarzviolett, alt braun, dick, weitstehend; Stiel 8–12 cm lang, 2–3 cm ∅, alt hohl, keulig; Fleisch violett, Ledergeruch; Laubwald, auf Kalk; 8–10; die Nadelwaldform = *C. hercynicus*	**Dunkelvioletter Dickfuß** *Cortinarius violaceus* Speisepilz MHK IV,105 / Ce 78
Hut 3–5 cm ∅, auf weißem Grunde dichtstehende rote Schüppchen; Lamellen jung gelb, alt zimtfarben; Stiel 3–6 cm lang, 5–10 mm ∅, gelbweiß mit roten Schüppchen; Fleisch ocker; in Laubwäldern, auf Sand od. Torfböden, nicht auf Kalk; 9–10	**Rotschuppiger Rauhkopf** *Cortinarius bolaris* Kein Speisepilz MHK IV,192 a / Ce 83 / SKE 208
Hut 3–7 cm ∅, stumpf gebuckelt, feinfilzig-faserschuppig, dick, entfernt stehend; Stiel braungelb, leicht gefasert, 3–8 cm lang, 4–12 mm ∅, gleichdick, voll; Fleisch gelbbräunlich, mild, schwacher Rettichgeruch; 8–10	**Orangefuchsiger Rauhkopf** *Cortinarius orellanus* = *Dermocybe orellana* Giftpilz MHK IV,98 / Ce 84 / SKE 202 / E 597
Hut 6–10 cm ∅, durch graue aufliegende Fasern feinschuppig, filzig; Lamellen alt braun, dick, breit; Stiel 8–10 cm lang, 1,2–1,8 cm ∅, nach unten gelbfasrig, keulig-knollig; Fleisch oliv, Rettichgeruch; 8–10	**Olivbrauner Rauhkopf** *Cortinarius cotoneus* Kein Speisepilz MHK IV,100 / Ce 487 / SKE 210
Hut 6–15 cm ∅, rotbraun, dunkler faserschuppig; Lamellen jung ocker, alt zimtbraun, breit; Stiel 7–16 cm lang, oben lilarot, nach unten bräunlich, die Faserschicht zerreißt in Bänder, keulenförmig; Fleisch bräunlich, mild, geruchlos; in Wäldern, auf sauren Böden; 7–10	**Geschmückter Gürtelfuß** *Cortinarius armillatus* = *Telamonia armillata* Speisepilz MHK I,53 / Ce 506 / SKE 204
Hut 5–10 cm ∅, rehbraun, mit aufgerichteten Schüppchen, spitzgebuckelt; Lamellen jung violett, alt bräunlich; Stiel 8–12 cm lang, 1–1,5 cm ∅, Spitze lila, hohl; Fleisch oben violett, sonst braun, mild, geruchlos; auf sauren Böden; 9–11	**Schuppiger Dickfuß** *Cortinarius phollideus* Kein Speisepilz MHK IV,193 / Ce 952
Hut 2–5 cm ∅, feucht dunkelbraun, trocken graurotbraun, mit weißen Flöckchen, spitzgebuckelt; Lamellen braun; Stiel 2–5 cm lang, unter dem Ring weißflockig; Fleisch graubraun, geruchlos, mild; nur auf sauren Böden; 9–11	**Weißflockiger Gürtelfuß** *Cortinarius hemitrichus* Kein Speisepilz MHK IV,131
Hut 3–8 cm ∅, orangebraun, fein filzig, schuppig, radialfasrig, spitzgebuckelt, Rand gelb; Lamellen orange, dick; Stiel orange, gelb gebändert, 5–15 cm lang, 6–20 mm ∅, voll; Fleisch orange, Rettichgeruch; 8–10	**Spitzgebuckelter Rauhkopf** *Cortinarius speciosissimus* Giftpilz MHK IV,104 d / Ce 499

Lamellenpilze, Braunsporer, Rauhköpfe, Hautköpfe

(von Tafel 76)

Braunsporer, Pilze mit seidig-fasrigem Hut; Lamellen jung nicht violett; Stiel nicht wurzelnd

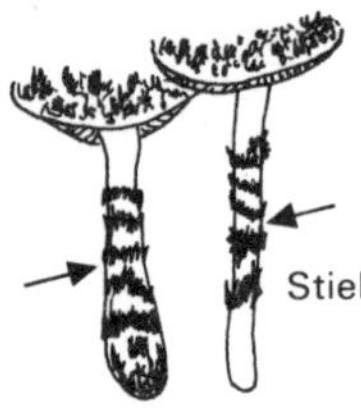

Stiel mit Gürtelzonen

- Stiel 2–5 mm Ø; hohl
  - Hut trocken gelb, feucht ocker

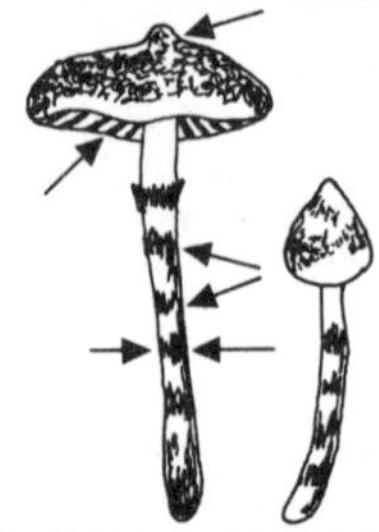

- Stiel 7–15 mm Ø; voll
  - Hut alt einfarbig orangebraun; Hutrand jung gelb
  - auf starker Fichtennadelstreuschicht

Stiel ohne Gürtelzonen

- Hut mit roten Farbtönen
  - Hut 2–6 cm Ø, feinhaarig, filzig, manchmal faserschuppig; Lamellen rot, alt zimtbraun bestäubt, dick, Schneide alt gekerbt; Fleisch rot, Geruch nach Rettich; 8–10

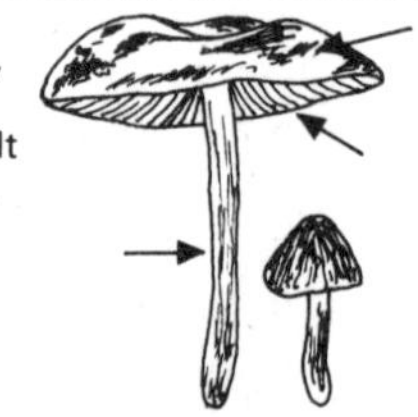

- Hut mit gelben, gelbbraunen bzw. braunen Farbtönen
  - Pilz bei Rotbuche, Eiche u. Birke

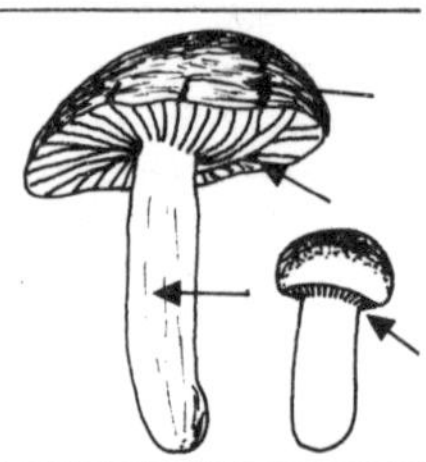

  - Pilz bei Fichten u. Kiefern
    - Lamellen jung rot

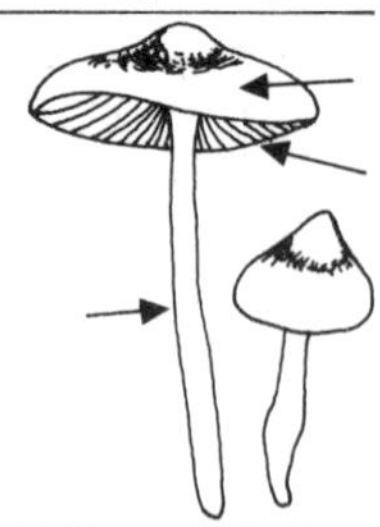

    - Lamellen jung u. alt gelb od. orangegelb
      - Lamellen gelb, olivgelb, alt rostbraun
      - Lamellen orangegelb, alt orangebraun

Hut 2–5 cm ∅, kahl, oft rissig, spitzgebuckelt; Lamellen gelbrotbraun, entfernt, adrig verbunden; Stiel 5–7 cm lang, orange, mit gelben Gürteln; Fleisch gelb, geruchlos; Nadelwald, auf sauren Böden; 9–10	**Goldgelber Rauhkopf** *Cortinarius gentilis* = *Telamonia gentilis* Giftpilz MHK IV,103 / Ce 490 / SKE 210
Hut 3–8 cm ∅, fein filzig-schuppig, radialfasrig, spitzgebuckelt, dünnfleischig; Lamellen orange bis zimtfarben, dick, entfernt, breit; Stiel orangebraun, mit gelben Gürteln, 5–15 cm lang, Basis keulig, voll; Fleisch rötlichgelb, Rettichgeruch; 8–10	**Spitzgebuckelter Rauhkopf** *Cortinarius speciosissimus* Giftpilz MHK IV,104 d / Ce 499
Geschmack bitter; bei Buchen; Hut feucht blutrot, trocken rotorange	**Zinnoberroter Hautkopf** *Dermocybe cinnabarina* Kein Speisepilz MHK IV,94 / Ce 496
Geschmack mild; bei Fichten u. Kiefern; Hut blutrot, Scheitel braunrot	**Blutroter Hautkopf** *Dermocybe sanguinea* Kein Speisepilz MHK IV,95 / Ce 81
Hut 3–7 cm ∅, stumpf gebuckelt, feinfilzig, faserschuppig, fleischig; Lamellen rotbraun, dick, entfernt stehend; Stiel braungelb, leicht gefasert, 3–8 cm lang, 4–12 mm ∅, gleichdick, voll; Fleisch gelbbräunlich, mild, schwacher Rettichgeruch; 8–10	**Orangefuchsiger Rauhkopf** *Cortinarius orellanus* = *Dermocybe orellana* Giftpilz MHK IV,98 / Ce 84 / SKE 202
Hut oliv- bis mittelbraun, 2–6 cm ∅, kahl bis feinschuppig, samtig, dünnfleischig; Lamellen alt zimtbraun bestäubt, eng; Stiel gelb, 3–10 cm lang, 4–8 mm ∅, glatt; Fleisch gelb, Rettichgeschmack; Sandgebiete, Moore; 8–10; Hinweis: Stiel mit roten Faserzonen = *D. phoenicea* Ce 497	**Blutblättriger Hautkopf** *Dermocybe semisanguinea* Kein Speisepilz MHK I,54 / Ce 495 / SKE 214
Hut 2–6 cm ∅, olivbraun bis haselbraun, kahl bis feinschuppig, samtig, alt mit Zentralbuckel; Lamellenschneide ganzrandig; Stiel gelb, Basis braun überfasert, 2–8 cm lang, 2–7 mm ∅, seidig od. kahl-glänzend; Fleisch gelb, schwacher Rettichgeruch, oft leicht bitterlich; auf sauren Böden, Mooren; 8–10	**Gelbblättriger Hautkopf** *Dermocybe crocea* = *D. cinnamomea* = *D. cinnamomeolutea* Kein Speisepilz MHK I,54 a **Zimt-Hautkopf** *Dermocybe cinnamomea* Kein Speisepilz MHK IV,93

Lamellenpilze, Dunkelsporer

(von Tafel 11)

Lamellenpilze mit sehr dunklem Sporenpulver

Sporenpulver schwarzbraun, schwarz; siehe Tafel 84

Sporenpulver dunkelbraun, purpurbraun, purpur, violettbraun

Pilz mit Ring am Stiel; siehe Tafel 80

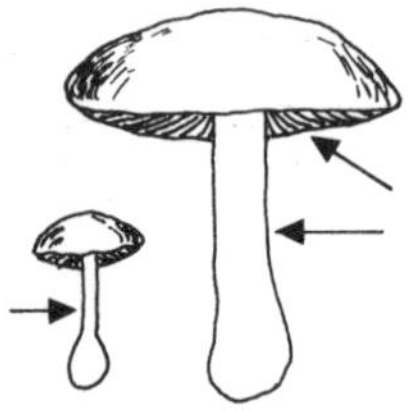

Pilz ohne Ring am Stiel

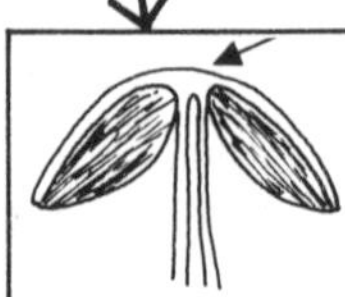

Pilzhut nur häutig (ohne Fleischschicht); siehe Tafel 83

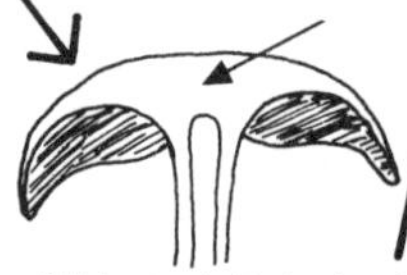

Pilzhut mit Fleischschicht; Pilze meist büschelig an Baumstubben od. auf Wurzeln wachsend

Fleisch mild schmeckend (Geschmacksprobe nicht schlucken)

Hut weißgelb

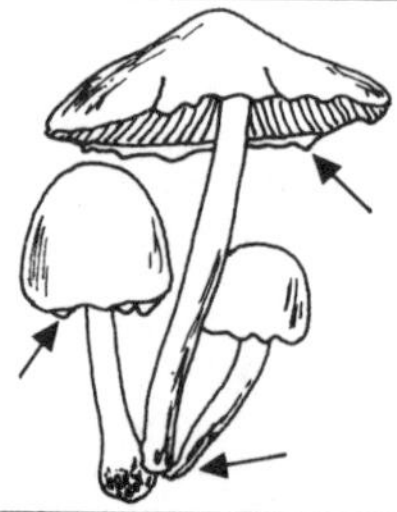

Hut gelborange braunrot

Stiel seidig-glatt

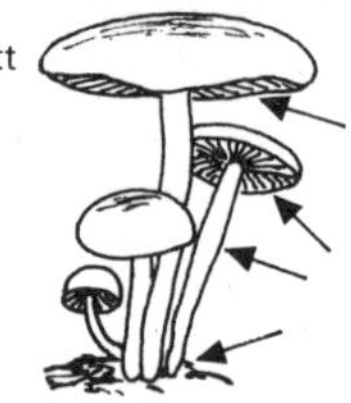

Stiel oben weiß, nach unten dicht schwärzlich geschuppt

Fleisch bitter schmeckend (Geschmacksprobe nicht schlucken)

Stielbasis spitz, tief wurzelnd; Geruch widerlich

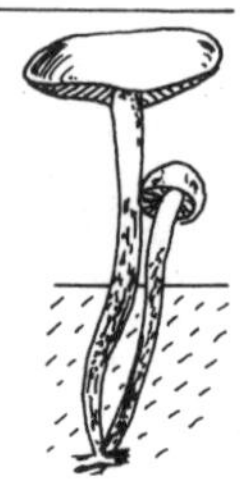

Stiel nicht spitz, nicht tief wurzelnd

Hut u. Stiel mit schwarzen Schuppen

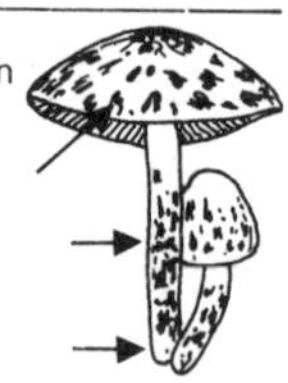

Hut u. Stiel ohne schwarze Schuppen

Hut 1–6 cm ∅, Mitte alt ockergelb, Rand mit weißen (vergänglichen) Schleierresten, matt, brüchig, alt radial gerunzelt; Lamellen jung gelblich, alt purpurbraun; Stiel weiß, hohl, 4–9 cm lang, 3–6 mm ∅, brüchig; Fleisch weiß, geruchlos; an Laubbäumen; 5–9

Lilablättriger Mürbling
Zarter Saumpilz
Psathyrella candolleana
= *Hypholoma candolleanum*
Speisepilz
MHK I,41 / SKE 184 / Ce 48 / E 448

Hut 2–6 (–10) cm ∅, Rand seidig behangen; Lamellen jung blaßgelb, dann violettgrau, alt graupurpur; Stiel 6–10 cm lang, 6–8 mm ∅, oben weißgelb, zur Basis rostbraun, hohl; Fleisch gelbweiß, aromatisch riechend; an Fichten- u. Kiefernstubben; 2–4 u. 8–11

Graublättriger Schwefelkopf
Rauchblättriger Schwefelkopf
Hypholoma capnoides
= *Naematoloma capnoides*
Speisepilz, Verwechslungsgefahr
MHK I,43 / SKE 190 / Ce 52 / E 496 / He 19

Hut 4–7 cm ∅, Untergrund gelbbraun, dicht mit weißschwärzlichen Schuppen bedeckt; Lamellen jung hellbraun, alt schokoladenbraun, mit dunkleren Flecken, oft tränend; Stiel 6–9 cm lang, 5–8 mm ∅, 8–10

Medusenhaupt
Psathyrella caput-medusae
= *Stropharia caput-medusae*
= *Hypholoma caput-medusae*
Kein Speisepilz
MHK IV,292

Hut 3–7 cm ∅, Rand weißlich geschuppt; Lamellen graugelblich bis olivgrünlich, Schneide weiß; Stiel gelbgraubräunlich, 6–10 cm lang, 4–8 mm ∅, Baumwurzeln aufsitzend; Fleisch im Hut weiß, in der Basis des Stieles braun; an Nadelbäumen; 8–10

Wurzelnder Schwefelkopf
Hypholoma radicosum
= *H. epixanthum*
= *Naematoloma radicosum*
Kein Speisepilz
MHK IV,246 / SKE 192

Hut 4–9 cm ∅, Untergrund gelblichweiß, Rand jung langzottig behangen; Lamellen graugelb, alt braungrau, Schneide weiß, nicht tränend; Stiel 5–12 cm lang; 5–10 mm ∅, Basis gelbfilzig; Fleisch weiß, geruchlos, oft auch brennend scharf; an Buche u. Birke; 9–11

Langstieliger Mürbling
Psathyrella cotonea
= *Stropharia cotonea*
= *Hyphloma cotonea*
Kein Speisepilz
MHK IV,289

Hut 5–12 cm ∅, ziegelrot, rotgefleckt; Lamellen jung grauoliv, alt olivpurpur; Stiel oben blaßgelb, Basis braun, meist voll; Fleisch gelbweiß, manchmal nur wenig bitter (Hutoberhaut stark bitter), geruchlos; an Laubholzstubben; 8–11

Ziegelroter Schwefelkopf
Hypholoma sublateritium
= *Naematoloma sublateritium*
Kein Speisepilz
MHK I,45 / SKE 192 / Ce 51 / E 495

Hut 3–7 cm ∅, schwefelgelb, nur Mitte orangebraun; Lamellen jung gelb, dann grün, alt grün-braun-schwärzlich, Stiel rostgelb, 5–10 cm lang, 5 mm ∅; Fleisch gelb, muffiger Geruch; an Laub- u. Nadelholzstubben u. Wurzeln; 5–11

Grünblättriger Schwefelkopf
Hypholoma fasciculare
= *Naematoloma fasciculare*
Giftpilz
MHK I,44 / SKE 190 / Ce 50 / E 494 / He 20

Lamellenpilze, Dunkelsporer

(von Tafel 79)

Hinweis:
Siehe auch Tafel 79;
Hut mit schwärzlichen Schuppen auf gelbbräunlichem Grund; Stiel abstehend sparrig-schuppig; bei Fichten, höhere Lagen **Medusenhaupt**, kein Speisepilz, MHK IV,292

Pilze mit dunkelbraunem, violettbraunem od. purpurgefärbtem Sporenpulver; Stiel mit Ring

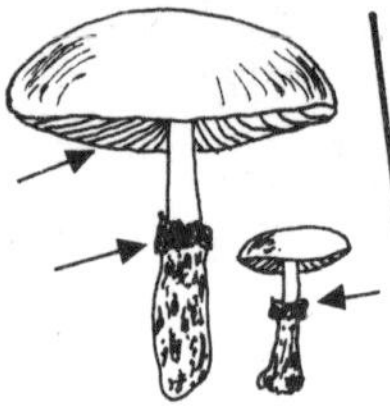

Pilz längs durchschneiden; Lamellen am Stiel angewachsen

Hut weißlich, gelb, ockergelb, gelbbraun, rotbraun

Ring doppelt; Stiel 1,5–2,5 cm ∅; Sporenpulver purpurgraubraun bis violettschwarz

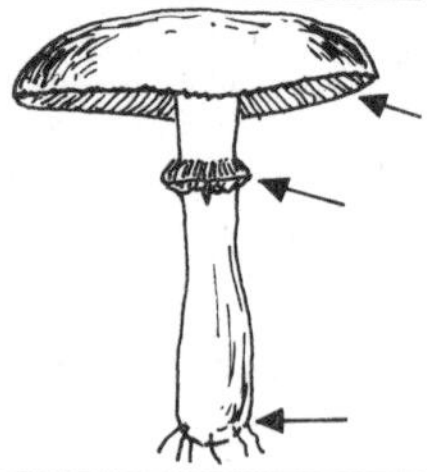

Ring einfach; Stiel-∅ 1–7 mm

Ring stark gefurcht (krönchenförmig); Sporenpulver purpurgraubraun

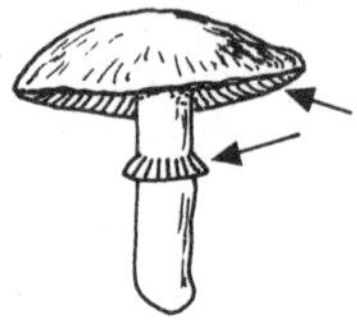

Stielring glatt

Stiel unter dem Ring filzig-strieglig; Hut ockergelb, rötlichbraun, mit weißen Schuppen

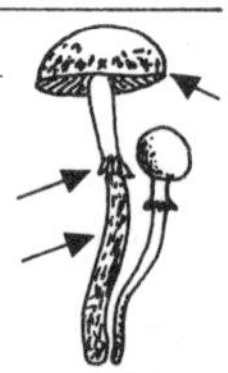

Stiel unter dem Ring klebrig-glänzend; Hut gelb, ockergelb, ohne Schuppen

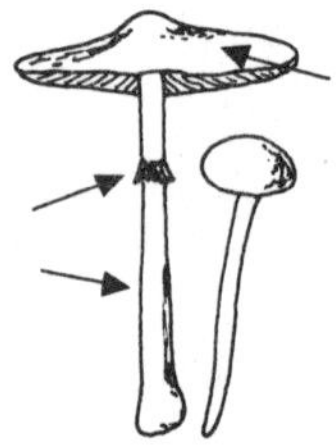

Hut mit grünlichen od. blaugrünlichen Farbtönungen

Sporenpulver dunkelviolettbraun

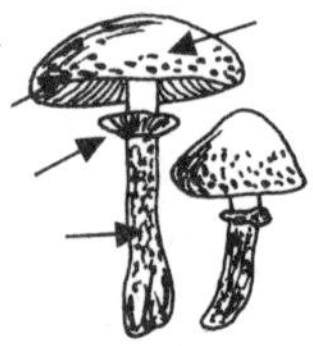

Fleisch weiß, weich, Geschmack u. Geruch schwach nach Rettich; Stiel 5–8 cm lang, 5–10 mm ∅; Ring derb, dauerhaft; Nadelwald, an modrigem Holz; 8–11

Sporenpulver dunkelbraun (ohne Violettönung)

Lamellenschneide weiß; Pilz auf Wiesen, Weiden

Lamellenschneide nicht weiß; Pilz im Laubwald

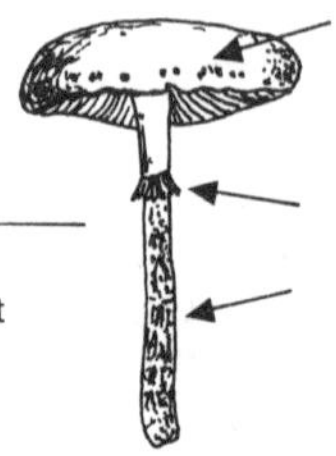

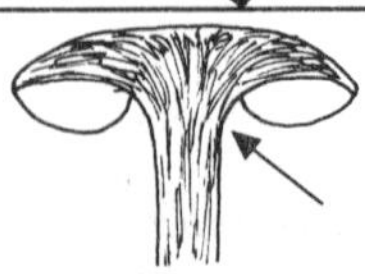

Lamellen frei, erreichen den Stiel nicht
siehe Tafel 81

Hut 8–15 cm ∅ (bei Kulturformen bis 25 cm), weißlich, gelb-rotbraun, klebrig, trocken glänzend, Rand behangen; Lamellen jung graulila, alt schwarzviolett; Stiel gelbweiß, 7–20 cm lang, an der Basis mit weißen Strängen; Fleisch weiß, schwacher Rettichgeruch; auf Stroh, Rinde, Gartenerde; 5–10	**Riesen-Träuschling** **Kultur-Träuschling** *Stropharia rugosoannulata* Speisepilz MHK IV,259,260 / Ce 54
Hut ocker bis zitronengelb, 3–6 cm ∅, klebrig, alt rauhschuppig, Rand behangen; Lamellen jung lila; alt violettschwarz, Schneide weißflockig; Stiel 4–5 cm lang, 4–7 mm ∅, weißlich; Fleisch weißgelb, mild, Rettichgeruch; Sporenpulver purpurgraubraun; auf Wiesen, Äckern; 7–11	**Krönchen-Träuschling** *Stropharia coronilla* Speisepilz MHK IV,258 / Ce 440
Hut 3–6 cm ∅, oft mit Spitze, Schüppchen konzentrisch angeordnet, klebrig; Lamellen olivpurpur, alt schwärzlich, Schneide weißflockig; Stiel 10–15 cm lang, 5–8 mm ∅, gelbbraun, dünn; Fleisch weißlich; auf Laub in Buchenwäldern; 8–11	**Schuppiger Träuschling** *Stropharia squamosa* Giftpilz MHK IV,251a / Ce 909
Hut gelb, ockergelb, 1–3 cm ∅, stark klebrig, glänzend; Lamellen hellgrau, alt olivbraun, Schneiden gelbweiß; Stiel 4–6 cm lang, 1–3 mm ∅, Ring undeutlich; Wiesen, Weiden; 6–11	**Halbkugeliger Träuschling** *Stropharia semiglobata* var. *semiglobata* Giftpilz MHK IV,253
Stiel 10–17 cm lang; Stiel mit Ring; auf Kuhfladen	*Stropharia semiglobata* var. *stercoraria* Giftpilz MHK IV,254 / Ce 55
Hut 2–7 cm ∅, feucht sehr schleimig, trocken glänzend u. ockergelb ausblassend, Rand weiß behangen, Oberhaut abziehbar; Lamellen jung gelbbraun, alt purpurbraun, Schneide weißflockig; Stiel grünlichblau, auch grünbraun, unterhalb des Ringes weißschuppig-flockig, hohl;	**Grünspan-Träuschling** *Stropharia aeruginosa* Speisepilz MHK I,42 / Ce 53 / SKE 190
Hut 2–4,5 cm ∅, himmel- bis grünlichblau, ockergelb gefleckt ausblassend; Rand behangen; Lamellen jung hellbraun, alt dunkelbraun; Stiel grünbraun, unter dem Ring weißflockig-schuppig, 4–10 cm lang, 2–4 mm ∅; Ring vergänglich; 8–11	**Bläulicher Träuschling** *Stropharia albocyanea* Speisepilz SKE 188
Hut dunkles grünblau, weitere Merkmale (außer Lamellenschneiden) wie bei *Stropharia albocyanea*	**Blauer Träuschling** *Stropharia caerulea* = *S. cyanea* Speisepilz Ce 1313

Lamellenpilze, Sporenpulver dunkelbraun/purpurbraun, Freiblättler

(von Tafel 79)

Egerlinge (Champignons); Stiel mit Ring, Lamellen frei; möglichst junge Pilze längs durchschneiden u. die Verfärbungen im Hut- u. Stielfleisch beachten (bis 20 min abwarten)

Fleisch im Anschnitt rötend od. nicht verfärbend

Fleisch im Hut u. Stiel rasch rötend

Hinweis:
Ring nach unten abziehbar; nur auf Standorten mit Salz

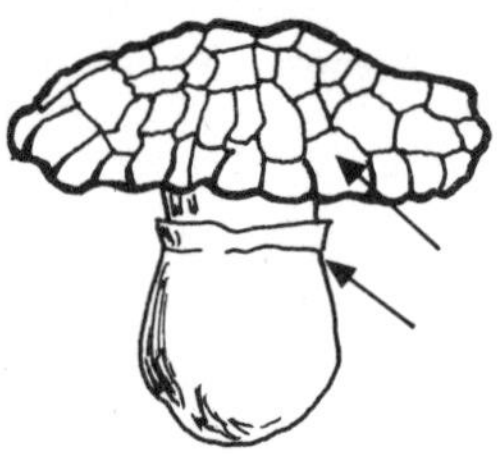

Dünen-Egerling
Agaricus bernardii
Kein Speisepilz
MHK IV,8 / Ce 882

Ring am Stiel nur nach oben abziehbar

Stiel unter dem Ring braunflockig, filzig-gegürtelt

Stiel unter dem Ring weiß, nicht flockig-filzig

Ringunterseite weißlich; Stielbasis knollig

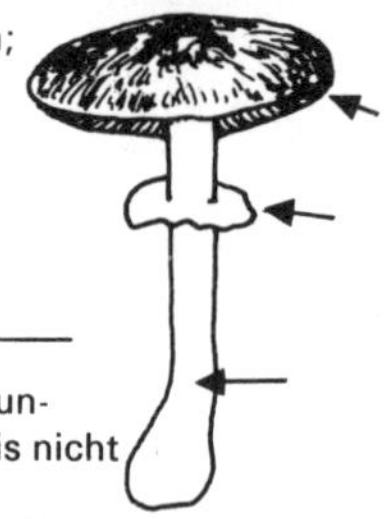

Ringunterseite braunschuppig; Stielbasis nicht verdickt

Fleisch im Hut od. Stiel unverändert od. nur schwach rötend

Hut dunkelbraun, schuppig (schon jung)

Hut-Ø 15–20 cm

in Gärten, auf Müll- u. Schuttplätzen, Komposthaufen, an Straßenrändern; 6–10

Hut-Ø bis 12 cm

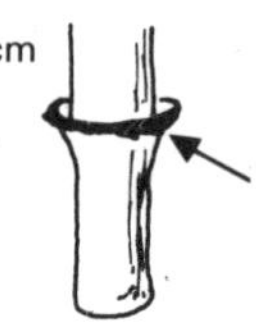

auf Äckern, Müllplätzen, an Wegrändern, in Frühbeetkästen, immer auf stark gedüngten Böden; sehr selten auf Wiesen; 5–11

Hut weiß, creme, nur alt braun faserschuppig

doppelter Ring am Stiel

an Weg- u. Straßenrändern, auf Plätzen, zwischen Pflastersteinen, hebt Steinplatten, bricht durch Straßenteer; 5–11

Ring weiß, einfach, sehr vergänglich

auf Wiesen u. Weiden, bildet Hexenringe, 7–10

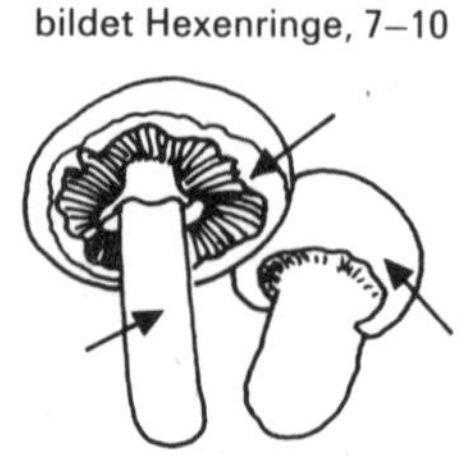

Fleisch im Anschnitt nach gelb verfärbend; Stielbasis besonders beachten; siehe Tafel 82

Hut 5–10 cm ∅, dunkelbraun, mit breiten, angedrückten, dunkleren Schuppen, fleischig, fest; Lamellen jung rosa, alt schokoladenbraun; Stiel 4–6 cm lang; 2–3,5 cm ∅, Ring hängend; Fleisch nur bei jungen Pilzen rötend, dann rotbräunend; Laub- u. Nadelwald; 7–10	**Breitschuppiger Egerling** **Wollfuß-Egerling** *Agaricus lanipes* Speisepilz MHK I,20 / He 15
Hut 5–10 cm ∅, auf weißem Grund ockerbraun fasrig, feinschuppig, dünnfleischig; Lamellen jung graurötlich, alt schokoladenbraun; Stiel 6–10 cm lang, 1–1,2 cm ∅; Fleisch riecht holzartig; Laub- u. Nadelwald, meist bei Fichten; 7–10	**Wald-Egerling** **Wald-Champignon** **Kleiner Blut-Egerling** *Agaricus silvaticus* Speisepilz MHK I,21 / SKE 176 / Ce 885 / E 410
Hut 5–15 cm ∅, braun, mit dunkleren Schuppen u. Fasern dicht besetzt; Lamellen jung rosa, alt schwarzbraun; Stiel 10–20 cm lang, 1–3 cm ∅, weiß; Fleisch mit Holzgeruch; Laub- u. Nadelwald (Fichten); 7–10	**Blut-Egerling** **Großer Wald-Egerling** *Agaricus langei* Speisepilz MHK I,22 / Ce 43
Hut kartoffelschalenbraun, an Druckstellen schwarzbraun, zwischen den dunklen Schuppen helles Hutfleisch; Lamellen jung graurosa, alt schwarzbraun; Stiel 6–12 cm lang, 3–5,5 cm ∅, weißrosa, fest, Ring doppelt gerandet, weiß; Fleisch riecht (jung) nach Holz	**Kompost-Egerling** *Agaricus vaporarius* Speisepilz MHK IV,7 / Ce 423
Hut 5–10 cm ∅, fest, dickfleischig, rehbraune Oberhaut zerreißt in kleine Schüppchen; Lamellen jung rosagrau, alt dunkelbraun; Stiel 3–6 cm lang, 1–2 cm ∅, weiß, glatt; Fleisch weiß, rötend, bald entfärbend	**Zweisporiger Egerling** **Zucht-Champignon** *Agaricus bisporus* *= A. hortensis* Speisepilz MHK I,17 / Ce 42 u. 881 / E 406
Hut 3–15 cm ∅, dickfleischig, hart, weißgelb, Rand lange eingerollt; Lamellen jung rosa, alt schokoladenbraun; Stiel weiß, Basis spitz, dick u. hart, 4–6 cm lang, 2–2,5 cm ∅; Fleisch weiß, schwach rötend, Holzgeruch; Pilz wird in Substraten kultiviert	**Stadt-Egerling** **Scheiden-Egerling** **Strumpfband-Egerling** *Agaricus bitorquis* Speisepilz MHK I,19 / Ce 46 / He 14 / E 408
Hut 5–12 cm ∅, dickfleischig, jung weiß, alt gelblich, mit angepreßten, bräunlichen Schüppchen; Lamellen jung rosa bis fleischrot, alt schwarzbraun; Stiel 5–8 cm lang, 1–2 cm ∅, weiß seidig, glatt; Fleisch weiß, rötlich verfärbend	**Wiesen-Egerling** **Wiesen-Champignon** *Agaricus campestris* Speisepilz MHK I,18 / SKE 176 / Ce 40 / E 415 / He 11

Lamellenpilze, Sporenpulver dunkelbraun/purpurbraun, Freiblättler

(von Tafel 81)

Egerlinge, mit (im Anschnitt) **gelb verfärbendem Hut- u. Stielfleisch**
Hinweis:
Egerlinge zeigen oft **Vergilbungen auf Hut- od. Stieloberfläche**. Für das Bestimmen sind aber die **Verfärbungen** des **Hut- u. Stielfleisches** besonders zu beachten. Bei den ca. 37 Egerling-Arten im Gebiet sind die Artabgrenzungen oft noch unsicher. Vielfach müssen Sporenmaße u. -form sowie chemische Reaktionen auf Hut u. Stiel u. auf dem Fleisch berücksichtigt werden. Von den 15 hier aufgeschlüsselten Arten sind die meisten als Speisepilze bekannt. Einige Vertreter verursachen starke Verdauungsbeschwerden.

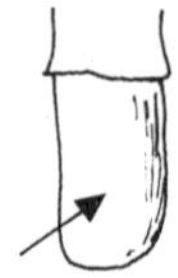

Stielbasis im Anschnitt sofort gelb verfärbend; Fleisch riecht nach Bleistift, Karbol od. Tinte

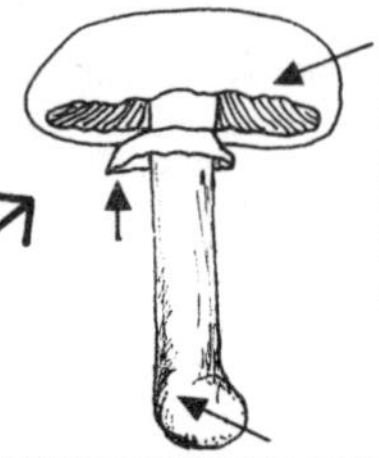

Hut 8–15 cm ∅, weißseidig (nur sehr alte Pilze sind rissig u. gilben); auf Wiesen, Komposthaufen, in Gärten, Parks, Gebüsch; auf Kalk

Hut 8–15 cm ∅, Hutuntergrund weiß, dicht mit grauen bis schwärzlichen Schüppchen bedeckt; Vorkommen wie bei Karbol-Egerling

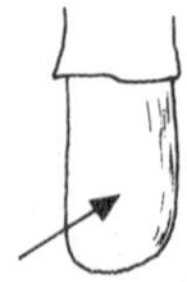

Stielbasis im Anschnitt nur langsam gilbend; Pilze riechen angenehm (nach Anis od. Bittermandeln)

Hut-∅ 1–5 cm; Stiel-∅ 4–6 mm

Hut-∅ größer als 5 cm

Hut weiß (nur alt gilbend)

Ring am Stiel deutlich zweischichtig u. flockig-schuppig

in Parks, Wäldern, Gärten, Wiesen auf lichten Standorten

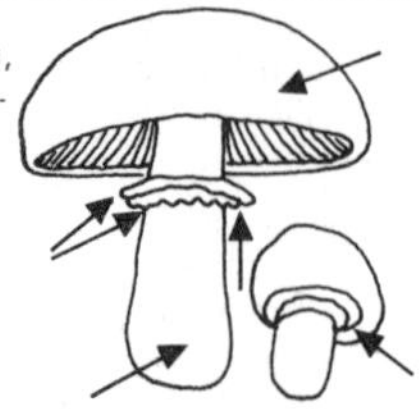

Ring am Stiel nur einschichtig u. häutig; Pilz mit Anisgeruch

Stielbasis geradknollig, nicht schief

Stielbasis mit schiefgerandeter Knolle, Basis abgeplattet

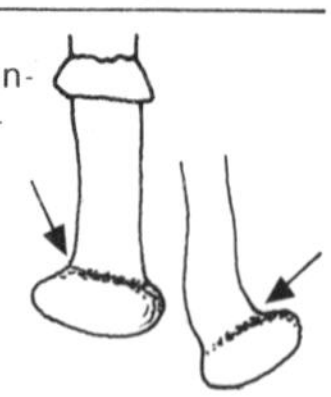

Hut braungeschuppt

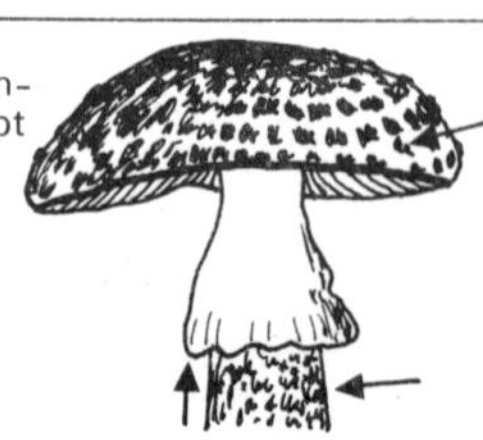

großer Pilz, Hut (10–)15–20(–25)cm ∅; Fleisch weiß, dann gelbbräunlich (besonders an der Stielbasis); Laub- u. Nadelwald, Parks, Gärten

Hinweis: Lamellen erst weiß, dann rosa; Sporenpulver hellrosa; Fleisch weiß, dann rosa; Fleisch weiß, nicht gilbend od. rötend; Hut weißcreme, filzig-körnig; Stiel weiß, hohl, mit Ring; in Gärten, Parks, auf Wiesen, Dämmen; 9–11
Rosablättriger Schirmpilz
Leucoagaricus leucothites
= Lepiota naucina
Speisepilz
MHK III,18

Hut abgeplattet kugelig bis glockig, dünnfleischig; Lamellen jung rosa, alt schokoladenbraun, schmal; Stiel 5–15 cm lang, 1–2 cm ∅, weiß, hohl, kahl, Basis knollig verdickt; Ring nach oben abziehbar, Unterseite schuppig; 5–10	**Karbol-Egerling** **Tinten-Egerling** **Weißer Gift-Champignon** *Agaricus xanthodermus* Giftpilz MHK I,27 / SKE 178 / He 16 / Ce 888 / E 418
ähnlich dem Karbol-Egerling, oft etwas größer; der Karbolgeruch kann schwach sein; nach dem Gilben kann das Fleisch leicht bräunen	**Perlhuhn-Egerling** *Agaricus placomyces* = *A. meleagris* Giftpilz MHK I,28 / Ce 431 / He 17
in Nadel- u. Laubwald; 7–10	**Zwerg-Egerlinge** *Agaricus semotus* MHK I,23 *A. rusiophyllus* MHK I,24 *A. purpurellus* Keine Speisepilze, selten
auf Wiesen, Feldern, Triften, Grasflächen; 7–10	*A. comtulus* MHK IV,18
Hut 8–15 cm ∅, weiß, bei Berührung gilbend, alt oft gelb, seidig glänzend, glatt, lange kugelig, alt flach gewölbt; Lamellen jung weißgrau, dann rosa, alt schwarzbraun; Stiel 5–15 cm lang, 1–3 cm ∅, nur schwachknollig; Fleisch mit Anisgeruch; 6–10	**Schaf-Egerling** **Weißer Anis-Egerling** *Agaricus arvensis* Speisepilz MHK I,25 / SKE 178 / Ce 427 / He 12 / E 423
Hut 5–8 cm ∅, jung weiß, alt stark vergilbt, dünnfleischig, seidig-glatt; Lamellen jung rosa, alt dunkelbraun; Stiel 4–8 cm lang, 8–10 mm ∅, Basis leicht gerandetknollig, hohl, wie Hut gefärbt; Ring einfach; auf Kalk, in Wäldern; 8–10	**Dünnfleischiger Anis-Egerling** *Agaricus silvicola* Speisepilz MHK I,26 b / SKE 180 / Ce 886 / He 13
Hut 6–12 cm ∅, weiß, schwach gilbend, seidig glänzend, lange kugelig; Lamellen jung weißgrau, nicht rosa, alt schwarzbraun; Stiel 10–12 cm lang, 1–2 cm ∅, jung weiß, alt schwärzend, kahl, Ring einfach, häutig, hängend; Fleisch weiß, mit Anisgeruch; 6–11	**Schiefknolliger Anis-Egerling** *Agaricus abruptibulbus* Speisepilz MHK I,26 a / SKE 178 / Ce 44
Hut auf strohgelber Unterlage mit großen Schuppen besetzt, Mitte nicht geschuppt; Lamellen jung weißgrau, alt schwarzbraun, ohne rosa; Stiel ockergelb, 10–20 cm lang, 2–3 cm ∅, Basis keulig-knollig, hohl, Ring herablaufend; 8–10	**Riesen-Egerling** *Agaricus augustus* = *A. perrarus* Speisepilz MHK IV,14 / SKE 178 / Ce 426

Lamellenpilze, Dunkelsporer

(von Tafel 79)

Pilze mit Sporenpulver dunkelbraun, purpurbraun, violettbraun od. purpur; Pilzhut nur häutig (ohne Fleischschicht)

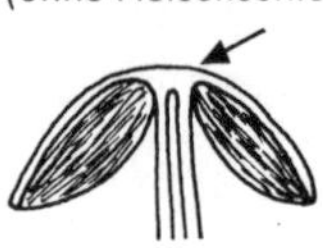

→ Hut od. Hutrand gerieft

→ → Hut feucht dunkelbraun, trocken gelbbraun

→ → → Vorkommen März/April

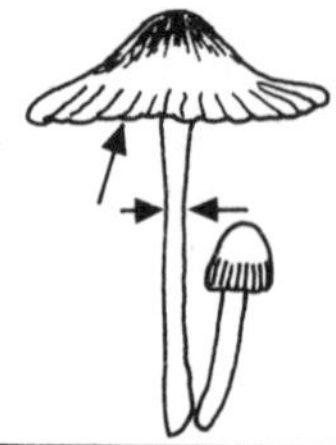

→ → → Vorkommen August/November

büschelig wachsend

→ → Hut goldgelb od. grau

→ → → Hut goldgelb

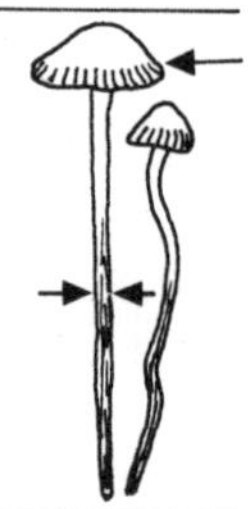

→ → → Hut grau

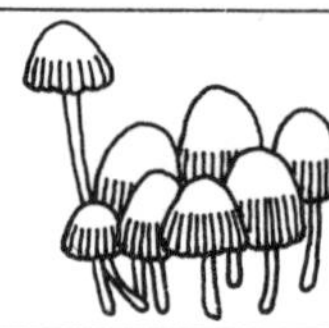

sehr viele Pilze (wie gesät), einzeln (nicht büschelig)

→ Hutrand glatt, scharf

→ → Pilz mild schmeckend

→ → → Stiel weißgelblich, filzig-flockig, körnig-rauh

→ → → Stiel hellbraun, rötlichbraun, seidig-glänzend

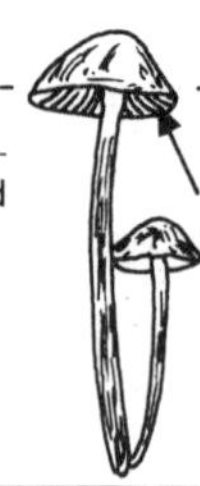

→ → Pilz stark bitter schmeckend

Geruch nach Zahnarztpraxis (Jodoform)

in Kiefern- u. Fichtenwäldern auf Stubben, Ästen, Sägespänen; 9–11

Hinweis: Hut bräunlich u. grün od. blaugrün fleckend, mehrere giftige *Psilocybe*, z. B. *P. cyanescens* MHK IV,265 b

Hut 3–6 cm ∅, feucht dunkelbraun, trocken graubraun; Lamellen jung weiß, alt violettbraun; Stiel weiß, glänzend, 6–8 cm lang, 3–6 mm ∅, hohl; Sporenpulver lilabraun; in Laubwäldern;	**Schmalblättriger Mürbling** *Psathyrella spadiceogrisea* Speisepilz MHK IV,285 / Ce 897
Hut 2–4 cm ∅, trocken graugelb, zerbrechlich, Rand behangen; Lamellen jung weiß, alt schwarzbraun, eng; Stiel 4–10 cm lang, 3–5 mm ∅, weiß, seidig-glänzend, hohl; Fleisch bräunlich; an Laubholzstubben;	**Wäßriger Mürbling** **Weißstieliges Stockschwämmchen** *Psathyrella piluliformis* = *P. hydrophila* Speisepilz MHK I,40 / Ce 898 / SKE 184
Hut 2–3 cm ∅, auch grünlichgelb; Lamellen jung gelb, alt purpurbraun; Stiel 1–3 mm ∅, zur Basis bräunlich, hohl; Sporenpulver dunkelpurpurbraun; in Torfmoosrasen in Mooren; 9–11	**Torfmoos-Schwefelkopf** *Hypholoma elongatum* Kein Speisepilz MHK IV,249 / SKE 194
Hut 1–2 cm ∅, jung auch gelbgrau, kleiig, feinhaarig (Lupe); Lamellen jung gelbbräunlich, alt grauschwarz, nicht zerfließend; Stiel grauweiß, 1–4 cm lang, 1 mm ∅, verbogen; Sporenpulver dunkelbraun; an Laubholzstubben, auf Erde über Wurzeln; 5–10	**Gesäter Tintling** *Coprinus disseminatus* = *Psathyrella disseminata* Kein Speisepilz MHK IV,307 / Ce 39 / E 442
Hut 1–3,5 cm ∅, olivbraun, olivgelb, trocken strohgelb, klebrig; Lamellen jung gelb, alt purpurbraun; Stiel 2–4 cm lang, 2–4 mm ∅, spindelig wurzelnd, hohl; Sporenpulver purpur; auf Kuhmist, Gartenerde; 4–11	**Dung-Kahlkopf** *Psilocybe merdaria* = *Stropharia merdaria* Kein Speisepilz MHK IV,263 / Ce 433 / SKE 194
Hut 1–2,5 cm ∅, feucht rötlichbraun, trocken gelbbraun, Rand oft dunkler; Lamellen rotbraun dunkler gescheckt, Schneide weiß; Stiel 5–8 cm lang, 2–3 mm ∅; Sporenpulver dunkelbraun; auf Wiesen, Kuhmist, im Gras; 5–10	**Heu-Düngerling** *Panaeolus foenisecii* = *Psilocybe foenisecii* Giftpilz MHK IV,271
Hut 2–4 cm ∅, feucht dunkelbraun, trocken gelbbraun, Rand weißlich behangen; Lamellen jung gelb, alt grauviolett, Schneiden weiß; Stiel 5–9 cm lang, 2–3 mm ∅, auf weißem Grund bräunlich genattert-gebändert; Sporenpulver dunkel purpurbraun	**Geselliger Schwefelkopf** *Hypholoma marginatum* = *H. dispersum* Kein Speisepilz MHK IV,248 / SKE 192

Lamellenpilze, Dunkelsporer

(von Tafel 79)

Pilze mit schwarzbraunem od. schwarzem Sporenpulver (in dicker Schicht prüfen), wenn schwarzer Farbton nicht eindeutig feststellbar, dann auch bei den Pilzen mit dunkelbraunem Sporenpulver bestimmen, siehe Tafel 79

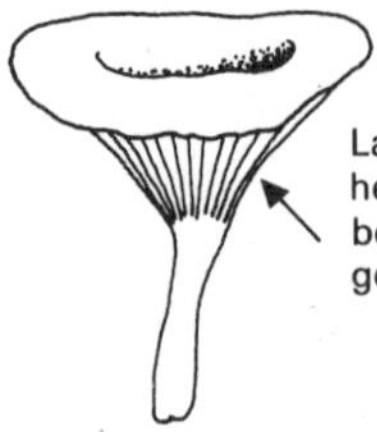

Lamellen am Stiel stark herablaufend; Stielbasis beim Durchschneiden gelb/chromgelb

- Fleisch bei Druck od. im Anschnitt rötend, Fleischsaft färbt Papier rot
  - bei Lärchen; 8–10

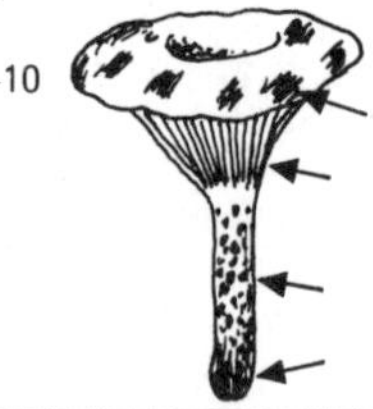

- Fleisch nicht rötend
  - Hut rosarot; in Kiefernwäldern, oft mit dem Kuhröhrling wachsend

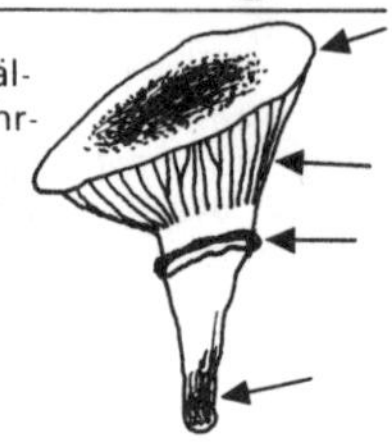

  - Hut braunrot, braunlila, graulila
    - Hut braunlila, graubraun, mit dicker Schleimschicht überzogen; Lamellen schwärzlich
      - nur unter Fichten; 7–11

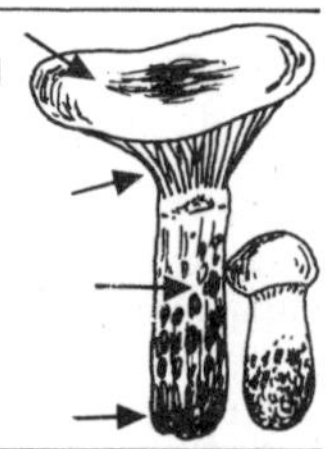

    - Hut braunrot, nur klebrig (nicht schleimig); Lamellen braun, dunkel purpurbraun
      - nur unter Kiefern; 7–11

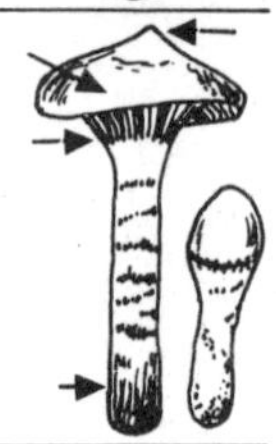

Lamellen am Stiel nicht herablaufend; Stielbasis nicht gelb verfärbend

- Lamellen nicht verfärbend u. nicht zerfließend
  - Hut gefaltet od. gerieft, gefurcht

    - Hut mit zentralem Scheibchen

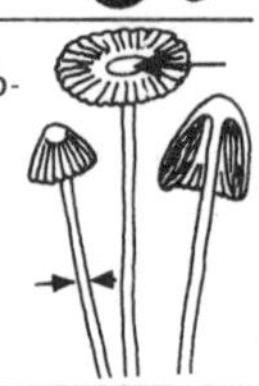

    - Hut ohne zentrales Scheibchen

  - Hut nicht gefaltet od. gerieft, gefurcht; siehe Tafel 86
- Lamellen nach rot od. schwärzlich verfärbend od. alt zerfließend; siehe Tafel 85

Hut 3–8 (–10) cm ∅, fleischbraun, mit schwärzlichen Flecken, klebrig-schmierig, leicht trichterförmig; Lamellen grau, dick, gegabelt, queradrig; Stiel 6–7 cm lang, 8–10 mm ∅, Basis gelb, nach oben braunrötliche Schuppen, ausspitzend; Fleisch mild, geruchlos	**Fleckender Schmierling** **Gefleckter Schmierling** *Gomphidius maculatus* = *G. gracilis* Speisepilz MHK III,287
Hut 2–6 cm ∅, auch fleischrötlich, Mitte gelblich, schmierig, alt braun gefleckt u. Rand aufwärts gebogen; Lamellen jung grauweiß, alt dunkeloliv, gegabelt; Stiel 3–4 cm lang, 8–15 mm ∅, wulstig-gegürtelt, oben weißflockig, Basis gelbrosa, schwarz fleckend	**Rosenroter Schmierling** *Gomphidius roseus* Speisepilz MHK III,289 / Ce 683 / SKE 228 / E 95
Hut 5–12 cm ∅, Rand violettlich, schwarz fleckend; Lamellen jung grauweiß, dick, gegabelt, zäh; Stiel 5–9 cm lang, 1,5–2,5 cm ∅, Basis gelb, nach oben graubraun, mit Schleim überzogen, voll; Fleisch weißgrau, im Stiel unten gelb, geruchlos	**Großer Schmierling** **Kuhmaul** *Gomphidius glutinosus* Speisepilz MHK I,136 / Ce 246 / SKE 230 / He 72 / E 93
Hut 5–10 cm ∅, spitzbucklig; Lamellen alt durch Sporen schwarz bestäubt; Stiel 6–10 cm lang, 1–2 cm ∅, unten gelbbräunlich, nach oben bräunlich, voll; Fleisch orangegelb, beim Abkochen violett(!) verfärbend; Sporenpulver olivschwarz	**Kupferroter Gelbfuß** *Chroogomphus rutilus* = *Gomphidius rutilus* Speisepilz MHK I,137 / He 73 / SKE 230 / E 96
Hut 2,5–4 cm ∅, grau, filzig, kleiig-glimmerig, Scheibchen gelb-ocker; Lamellen zart, grauschwarz, enden am Scheibchen; Stiel 5–6 cm lang, 1–2 mm ∅, seidig-glänzend, verbogen; Rasenränder, Wiesen, Äcker; 5–10	**Scheibchen-Tintling** *Coprinus plicatilis* Kein Speisepilz MHK IV,303 / Ce 421 / E 440
Hut 3–4 cm ∅, cremeweiß, Scheitel ocker, alt schwarzgrau, mit rostgelben Flocken; Lamellen jung weißlich, alt schwarzgrau; Stiel weiß, Basis rostbräunlich, 9–13 cm lang, 2–6 mm ∅; Fleisch weißlich, geruch- u. geschmacklos; in Laubwäldern; 6–11	**Gelbschuppiger Tintling** *Coprinus xanthothrix* Kein Speisepilz MHK IV,308; ähnlich, aber Sporenpulver dunkelbraun = **Haus-Tintling** = *C. domesticus* Kein Speisepilz MHK IV,309 / E 436
Hut 1–1,5 cm ∅, rußbraun, trocken graubräunlich; Lamellen jung graubräunlich, alt schwarzgrau; Stiel 3–5 cm lang, 1 mm ∅, graubräunlich, verbogen; Sporenpulver grauschwarz; auf grasigen, schattigen Waldwegen, auch auf Stroh; 6–10	**Weg-Mürbling** *Psathyrella prona* Kein Speisepilz MHK IV,280

Lamellenpilze, Dunkelsporer

(von Tafel 84)

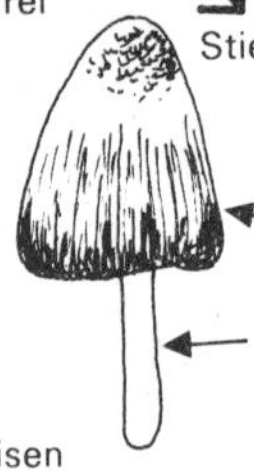

Lamellenpilze mit schwarzbraunem od. **schwarzem Sporenpulver**; Lamellen nach schwarz verfärbend u. zerfließend; Lamellen am Stiel angeheftet od. frei

Die Systematiker weisen bei den Tintlingen für unser Gebiet 68 Arten aus, davon haben wir hier 10 aufgeschlüsselt. Ein mit der Sporenreifung verbundener Prozeß der Selbstauflösung (Autolyse) ist bei den meisten dieser Pilze vorhanden. Hut u. Lamellen verfärben sich u. zerfließen dunkel abtropfend. Von älteren Exemplaren sind an den Standorten oft nur die Stiele vorzufinden. Einige Vertreter enthalten Giftstoffe, die beim Menschen nur in Verbindung mit Alkohol ihre Giftwirkung entfalten.

Stiel mit Ring; Hut walzenförmig mit abstehenden, bräunlichen Schuppen

auf gedüngten Rasenflächen, in Gärten (Zuchtpilz in der DDR), in Laubwäldern, auf Ruderalflächen; 5–11

Stiel **ohne** Ring

Stiel mit langen, weichen Haaren bekleidet

Sporenpulver purpurschwarz; auf Waldboden, Laubstreu, Sägespänen, Waldwegen (nie auf Mist); 7–10

Stiel ohne lange Haare

Hut mit weißen, großen, anliegenden Schuppen auf dunklem Grund

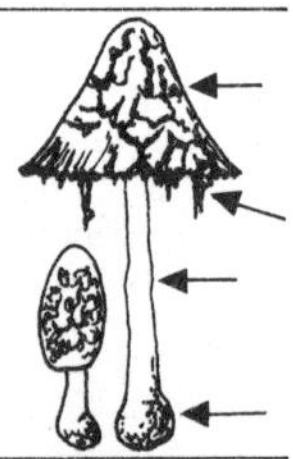

Hut ohne große, weiße Fetzenschuppen

Stielbasis wurzelartig verlängert

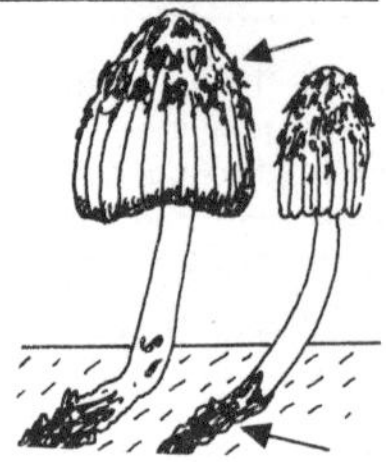

Stielbasis nicht wurzelartig verlängert

Hut weiß

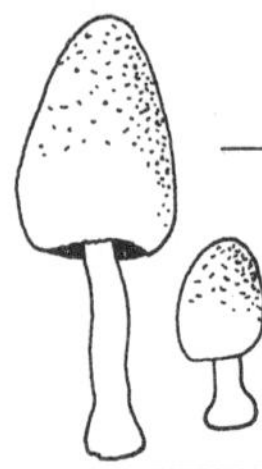

Hut grau, gelbbraun

Hut grau

in dichten Büscheln wachsend; Sporenpulver olivschwarz

Hut gelbbraun

Sporenpulver braunschwarz

Hut 6–13 cm lang, 3–6 cm ∅, brauner Scheitel, weißer Untergrund, von unten erst rot, dann schwarz zerfließend; Lamellen ebenso; Stiel 10–20 cm lang, 1–3 cm ∅ (wie Spargel), weiß, voll; Fleisch weiß, würzig riechend u. schmeckend	**Schopf-Tintling** **Spargelpilz** *Coprinus comatus* Speisepilz MHK I,37 / SKE 182 / Ce 37 / He 22 / E 426
Hut 1,5–3 cm lang, 3–4 cm ∅, erst weiß, bald unter grauokkerlichem, flockig-haarig-schuppigem Grund schwarz werdend, strahlig-gefaltet; Lamellen alt grauschwarz; Stiel weiß, Haare dunkler, 5–10 cm lang, 2–7 mm ∅, hohl	**Hasenpfote** *Coprinus lagopus* Kein Speisepilz MHK IV,295
Hut 4–6 cm lang, 5–8 cm ∅, spechtartig gescheckt, Rand gestreift; Lamellen grauschwarz; Stiel weiß, Basis knollig, 15–20 cm lang, 8–15 mm ∅, hohl; Fleisch weiß, Geruch unangenehm; in Wäldern (meist bei Buchen); 7–10	**Specht-Tintling** **Elstern-Tintling** *Coprinus picaceus* Kein Speisepilz MHK IV,294 / Ce 416
Hut 2–4 cm lang, 3–5 cm ∅, jung grauweiß, alt grau, filzig-schuppig, gefaltet; Lamellen jung grau, alt schwarz; Stiel grauweiß, 6–10 cm lang, 3–5 mm ∅, Wurzel bis 6 cm lang; Sporenpulver schwarz; auf Mist, Stroh, in Champignonkulturen; 1–12	**Struppiger Tintling** *Coprinus cinereus* Kein Speisepilz MHK IV,299
Hut 2–4 cm ∅, weiß, mit mehligen, glimmerigen Flocken, Rand umrollend; Lamellen jung grau; Stiel 4–10 cm lang, 2–3 mm ∅, weißflockig, hohl; Sporenpulver schwarz; auf Weideland, stets auf Mist	**Schneeweißer Tintling** *Coprinus niveus* Kein Speisepilz MHK IV,298 / Ce 879 / E 435
Hut 4–10 cm ∅, auch graubräunlich, Scheitel kleiig, längsfaltig-gefurcht, Rand eingerissen; Lamellen jung weißgrau; Stiel weiß, glatt, alt hohl, mit ringartiger Verdickung; Fleisch jung weiß; auf Schuttplätzen, Wegrändern, in Gärten, im Umkreis von Laubbaumstubben; 5–11	**Grauer Tintling** **Falten-Tintling** **Knoten-Tintling** *Coprinus atramentarius* Kein Speisepilz MHK I,38 / SKE 182 / Ce 38 / He 23 / E 427
Hut 2–4 cm ∅, jung mit glitzernden Körnchen, alt mit Flöckchen besetzt, faltig, gefurcht; Lamellen jung gelbweiß, alt schwarz; Stiel 5–12 cm lang, 3–5 mm ∅, weißseidig glänzend; in Laubwäldern, Gärten, an Wurzeln, Pfählen; büschelig wachsend; 5–11	**Glimmer-Tintling** *Coprinus micaceus* Kein Speisepilz MHK I,39 / SKE 182 / He 24 / E 434

Lamellenpilze, Dunkelsporer

(von Tafel 84)

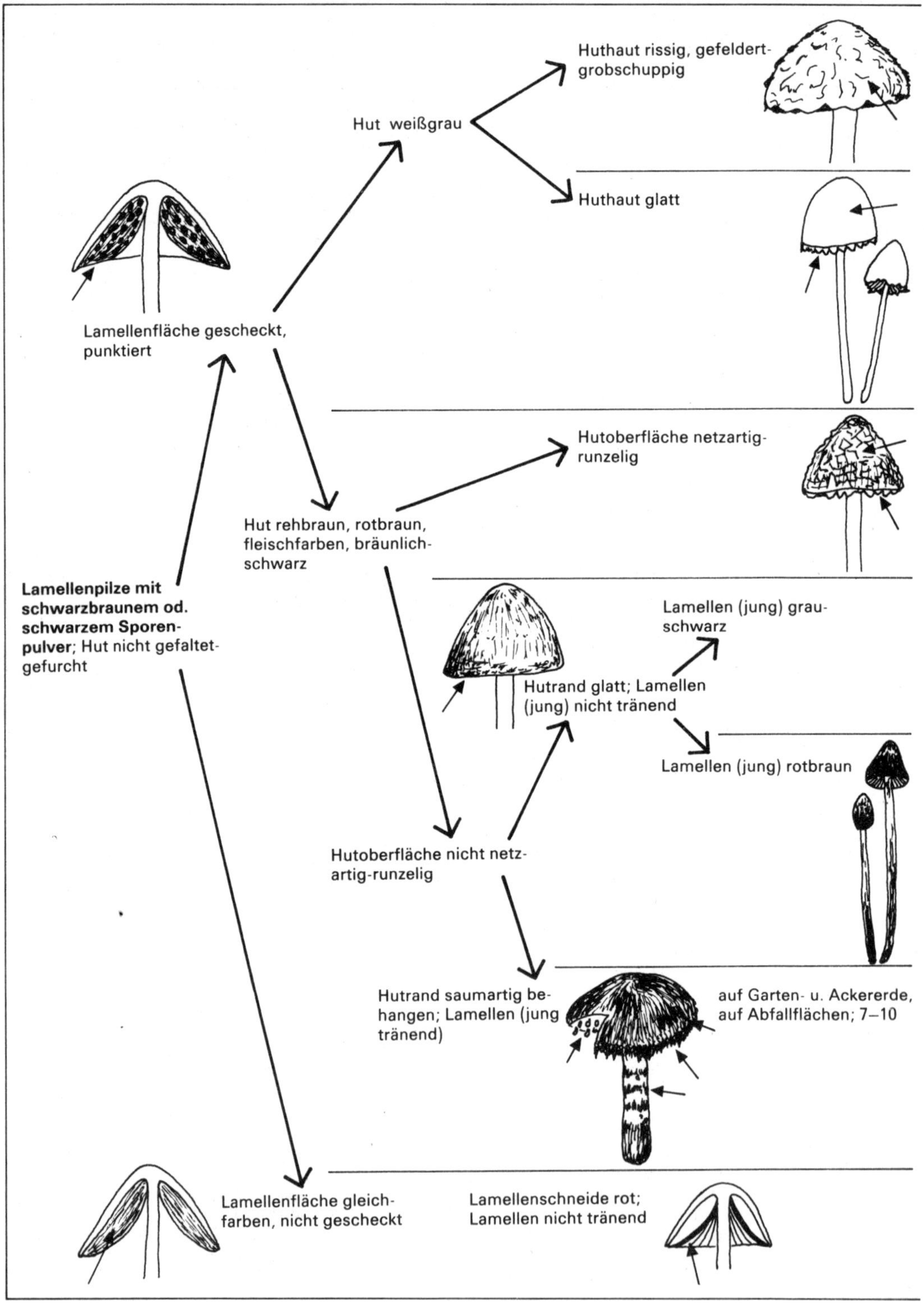

Hut 2–5 cm ∅, Scheitel auch ocker, Rand mit Fetzen, zerschlitzt; Lamellen schwarzgrau, weiße Schneide; Stiel 6–8 cm lang, 2–5 mm ∅, weißlich, hohl, zäh; Fleisch weißlich; auf Kuh- u. Pferdemist, Kompost, Weiden, Äckern, in Gärten; 6–10

Blasser Düngerling
Panaeolus papilionaceus
Kein Speisepilz
MHK IV,267

Hut 2–4 cm ∅, auch braungrau, Rand gefranst, seidig, kegelig-glockig; Lamellen grauschwarz, alt schwarz, Schneide weiß; Stiel 7–10 cm lang, 1–2 mm ∅, hohl, rotbraun; Sporenstaub schwarz; auf Kuh- u. Pferdemist, Weiden, gedüngten Äckern u. Gärten; 5–10

Glocken-Düngerling
Panaeolus sphinctrinus
Giftpilz
MHK IV,266 / SKE 186

Hut 1,5–3,5 cm ∅, hellfleischrötlich, matt, Rand behangen; Lamellen grauschwarz; Stiel 6–8 cm lang, 2–5 mm ∅, wie der Hut gefärbt, hohl; Fleisch rotbräunlich, geruchlos; auf Kuh- u. Pferdemist, Abfallplätzen, Weiden, Äcker; 5–10

Runzliger Düngerling
Panaeolus retirugis
Giftpilz
MHK IV,268

Hut 1,5–3,5 cm ∅, grau od. braunschwarz, trocken rotbräunlich, hygrophan, glockig, Rand glatt; Lamellen alt schwarz, Schneide weiß; Stiel 4–6 cm lang, 2–3 mm ∅, bräunlich, gerieft, hohl; auf Mist u. Kompost, Wiesen, Weiden, an Wegrändern; 4–12

Dunkler Düngerling
Panaeolus fimicola
Kein Speisepilz
MHK IV,272 a

Hut 3–5 cm ∅, jung rotbraun, Randzone bleibt alt dunkel, kahl, hygrophan; Lamellen alt braunschwarz; Stiel rötlichbraun, seidig, 6–10 cm lang, 3–5 mm ∅, hohl; in gedüngten Gärten, auf Äckern, in Champignon- u. Träuschlingskulturen; 6–10

Dunkelrandiger Düngerling
Panaeolus subbalteatus
Giftpilz
MHK IV,270

Hut 6–10 cm ∅, rehbraun, bräunlichgelb, filzig-schuppig, fasrig, oft klebrig, trocken gelbbräunlich; Lamellen jung braun, alt purpurschwarz, Schneide weiß; Stiel 7–14 cm lang, 1–1,5 cm ∅, rostbraun faserig-geschuppt

Tränender Saumpilz
Lacrymaria lacrymabunda
= *Hypholoma lacrymabunda*
= *Psathyrella velutina*
Kein Speisepilz
MHK IV,288 / SKE 186
Hut u. -randbehang orange
= *L. pyrotricha*

Hut 2–5 cm ∅, olivbraun, grauschwärzlich, leicht rosa getönt, durchscheinend gestreift, trocken glatt, graugelb; Lamellen schwarzpurpur; Stiel 8–12 cm lang, 2–4 mm ∅, hohl, Basis striegelig; Wälder, Brandstellen, Wiesen, Obstgärten; 9–11

Rotschneidiger Mürbling
Psathyrella corrugis
= *P. gracilis*
Kein Speisepilz
MHK IV,277

Bauchpilze, Boviste, Stäublinge, Erdsterne, Rutenpilze

(von Tafel 1)

Bei den **Bauchpilzen** (Bovist, Stäubling, Hartbovist u. Erdstern) erfolgt die Sporenbildung im Innern des Fruchtkörpers. Bei der Reife bildet sich in der härteren Außenschicht eine Öffnung, durch die zerfallende Innenmasse verstäubt wird. Bauchpilze sind (mit Ausnahme der Hartboviste u. Erdsterne) nur im Jugendzustand eßbar, solange die Innenmasse noch nicht verfärbt u. Sporen gebildet hat. Von den genannten Gattungen werden ca. 60 Arten für unser Gebiet ausgewiesen, davon haben wir hier 23 aufgeschlüsselt.

Pilze kugelig, ei-, birnen-, walzen- od. rutenförmig (auch kugelig mit sternförmigem Unterteil)

Pilz od. Teile des Pilzes im Erdboden eingesenkt; siehe Tafel 89 (unten)

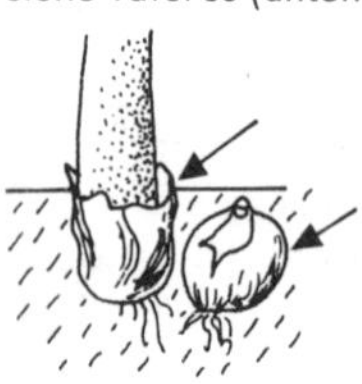

Pilz auf dem Erdboden

Pilz birnen-, walzenförmig (stielartiger Teil ist vorhanden); siehe Tafel 88

Pilz kugelig, eiförmig od. kugelig mit sternförmigem Unterteil

Pilz kugelig od. eiförmig, bei der Reife äußere Schicht sternförmig aufreißend; siehe Tafel 89 (oben) (Erdsterne)

Pilz kugelig, eiförmig ohne sternförmiges Unterteil

Schale (Außenhaut) fest, dick, lederartig (jung einschichtig)

Oberfläche schollig od. warzig-körnig; Innenmasse geadert

Oberfläche schollig-feldrig

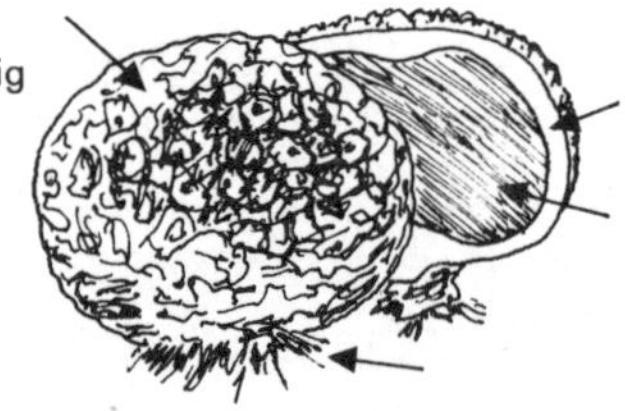

Oberfläche körnig-feinwarzig

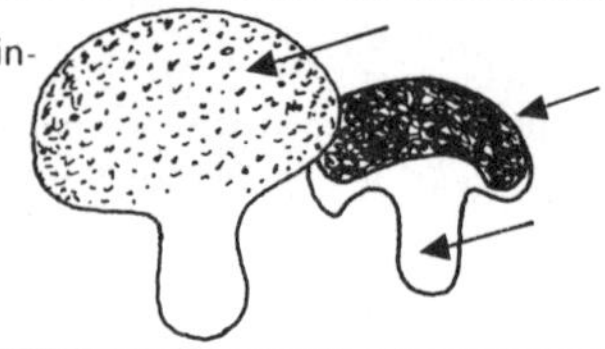

Oberfläche glatt; Innenmasse in erbsengroße Kügelchen zergliedert

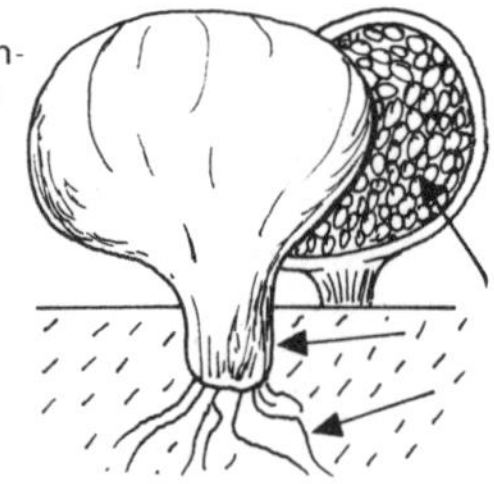

Schale (Außenhaut) dünn, weich u. jung 2schichtig

Pilz sehr groß; ∅ 15–50 cm

Pilz-∅ 1,5–8 cm

im reifen Pilz olivbraune Sporenmasse über den ganzen ∅ verteilt

im reifen Pilz braune Sporenmasse nur in der oberen Hälfte

Pilz meist kugelförmig, doch auch mit Stiel

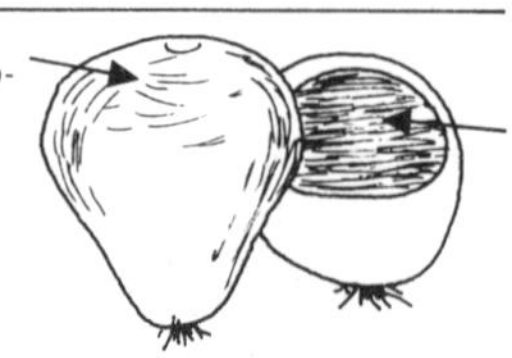

Pilz 3–18 cm lang u. etwas weniger breit; Oberfläche gelbweiß; Schale dick (2–4 mm) u. hart; Basis mit Strängen im Boden verankert; Innenmasse jung weiß, alt violettschwarz, wird staubartig; Geruch unangenehm (Knoblauch); auf sauren, sandigen Böden; 7–11

Kartoffel-Hartbovist
Dickschaliger Kartoffelbovist
Scleroderma citrinum
= *S. aurantium*
Giftpilz
MHK I,183 / Ce 342 / SKE 282 / He 111 / E 1

Pilz 2–6 cm lang u. etwas weniger breit; Oberfläche braun; Schale 1–2 mm dick; Basis oft leicht gestielt; Innenmasse jung weiß, alt braunoliv bis schwarz; Stielfleisch u. Schale im Anschnitt rot verfärbend; meist stinkend; in Wäldern, Parks, auf Wiesen, Straßenrändern, auf Lehm; 7–10

Braunwarziger Hartbovist
Scleroderma verrucosum
Giftpilz
MHK II,177 / Ce 343

Pilz 15 cm hoch, 8 cm breit; Oberfläche gelb- bis olivbraun; Stiel 1–3 cm lang; Innenmasse jung marmoriert mit gelben Sporenbehältern, alt in braunen Staub zerfallend; würziger Geruch; auf Sand in Kiefernwäldern, Gruben, auf Abraumhalden, Wegen; 7–9

Erbsenstreuling
Pisolithus arhizos
Speisepilz
MHK II,180 / Ce 357 / SKE 282 / E 4
„Böhmische Trüffel"

---

oft kürbisgroß, bis 15 kg schwer, jung weiß, alt gelbbraun, Schale feldrig ablösend; Innenmasse jung weiß, alt grüngelb, zu braunen Sporen auflösend; Geruch alt widerlich; auf gedüngten Böden, Viehweiden, in Gärten; 8–10

Riesenbovist
Langermannia gigantea
Speisepilz
MHK II,143 / Ce 786 / He 112

---

hühnereigroß, weiße, abblätternde (Eierschale) Außenschicht, darunter rotbraune Innenschale; Innenmasse jung weiß, alt oliv bis dunkelbraun staubig, ohne Stielteil; in Laub- u. Nadelwäldern, auf sauren Böden; 7–11

Schwärzender Bovist
Eier-Bovist
Bovista nigrescens
Speisepilz
MHK I,186 / Ce 1632 / He 110 / E 19

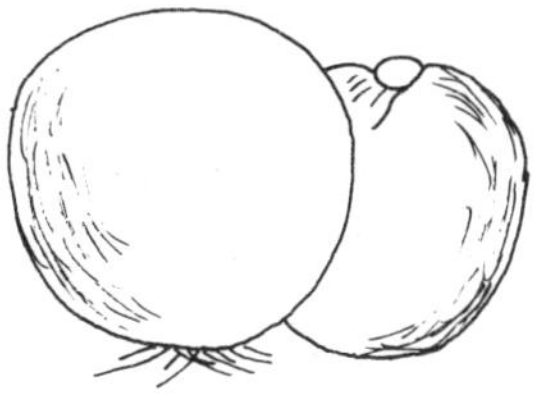

Pilz 1–4 cm ∅, jung weiß, alt bräunend, Innenhaut rötlich, oft birnenförmig; Innenmasse jung weiß, alt dunkelbraun; auf Dünen, Felsensteppen, in sandigen Kiefernforsten, Trockenrasen; 7–11

Bleigrauer Bovist
Bovista plumbea
Speisepilz
MHK II,145 / Ce 341

Pilz 1–4 cm ∅, jung weiß, alt blättert die äußere Hülle ab, darunter bleigrau; Innenmasse jung weiß, alt olivbraun; auf Viehweiden, Rasen, Triften; 7–10

Heide-Bovist
Bovista polymorpha
= *B. pusilla*
Kein Speisepilz
MHK II,147

Bauchpilze, Stäublinge

(von Tafel 87)

Oberfläche bei älteren Pilzen körnig-kleiig

Pilz weiß bis strohgelb; auf beweideten, gedüngten Standorten (Wiesen, Weiden, Gärten)

Pilz gelbbraun, graubraun; auf Trockenrasen, in trokkenen, lichten Kiefernpflanzungen, auf Bahndämmen

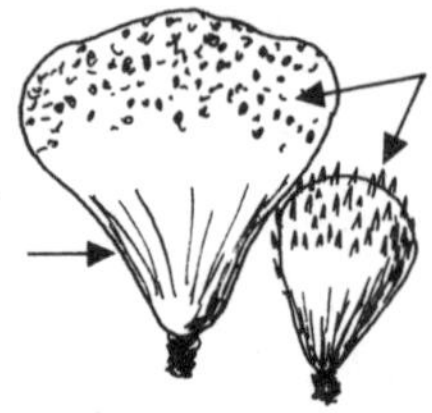

Pilz stets an od. auf Baumstubben

Oberhaut feldrig zerrissen

Pilze birnen- od. walzenförmig (stielartiger Teil ist vorhanden); für das Bestimmen sind junge u. ältere Pilze erforderlich; Oberfläche bei jungen Pilzen körnig, kleiig od. stachelig, bei alten Exemplaren kann die Oberfläche kahl werden

in Laub- u. Nadelwäldern

Stiel ohne Falten od. Gruben, glatt

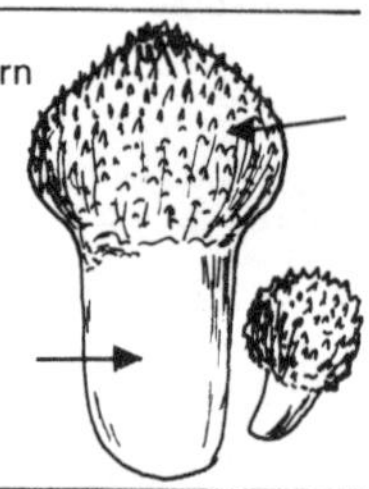

Oberfläche bei älteren Pilzen feinstachelig od. feldrig zerrissen

Pilz auf dem Erdboden

Oberhaut kleiig-körnig od. stachlig

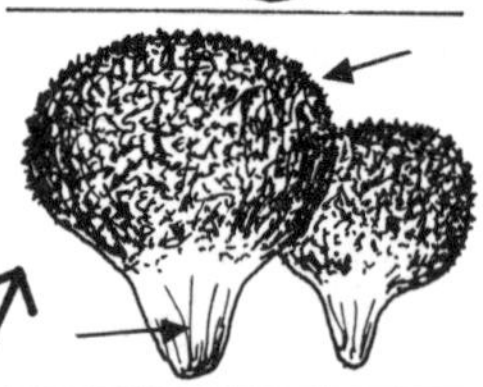

Stiel deutlich faltig-grubig

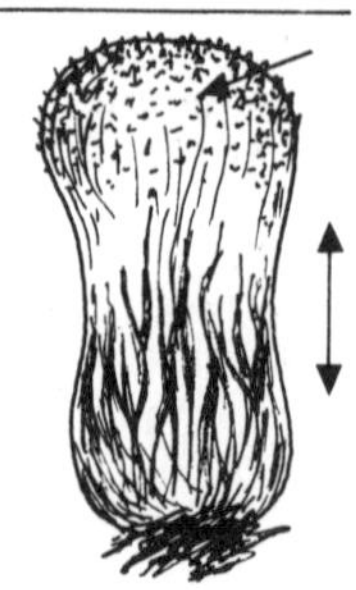

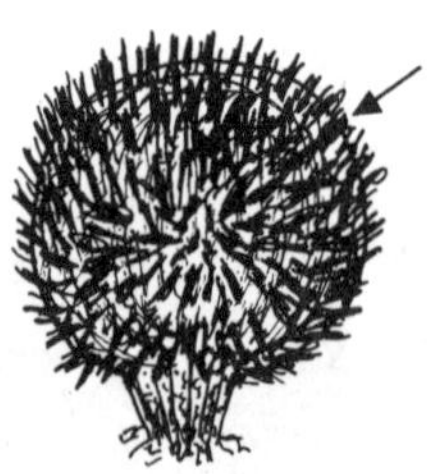

Hinweis: Oberhaut mit langen Stacheln (3 mm u. länger) bedeckt; Pilz 2–4 cm hoch; Innenmasse jung gelb, alt purpurbraun; meist bei Buchen, auf Kalk; 7–9
Igel-Stäubling;
Lycoperdon echinatum
Kein Speisepilz
MHK II,152 / Ce 338

Pilz 1,5 cm hoch, 1,5–6 cm ∅, Basis gefaltet; jung mit Stacheln, die abgefallen die körnige Oberfläche bilden; Innenmasse olivgrau; Sporen olivbräunlich; 7–10

Wiesen-Staubbecher
Wiesen-Stäubling
Vascellum pratense
= *Lycoperdon pratense*
Speisepilz
MHK II,148 / Ce 1631

Pilz 1–4,5 cm hoch, 1–3 cm ∅; birnenförmig; Basis stark mit Substrat verfilzt; Innenmasse jung weiß, alt olivgraubraun; Stielteil innen lange abgesetzt; Sporen olivbräunlich; 9–11

Kastanienbrauner Stäubling
Lycoperdon lividum
= *L. spadiceum*
Speisepilz
MHK II,150

Pilz 3–5 cm hoch, 2–3 cm ∅; Oberfläche auch mit plattenartigen Schuppen od. Körnchen besetzt, mit Höcker; Innenmasse jung weiß, alt gelbgrün-olivbraun, Stielteil auch alt weiß bleibend; weiße Stränge in das Substrat; meist an Rotbuche, Eiche, selten an Nadelholz; 8–11

Birnen-Stäubling
Lycoperdon pyriforme
Kein Speisepilz
MHK II,149 / E 10 / Ce 336

Pilz 10–16 cm hoch, 5–14 cm ∅, birnenförmig od. sackartig, Basis faltig zusammengezogen; jung weißgrau, alt oliv-ocker, auch mit pyramidenartigen Warzen; Innenmasse jung weiß, alt grüngelb; Sporen olivbraun; auf trockenem Weideland, Rasen, in leichten Wäldern; 6–10

Hasen-Bovist
Getäfelter Stäubling
Calvatia utriformis
= *C. caelata*
Speisepilz
MHK II,144 / SKE 284

Pilz 4–8 cm hoch, Oberteil kugelig, Unterteil zylindrisch, verkehrt flaschenförmig; jung weiß, alt graubraun; Oberteil mit abwischbaren Stacheln, die von kleinen Warzen umgeben sind; im Kopfteil die Innenmasse jung weiß, alt olivbraun; 7–11

Flaschen-Stäubling
Lycoperdon perlatum
= *L. gemmatum*
Speisepilz
MHK I,185 / SKE 282 / Ce 335 / He 114 / E 11

Pilz 2–4,5 cm hoch, 1,5–3 cm ∅; Kopfteil mit ca. 1 mm langen Stacheln, braun bis dunkelbraun, oft nur kurzer Stielteil; Innenmasse im Kopfteil dunkelolivbraun; Sporen olivbraun; in Buchen- u. Fichtenwäldern; 7–9

Brauner Stäubling
Lycoperdon umbrinum
= *L. molle*
Speisepilz
MHK II,151 / SKE 284

Pilz 7–15 cm hoch, 4–8 cm ∅, kopfig-keulenförmig, faltig; jung weiß, alt bräunlich; Innenmasse im Kopfteil jung weiß, alt olivbraun, im Stielteil alt olivbraun; Sporen bräunlich; in grasigen Laub- u. Nadelwäldern, Waldwiesen, selten auf Weiden; 7–11

Beutel-Stäubling
Beutel-Bovist
Calvatia excipuliformis
= *Lycoperdon saccatum*
Speisepilz
MHK II,146 / Ce 339 / SKE 284

Bauchpilze, Erdsterne, Stinkmorcheln, Rutenpilze, Pilzblumen

(von Tafel 87)

Erdsterne; ältere Pilze kugelförmig mit sternförmig-lappigem Unterteil

Im Gebiet gibt es ca. 20 Arten, davon wurden hier nur 4 aufgeschlüsselt. Sämtliche Erdsterne sind nicht eßbar u. wegen ihrer Seltenheit besonders zu schonen.

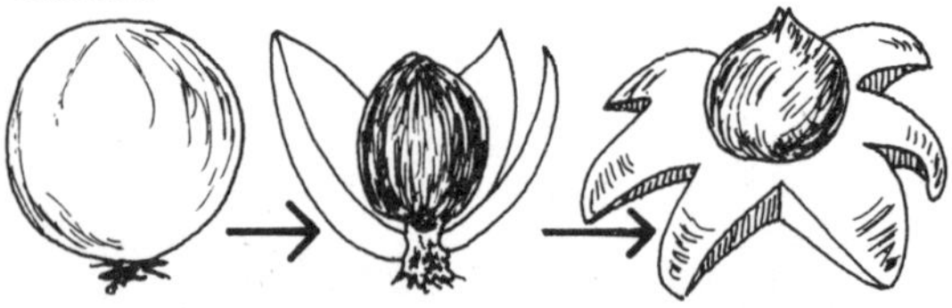

→ kugelförmiges Oberteil gestielt

Hinweis: Weitere Arten mit gestieltem Oberteil siehe MHK II, S.344 + 346; z.B. **Kleiner Nest-Erdstern** (*Geastrum quadrifidum*) mit ringförmig-gewimperter Öffnung u. nestartigem Unterteil

→ Unterteil mit 4–7 Lappen; Lappen 6 cm lang u. 2–3 cm breit; Gesamt-∅ des Erdsternes 12–20 cm

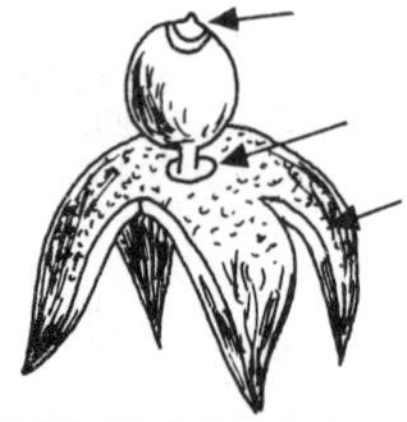

→ kugelförmiges Oberteil nicht gestielt

→ breiter Kragen, „Halskrause", zwischen Ober- u. Unterteil

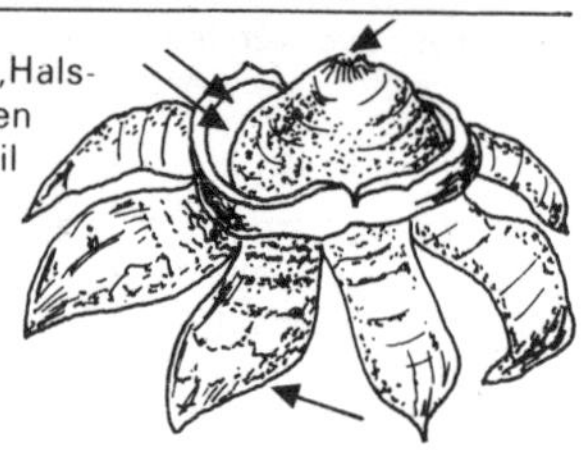

→ zwischen Ober- u. Unterteil kein Kragen, direkt aufsitzend

→ sternförmige Lappen rotbraun; Unterteil 6–15 cm ∅

→ Lappen gelbbraun, ockergelb; Unterteil 5–8 cm ∅

Weißtrüffel, Stinkmorcheln, Rutenpilze, Pilzblumen; Pilz od. Teile des Pilzes im Erdboden eingesenkt; Pilze längs durchschneiden

→ unter der Oberhaut od. an der Stielbasis mit Gallertschicht; ältere Pilze aasartig stinkend

→ reifer Pilz mit schwammartig-gekammertem Stiel (Rute), oberer Teil mit olivgrüner Sporenmasse

→ Spitze in den Stiel übergehend, nicht frei; Stiel-∅ 1–1,5 cm

→ Spitze kappenförmig frei; Stiel-∅ 2–4 cm

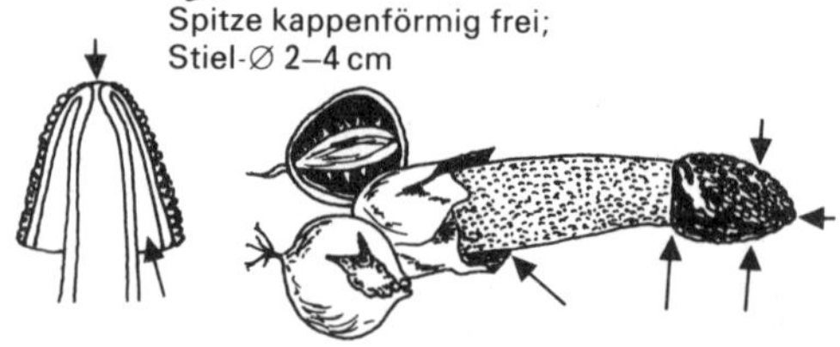

→ die Sporenmasse auf Gitterkugel od. tintenfischartigen Armen

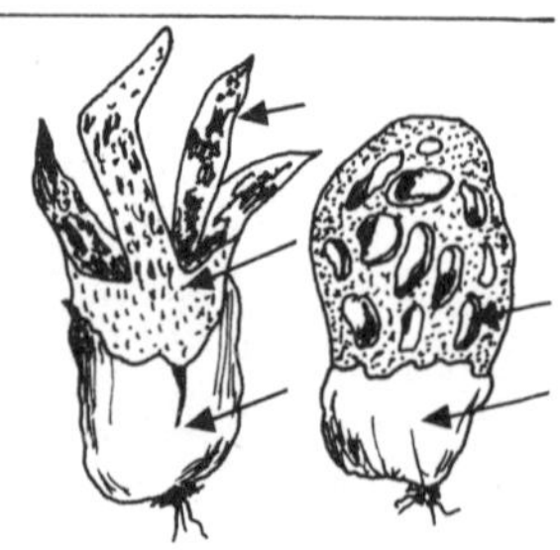

→ Pilzinneres ohne Gallertschicht; aber mit Stiel- u. Hutteil; ohne Aasgeruch; = Jugendformen von Wulstlingen siehe Tafel 55

Hinweis: Pilz kugelig, unregelmäßig höckerig, bis 10 cm ∅, weiß bis braunrötlich; Außenhaut ledrig, oft eingerissen; Innenmasse weißgrau, geadert; reif mit starkem, würzigem Geruch; in Wäldern, oft aus dem Boden herausragend; 7–10 **Weißtrüffel, Deutsche Trüffel**
Choiromyces venosus
= *Ch. maeandriformis*
Würzpilz
MHK I,199 / SKE 74 / Ce 1236

jung kugelförmig, 7–8 cm ∅, beim Wachstum reißt die Außenschicht in sich nach unten krümmende Lappen auf, Oberseite der Lappen behaart, dunkelbraun; kugeliger Teil dünnhäutig, zerfällt in die Sporenmasse, dabei verbleibt Stiel mit Haarbüschel; lichte Laubwälder, Parks; 8–10	**Riesen-Erdstern** **Haarstern** *Geastrum melanocephalum* Kein Speisepilz MHK II,159
Lappen (4–7) ockerbraun, 2–4 cm breit, 3 mm dick, sternförmig, 8–10 cm ∅; Kragen u. kugeliges Oberteil ockerbraun, Öffnung rund u. bewimpert; nicht vom Boden abhebend; in trockenen Laubwäldern, gedüngten Gebüschen; 8–10	**Halskrausen-Erdstern** *Geastrum triplex* Kein Speisepilz MHK II,165 / Ce 346
Lappen (5–9) verfärben mit dem Altern von ockerweiß über rotbraun zu braun, 5 mm dick, ausgebreitet 6–10 cm ∅; Oberteil 1,5–3 cm ∅, bräunlich; Öffnung fasrig; in Nadel- u. Laubwäldern; 8–10	**Rotbrauner Erdstern** *Geastrum rufescens* Kein Speisepilz MHK II,172 / Ce 789 / SKE 286
Lappen (6–10), weiß-ocker, rollen stark ein; Stern 2–7 cm ∅, 2–3 cm hoch; Oberteil mit papierartiger Hülle, Öffnung fasrig, bewimpert; in trockenen Nadelwäldern; 8–10	**Fransen-Erdstern** **Wimper-Erdstern** *Geastrum fimbriatum* = *G. sessile* Kein Speisepilz MHK I,187 / Ce 1195 / SKE 284 / He 113
aus einem taubeneigroßen „Hexenei" wächst ein 8–12 cm langer, schlaffer, gekammert-hohler Stiel; Basis weiß, Spitze rot, (wenn die olivgrüne, schmierige Sporenmasse verschwindet); in Laubwäldern, an Stubben, in Gärten; 7–10	**Gemeine Hundsrute** *Mutinus caninus* Kein Speisepilz MHK II,141a / Ce 350 / E 35
aus einem „Hexenei" (3–7 cm ∅) wächst ein hohler, schwammig-zelliger, weißer Stiel, 10–20 cm hoch; Hut (3 cm) glockig aufgesetzt, Scheitel durchlöchert, wabig, Fruchtmasse olivgrün, herabtropfend; in Laub- u. Nadelwäldern; 5–11	**Gemeine Stinkmorchel** *Phallus impudicus* Stielteil des „Hexeneis" eßbar MHK I,188 / Ce 797 / E 34 / He 115 / SKE 280
aus einem „Hexenei" entfaltet sich entweder eine rote Gitterkugel, od. die Fruchtmasse ist auf roten tintenfischartigen Teilen; beide Pilzarten sind große Seltenheiten u. besonders zu schonen	**Tintenfischpilz** *Clathrus archeri* = *Anthurus archeri* MHK II,142 / Ce 799 **Roter Gitterling** *Clathrus ruber* MHK II,140 a Beide Pilze sehr selten, ohne Speisewert

Stachelpilze

(von Tafel 1)

Pilz trägt (meist an der Unterseite des Hutes) 1–2 (–6) cm lange **Stacheln**; Pilz weichfleischig, zerdrückbar bis ledrig

→ Pilz in Hut u. Stiel gegliedert; Stiel meist zentral

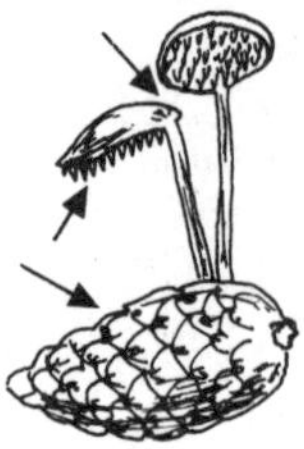

Hinweis: Stiel befindet sich am Hutrand; Pilz nur auf Kiefernzapfen **Ohrlöffel** *Auriscalpium vulgare* Kein Speisepilz MHK II,94 / Ce 767 / SKE 88

→ Hutoberseite schuppig u. braun

→ Fleisch nicht bitter schmeckend

→ Fleisch bitter od. scharf schmeckend

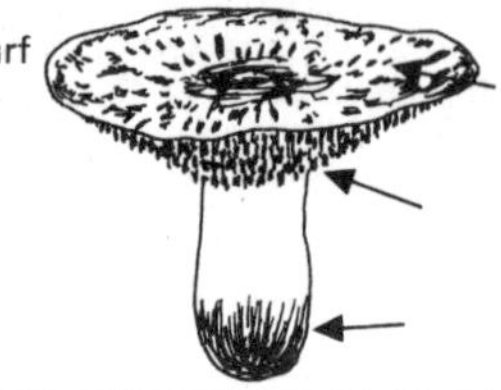

→ Hutoberseite glatt; Pilz gelb od. orange- bis rostgelb

in Laub- u. Nadelwald; meist auf Kalk; 7–11

→ Hut semmelgelb; Stacheln weißgelb

→ Hut rostgelb od. orange; Stacheln rostrot

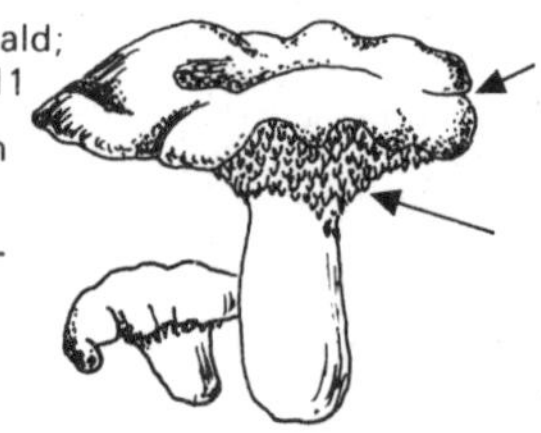

→ Pilz konsolen-, dachziegel-, spatel-, korallenartig od. knollig

→ Stacheln einzeln stehend

→ Pilz dachziegel- od. konsolenartig, Oberfläche uneben, mit warzenartigen Dornen, Stacheln (1–1,5 cm lang) von der Hutunterseite herabhängend

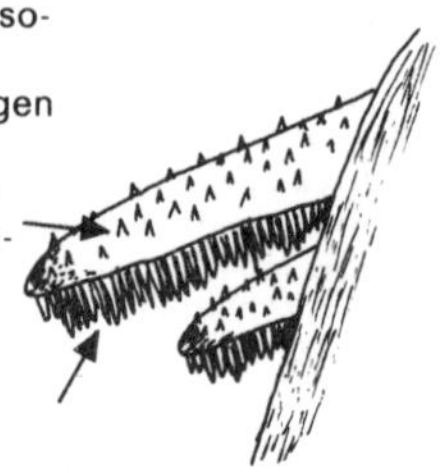

→ Pilz knollig, igelartig bestachelt, Stacheln 1–2 cm lang

→ einzeln stehende Stachelbündel an korallen- od. blumenkohlartig verzweigtem Stamm

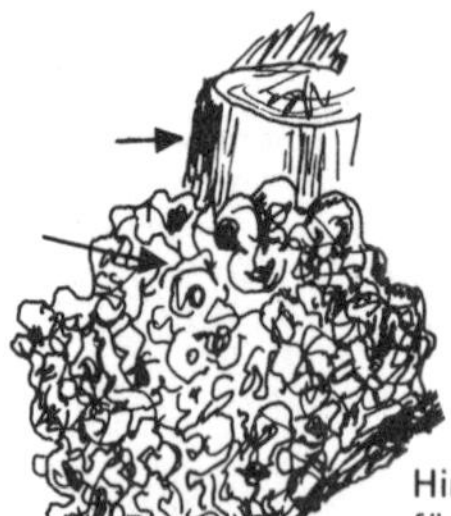

Hinweis: Pilz knollenförmig, rundlich-wellenförmige, ineinander gewundene Lappen, gelblich; 5–30 cm ∅, Fleisch nur jung mild, alt bitter; an Nadelholzstubben; 7–11 **Krause Glucke, Fette Henne** *Sparassis crispa*, Speisepilz MHK I,182 / Ce 328 / E 924 / He 106

Hinweis: Pilze holzig-korkig = Korkstachelinge (für Bestimmung Spezialliteratur nutzen); wenn Stacheln an Verzweigungen aufwärts gerichtet; siehe Tafel 91

Pilz 6–20 cm ∅, sparrig abstehende, grobe, schwarzbraune Schuppen; Stacheln jung weiß, alt bräunlichgrau, am Stiel herablaufend; Stiel 3–6 cm lang, 1–3 cm ∅, graubräunlich; Fleisch fest, graubraun, mit würzigem Geruch; in Nadelwäldern; 8–11	**Habichtspilz** **Habichts-Stacheling** **Rehpilz** *Sarcodon imbricatus* Kein Speisepilz MHK I,174 / SKE 86 / Ce 326 / E 878
Pilz 5–12 cm ∅, mit kleinen, rostbräunlichen, angedrückten Schuppen; Stacheln jung weißgrau, alt graubraun, am Stiel herablaufend; Stiel 4–6 cm lang, 1–1,5 cm ∅, graubraun, Basis olivschwärzlich; Fleisch violett, im Anschnitt dunkler verfärbend; in Laub- u. Nadelwäldern; 9–11	**Gallen-Stacheling** *Sarcodon scabrosus* Kein Speisepilz MHK II,79 / SKE 86 / E 879
Pilz 5–12 cm breit, unregelmäßig gelappt, gewölbt bis trichterförmig vertieft, bereift; Stacheln am Stiel herablaufend; Stiel 3–6 cm lang, 1 cm ∅, heller als der Hut gefärbt; Fleisch weißgelb, etwas schärflich, alt bitterlich schmekkend	**Semmel-Stoppelpilz** *Hydnum repandum* Speisepilz MHK I,175 / SKE 86 / Ce 325 / He 102 / E 887
Pilz 5–10 cm breit, wie der Semmelstoppelpilz geformt; Stiel blaß roströtlich; Fleisch gelbbräunlich, jung weich, alt fest, mit würzigem Geruch u. Geschmack; Oberhaut im Alter leicht bitter; in Laub- u. Nadelwäldern; 7–11	**Rotgelber Stoppelpilz** *Hydnum rufescens* Speisepilz MHK II,77 / Ce 755
Pilz bis 30 cm breit, weiß bis gelb, auf der Huthaut kurze Dornen, fleischig; Stacheln der Unterseite weißrötlich; ebenso Fleisch, mit würzigem Geruch, weich; an Stubben u. Stämmen von Laubbäumen (Weißfäule-Erreger); 7–11	**Dorniger Stachelseitling** **Dorniger Stachelbart** *Creolophus cirratus* = *Hericium cirratum* Kein Speisepilz MHK II,95 / Ce 768
Knollen 10–25 cm dick, gelbgrau, Oberseite fasrig-zerrissen; Stachel jung weißgelb, alt gelbbraun, bereift, manchmal kurzgestielt; Fleisch weiß, zäh-elastisch mit süßlichem Geschmack; in Spalten u. Höhlen von Laubbäumen; 9–11	**Igel-Stachelbart** *Hericium erinaceus* = *Dryodon erinaceus* Kein Speisepilz, selten MHK II,96 / Ce 1160
Pilz 6–30 cm lang u. breit, meist waagerecht od. seitlich dem Holz ansitzend; Stacheln büschelig herabhängend, 2 cm lang, weißgelb; Fleisch weiß, zäh; im Gebirge, an Tanne u. Fichte; 8–10 Hinweis: Ähnlicher Pilz an Laubbäumen im Flachland; Stacheln 1 cm lang, kammartig; = **Ästiger Stachelbart** = *H. coralloides* = *H. clathroides* Kein Speisepilz, selten MHK II,97 (Anmerkung)	**Tannen-Stachelbart** **Alpen-Stachelbart** *Hericium flagellum* = *Dryodon alpestris* Kein Speisepilz, selten MHK II,97 / SKE 88 / Ce 769

Ziegenbärte, Korallenpilze, Hörnlinge

(von Tafel 1)

die Pilze bestehen aus korallenartig aufwärts gerichteten Verzweigungen u. Stacheln

→ nur an Baumstubben, Ästen od. Wurzeln

→ → Fleisch pfeffrig-scharf, zäh-elastisch; Pilz nicht stark verlängert wurzelnd

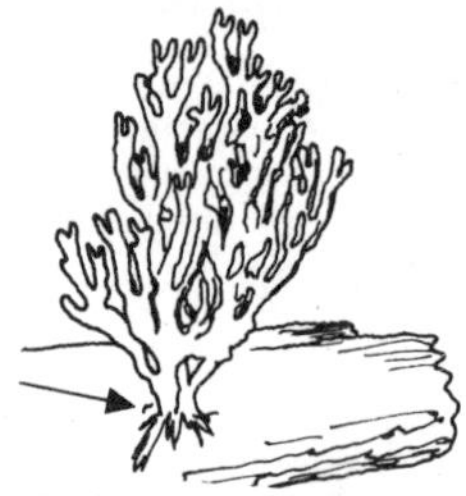

Hinweis: Enden der Zweige becherförmig-kurzgezähnt; Verzweigungsknoten verdickt; Sporenpulver weiß = **Becherkoralle** *Artomyces pyxidatus*; Kein Speisepilz MHK II,122 / Ce 1618

→ → Pilz mild u. leicht bitter; Pilz feucht schlüpfrig-klebrig u. verlängert, tief wurzelnd

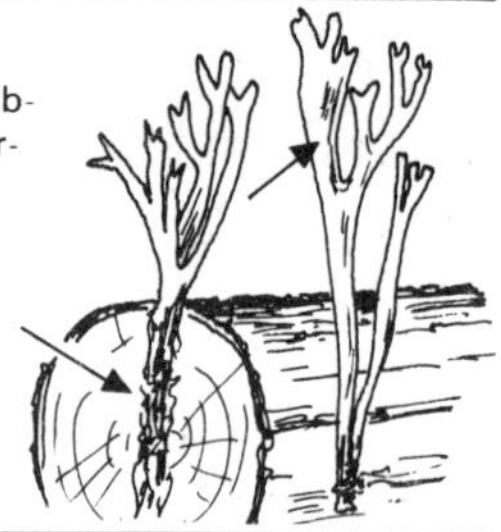

→ auf dem Erdboden; in Wäldern, auf Wiesen

→ → Pilz stark stinkend

→ → Pilz geruchlos od. angenehm riechend

→ → → Spitzen weiß od. gelb

→ → → → Spitzen weiß

→ → → → Spitzen gelb

→ → → → → Fleisch mild schmeckend

→ → → → → Fleisch bitter schmeckend

→ → → Spitzen rot

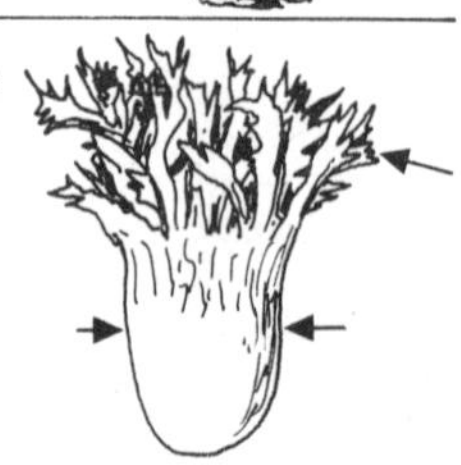

Hinweis: Stacheln abwärts gerichtet, an Hüten od. Konsolen; siehe Tafel 90

Ziegenbärte u. Korallen sind nur jung (wenn zwischen den Vertretern der einzelnen Arten noch Farbunterschiede bestehen) bestimmbar; alte Pilze aus diesen Gruppen sehen sich alle sehr ähnlich; bei den Korallen ist besonders auf die Marmorierung im Strunkfleisch zu achten; für unser Gebiet sind ca. 70 Arten ausgewiesen, davon wurden hier nur 7 aufgeschlüsselt. Die meisten Korallenpilze sind keine Speisepilze, einige Vertreter gelten als giftig.

Pilz 3–10 cm hoch, jung gelb, alt bräunlich, Äste steif aufrecht, spitz; Strunk dünn, kurz; Basis weißfilzig; Fleisch bräunlich, oft auch bitter; in Wäldern u. Gärten, an Laub- u. Nadelholz; 8–11

Steife Koralle
Ramaria stricta
Kein Speisepilz
MHK II,134

Pilz 3–10 cm hoch, leuchtend orangerot, goldgelb; wenig verzweigt; zäh-elastisch, trocken hornartig; an Nadelholz; 7–1

Klebriger Hörnling
Calocera viscosa
Kein Speisepilz
MHK II,206 / SKE 78 / Ce 329 / E 927

Pilz bis 10 cm hoch u. 5 cm breit, jung weiß, alt braun; Zweige oft mit spatelförmigen Enden; kurzgestielt, oft mehrere Stiele verwachsen; Fleisch zäh-fasrig; sehr jung geruchlos, der stinkende Geruch entsteht intensiv beim Trocknen; Nadelwald; 9–11

Stinkender Warzenpilz
Stinkende Lederkoralle
Thelephora palmata
Kein Speisepilz
MHK II,106 / SKE 84

Pilz 3–10 cm hoch, jung reinweiß, alt in den Spitzen weißgrau; Strunk weiß, sehr kurz, 5–10 mm ∅, stark verästelnd; Zweige oft flachgedrückt, mit kammförmigen Spitzen; Fleisch weiß, zäh, leicht bitterlich; im Laub- u. Nadelwald; 8–10

Kammförmige Koralle
Clavulina cristata
= *C. coralloides*
= *Clavaria cristata*
= *Ramaria cristata*
Kein Speisepilz
MHK I,176 / SKE 82

Pilz bis 10 cm hoch, grau, graulila, stark verzweigt; Strunk weißlich, kurz u. dick; Zweige leicht abgeplattet, verletzt bräunend, Spitzen sehr kurz; Fleisch weißgrau; in Wäldern u. Mooren; 9–11

Grauer Korallenpilz
Clavulina cinerea
= *Clavaria cinerea*
= *Ramaria cinerea*
Kein Speisepilz
MHK II,128

Pilz 2–7 cm hoch, goldgelb, alt ockergelb; Strunk 5–20 cm lang, 1–4 mm ∅, gelblich, sich stark verzweigend, Enden gabelig geteilt, verbogen, mit 2–3 Zähnen; Fleisch gelb, zäh; Geruch nach Mehl; auf Weiden u. Wiesen; 8–10

Mehl-Wiesenkoralle
Ramariopsis corniculata
= *Clavaria corniculata*
Kein Speisepilz
MHK II,127

Pilz 3–20 cm hoch; Strunk u. Verzweigungen weißgelb, Strunk dick u. meist mehrere verwachsen; stark verbogen verzweigend; dicht gestutzte, engstehende Spitzen; Fleisch weißgelb, nicht zäh; Spitzen oft bitter; in Laub- u. Nadelwald; 7–10

Hahnenkamm
Rötliche Koralle
Bärentatze
Ramaria botrytis
= *Clavaria botrytis*
Speisepilz
Verwechslungsgefahr
MHK I,178 / Ce 776 / He 105

Keulenpilze

(von Tafel 1)

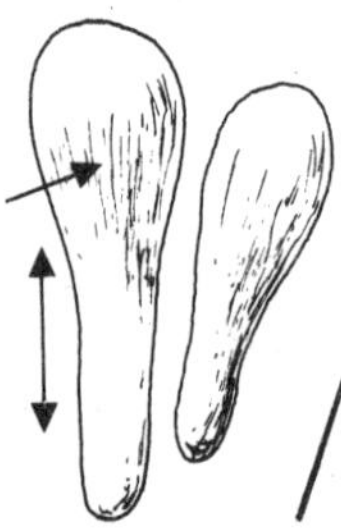

Pilze keulen-, zungen- od. fadenförmig

Keulen gelb od. gelbbraun

Pilz in typischer Keulenform; ∅ im oberen Teil 2,5–5 cm

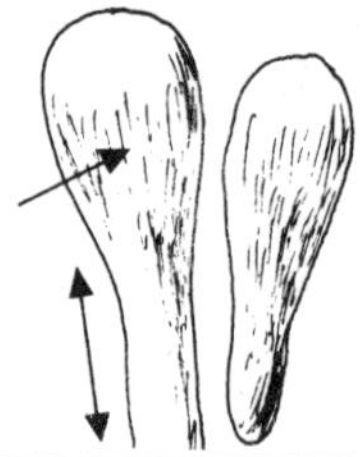

Keulen-∅ im oberen Teil kleiner als 2,5 cm

Keule vollfleischig; büschelig wachsend

Keule hohl, röhrig; nicht büschelig wachsend

Keulen-∅ sehr dünn

Keulen-∅ 3–15 mm

nur auf vermoderten Ästen von Erle

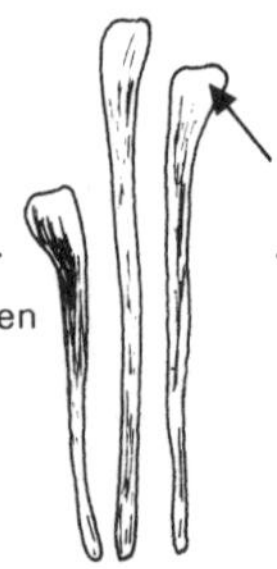

auf Fichtennadelstreu

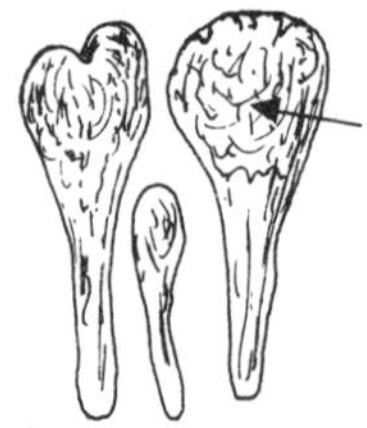

Hinweis: Keule mit violetten od. fuchsroten Farbtönungen; mild schmeckend;
Abgestutzte Herkuleskeule
Clavariadelphus truncatus
Ce 773

Keulen weiß, grau od. rötlichgrau

Keule grau od. rötlichgrau

Keule weiß

Pilz **nur** auf toten Insekten od. Hirschtrüffeln; siehe MHK II, S. 408 (*Cordyceps*-Arten)

Pilz holzig-korkig, **nur** auf Laubholz od. -stubben, siehe MHK II, S. 410 / Ce 358 / 832 (*Xylaria*-Arten)

Keule 8–25 cm hoch, Basis 1–2 cm ∅, jung gelb, alt bräunlich, voll, oben rund od. etwas abgeplattet, Oberhaut faltig-runzlig od. gefurcht; Fleisch strohgelb, zäh, angenehm riechend, bitter schmeckend; in Laubwäldern, meist auf Kalk; 8–11	**Herkuleskeule** *Clavariadelphus pistillaris* Kein Speisepilz MHK II,114 / Ce 772
Keule 3–6 (–8) cm hoch, 3–8 mm ∅, jung weißlich, alt ockergelb, voll, meist abgeflacht, gefurcht, oben stumpf abgerundet, büschelig od. einzeln wachsend; Fleisch weich, ohne Geruch u. Geschmack; in Heiden, trockenen Grasfluren; 7–11	**Heide-Keule** *Clavaria argillacea* Kein Speisepilz MHK II,126
Keule 5–12 cm lang, fadenförmig, jung gelb, alt ockerbraun, glatt; Basis fasrig, meist 1–5 cm auf dem Substrat aufliegend; Fleisch biegsam, zäh; auf abgefallenen Blättern u. Zweigen, in Laubwäldern u. Gärten; 10–11	**Binsen-Röhrenkeule** *Macrotyphula juncea* = *M. filiformis* Kein Speisepilz MHK II,117
Keule 1–13 cm hoch, 4–5 mm ∅, jung gelb, alt braun, oben flach; Basis zottig, verbreitert, wurzelnd; Fleisch biegsam, gelblich; in feuchten Wäldern; 9–10	**Stumpfe Röhrenkeule** *Macrotyphula fistulosa* = *M. rigida* Kein Speisepilz MHK II,116 / Ce 1170
Keule zungenförmig, 3–8 cm hoch, oben 5–15 mm, unten 3–5 mm ∅, unregelmäßig breitgedrückt u. oben abgeflacht, jung gelb, alt bräunlich; Oberhaut runzelig; Fleisch weiß, weich, oft bitter; um Baumstubben, in Fichtenwäldern; 8–11	**Zungen-Keule** *Clavariadelphus ligula* Kein Speisepilz MHK II,115 / Ce 1150 / SKE 82
Keule 8–14 cm lang, 3–7 mm ∅, jung weißgelb, alt fleischrötlich, meist das Oberteil stärker ausgefärbt; nach oben u. unten verschmälert, verbogen, hohl; Fleisch weiß, mild; in Grasfluren, Kahlschlägen; 9–10 Hinweis: In ähnlicher Form u. Farbe bei Kiefern = *Clavulina purpurea*, SKE 82	**Rauchgraue Keule** *Clavaria fumosa* Kein Speisepilz MHK II,120 / Ce 1619
Keule stark runzelig, leicht verästelt, breigedrückt, auch gegabelt, 5–12 cm hoch, 3–6 mm ∅; Fleisch weiß, geruch- u. geschmacklos; in Wäldern, auf Weiden, Wiesen; 8–11	**Runzliger Korallenpilz** **Runzlige Keule** *Clavulina rugosa* Kein Speisepilz MHK II,121 / SKE 82 / Ce 1620

Kreiselförmige Pilze, Pfifferlinge, Leistlinge, Herbsttrompete

(von Tafel 1)

Hinweis: Hier zugeordnet wurden **Gabeling, Scheintrichterling** u. **Falscher Pfifferling**, da Verwechslungsmöglichkeiten mit den Leistlingen u. Pfifferlingen bestehen

an der Unterseite des Hutteiles sind **Leisten, Adern** od. dickliche, wenig vom Hutfleisch abstehende Lamellen bzw. die Außenseite des Pilzes ist nur runzelig-faltig

Außenseite nur runzelig-faltig

Pilz schwarzbraun, spitztüten-, trompeten- od. trichterförmig

Außenseite (Stielteil) mit Leisten od. dicklichen, wenig abstehenden Lamellen

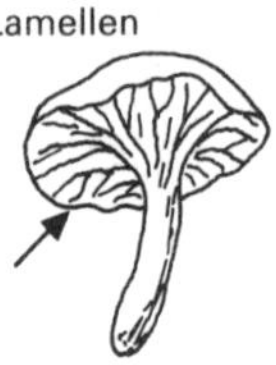

Hutoberseite grau, grauschwarz, graubraun, grauoliv

Stiel grau, grauschwarz, graubraun

Leisten deutlich gegabelt-queraderig, blaugrau, grau

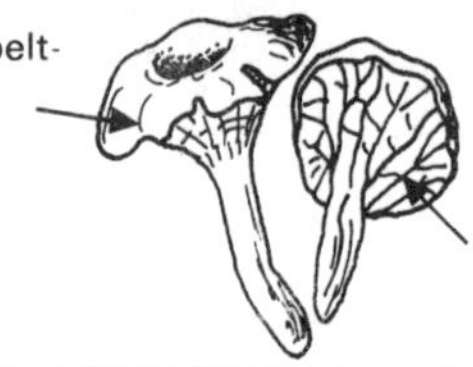

Lamellen jung weiß, alt gelbweiß, Druckstellen rotfleckig

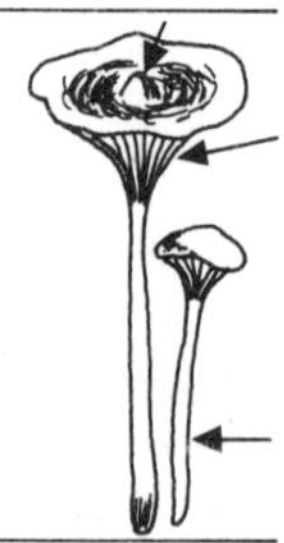

Stiel olivgelb, orangegelb, gelbgrünbräunlich

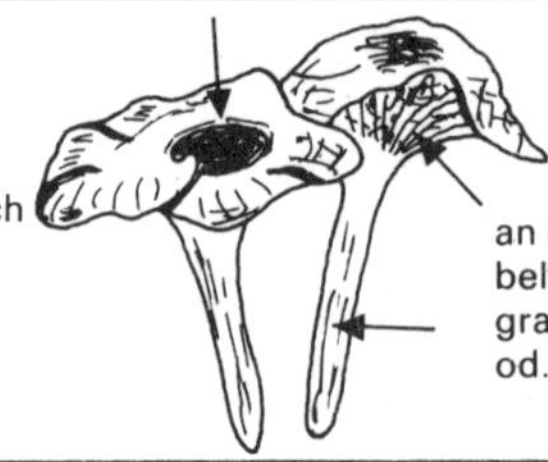

an der Hutunterseite gegabelte, queradrige Leisten, graubraun, schmutziggelb od. orangegelb

Hutoberseite gelb, orangegelb, kaffeebraun, dunkelbraun

Hutoberseite gelb

am Stiel herablaufende gelbe, gabelig-verästelte, adrig-netzige Leisten

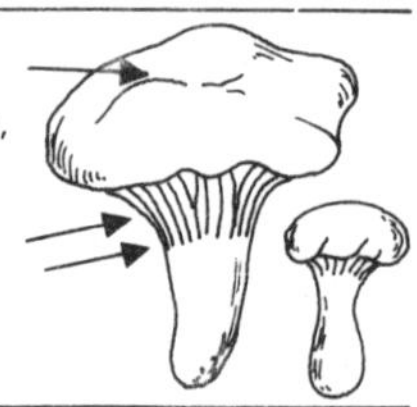

am Stiel herablaufende, orangegelbe Lamellen

Hutoberseite kaffeebraun

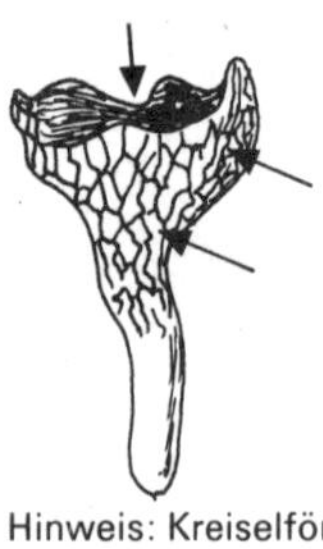

Hinweis: Kreiselförmig, voller Pilz mit ohrförmig hochgestelltem Rand; Oberseite violettgelb; Leisten gabelig-verzweigt, violett; Pilz 6–9 cm hoch, bis 6 cm ∅; in Wäldern, meist auf Kalk; 8–10
Schweinsohr
Gomphus clavatus
Kein Speisepilz
MHK I,179 / Ce 244

Pilz 5–15 cm hoch, oben 3–8 cm ∅, bis zur Basis hohl; Oberteil erweitert, Rand nach außen umgeschlagen, wellig-verbogen; Außenseite durch die Sporen weißlich überpudert; zäh-dünnfleischig; oft büscheliges Wachstum; meist unter Rotbuche u. Eiche, auf Kalk od. Lehm; 8–11

Herbsttrompete
Totentrompete
Craterellus cornucopioides
Speisepilz
MHK I,181 / SKE 90 / Ce 243 / E 895 / He 109

Hutteil 1–5 cm ∅, dünnfleischig, trichterförmig, grau; Rand wellig; Stiel 3–6 cm lang, 4–7 cm ∅, hohl, grau (nie mit gelben Farbtönen), adrig-runzelig, zusammengedrückt, Basis spitz; Fleisch weißgrau, riecht nach Pflaumen; in Laubwäldern; 8–10

Grauer Leistling
Pseudocraterellus cinereus
= *Cantharellus cinereus*
Speisepilz
MHK III,293 / Ce 241

Hut 2–5 cm ∅, dunkelgrau, in der Mitte vertieft, mit spitzem Höcker, seidig; Stiel 3–5 (–10) cm lang, 4–7 mm ∅, hohl, grau, Basis spitz; Fleisch weiß, weich, bei Verletzung rötend, geruchlos; im Nadelwald in Moospolstern, auf Wiesen; 8–11

Rötender Gabeling
Rötender Wachstrichterling
Cantharellula umbonata
Speisepilz
MHK III,194

Hut 2–5 cm ∅, graubräunlich, graugelb, dünnfleischig, trichterförmig tief in den Stiel verlaufend; Stiel 3–7 cm lang, 3–6 mm ∅, grubig, breitgedrückt; Fleisch weißgelb; in Wäldern, auf moosigem Boden, Stubben; 7–11

Trompeten-Pfifferling
Durchbohrter Leistling
Cantharellus tubaeformis
Speisepilz
MHK III,291 / E 898 / Ce 240, 238

---

junge Pilze mit gewölbtem Hut, alt trichterförmig mit welligem Rand, 3–5 cm ∅; Stiel 3–6 cm lang, 1–2 cm ∅, in den Hutteil übergehend; Fleisch weißgelb, fest, leicht pfeffriger Geschmack; in Laub- u. Nadelwäldern (Laubwaldform oft weißgelb); 6–11

Echter Pfifferling
Eierschwamm
Cantharellus cibarius
Speisepilz
MHK I,138 / SKE 88 / Ce 236 / He 76 / E 897

Formen u. Maße wie beim Echten Pfifferling, aber Hutrand weniger wellig, dünnfleischiger, fein-filzig, trocken; Fleisch orangegelb, saftig; im Nadelwald; 8–11

Falscher Pfifferling
Hygrophoropsis aurantiaca
Speisepilz
MHK I,139 / SKE 226 / Ce 152 / E 88 / He 77

Hut 4–7 cm ∅, feucht auch grauschwarzlich, sehr dünnfleischig, glatt, Rand eingerollt; Lamellen braun, -rötlich, dicklich, selten gegabelt; Fleisch braun, mild; Stiel braun, Basis verdickt u. weißfilzig; in Wäldern, auf Äckern; 10–11

Kaffeebrauner Scheintrichterling
Pseudoclitocybe cyathiformis
Kein Speisepilz
MHK III,195 / Ce 150

Becherlinge

(von Tafel 1)

Pilze becherförmig

ohne Stiel

Becherboden mit linsenförmigen Körperchen bedeckt; junge Pilze mit Deckel

Becher innen gefurcht, außen zottig rostbraun; Deckel weiß

Becher innen glatt, gelb bis bräunlich u. kahl; feinfilzige Außenschicht; Deckel filzig u. orange

Becher leer; stets ohne Deckel

auf dem Erdboden

beim Zerbrechen mit Milchsaft

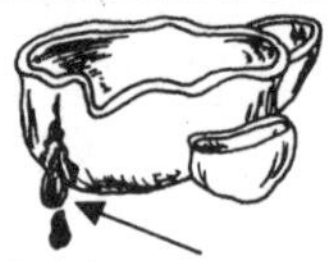

verbogen schüsselförmig; Rand eingebogen; 2–10 cm ∅; Milch weiß, rasch gelb verfärbend

Pilze ohne Milchsaft

Becher einseitig tief eingeschnitten

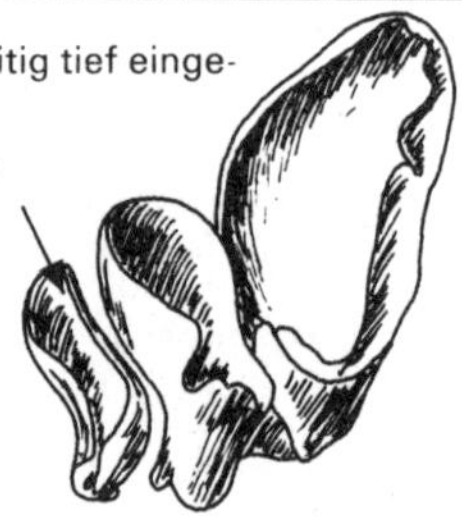

ohrenförmig; innen orange, rötlichocker bis fast fleischfarbig, außen heller gefärbt

Becher nicht einseitig eingeschnitten

Becher innen leuchtend rot

Becher innen violett od. braun

innen violett

innen braun

bis 10 cm tief im Erdboden; Becherrand sternförmig eingerissen

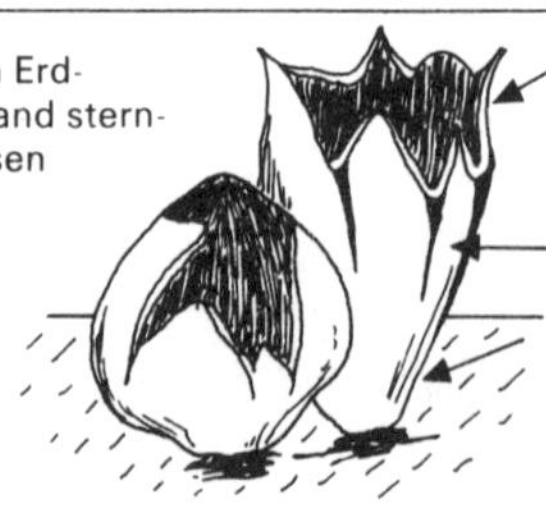

Pilz 5–12 cm breit, 5 cm hoch

mit Stiel, siehe Tafel 95

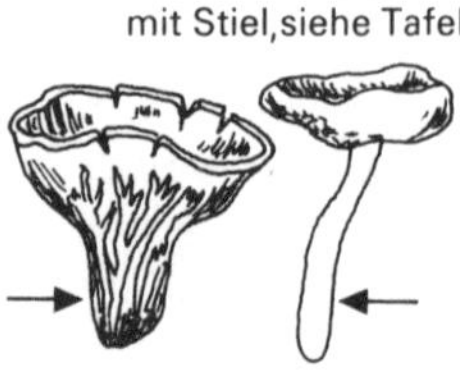

kegel-kreiselförmig; 1–1,5 cm hoch, 1 cm ∅, innen bleigrau; mit 10–12 bleigrauen „Eiern"; an morschem Holz, Waldboden; 8–11	**Gestreifter Teuerling** *Cyathus striatus* Kein Speisepilz MHK II,179
tiegelförmig, 5–10 mm hoch, 10 mm ∅; im Napf 8–10 blaßgraue „Eier"; auf Ästen von Laub- u. Nadelholz; 6–10	**Tiegel-Teuerling** *Crucibulum laeve* Kein Speisepilz MHK II,178
Innenseite glatt, zur Mitte runzlig, haselnuß-hellbraun; Außenseite graugelblich bis bräunlich, fein kleiig; im Laub- u. Nadelwald, auf lehmigen Böden; 6–10	**Gelbmilchender Becherling** *Peziza succosa* Kein Speisepilz MHK II,235
Pilz 3–10 cm hoch u. 1–5 cm breit, kahl; Rand ein- od. umgeschlagen; Basis weißfilzig, glatt od leicht gerippt; Fleisch wachsartig, dünn, zerbrechlich; Geruch angenehm; Geschmack süßlich, mandelartig; in Wäldern, besonders unter Eichen; 7–11	**Eselsohr** **Rötlicher Öhrling** *Otidea onotica* Kein Speisepilz MHK I,195 / He 122 / Ce 824 Hinweis: Pilz 2–5 cm hoch, gelbbraun; Nadelwald = **Hasenohr** *Otidea leporina* Kein Speisepilz SKE 68
schüsselförmig, 2–10 cm ∅; außen kahl, weißlich bis blaß rötlich, mehlig-bereift; Rand unbehaart, wellig; Fleisch sehr brüchig, geruchlos; auf Wegen, -rändern, in Gärten, auf nackter Erde; 5–12	**Orangebecherling** *Aleuria aurantia* Speisepilz MHK I,196 / SKE 68 / He 123 Hinweis: Pilz kleiner, Rand außen behaart; im Winterhalbjahr; = **Menningfarbiger Borstling** *Melastiza chateri* Kein Speisepilz MHK II,241
jung halbkugelig, alt schüsselförmig-flach; Basis weißfilzig; 0,5–3 cm ∅; außen bläulichgrau; meist auf Brandstellen; 4–10	**Violetter Becherling** *Peziza violacea* Kein Speisepilz MHK II,239 / Ce 1216
jung kugelig geschlossen, alt schüsselförmig, Rand eingebogen, 3–8 cm ∅; innen auch oliv bis dunkelbraun, außen rötlichbraun, körnig-flockig bereift; Basis weißfilzig; Fleisch sehr brüchig, geruchlos; Laub- u. Nadelwald, auf Wegen, Grabenböschungen, auf Lehm u. Sand; 5–10	**Kastanienbrauner Becherling** *Peziza badia* Speisepilz MHK I,197 / SKE 70 / Ce 819 / E 963
jung kugelig u. im Erdboden, älter an der Erdoberfläche an der Spitze aufreißend; es entstehen 5–10 Lappen; innen jung violett, alt violettbraun; außen rosa-weißlich, filzig; Fleisch weiß, bis 5 mm dick; nur auf Kalk, Laub- u. Nadelwald; 5–7	**Violetter Kronenbecherling** *Sarcosphaera coronaria* = *S. eximia* Kein Speisepilz MHK I,194 / Ce 367 / He 121

Becherförmige Pilze

(von Tafel 94)

Becherlinge mit Stiel

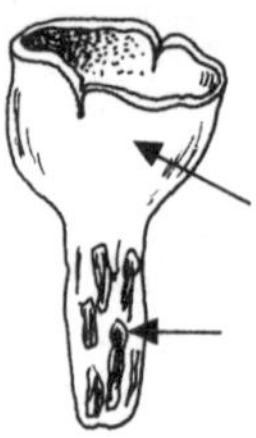

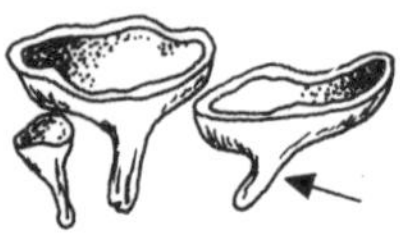

Stiel 2–4 cm lang, 1–1,5 cm ∅, stark gekammert-gerippt

oberer Becherteil außen glatt

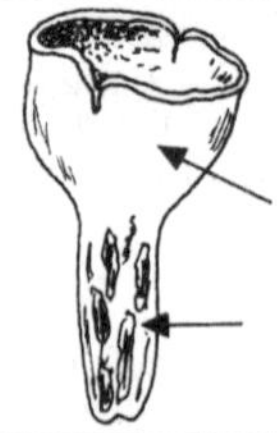

oberer Becherteil außen gabelig-gerippt

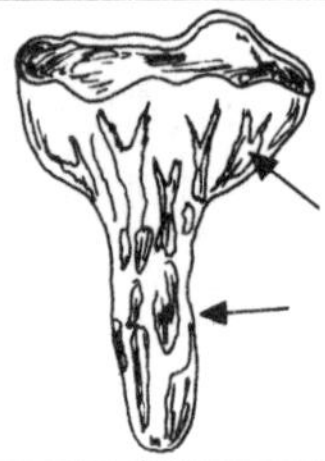

in Laub- u. Nadelwald, auf nacktem Boden, an Wegrändern; meist auf Kalk; 4–6

Stiel entweder kurz (5–6 mm lang) od. nur 2–5 mm ∅

Stiel 2–8 cm lang

Pilz auf dem Erdboden od. auf Holz; 3–4 cm lang; Stiel blaßgrau

meist im Laubwald auf humosem Boden u. faulem Laub u. Holz; 6–10

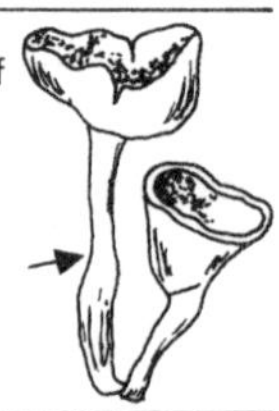

Pilzstiel endet im Erdboden auf einer harten Kruste (Sklerotium); Stielbasis schwarz; Stiel 2–8 cm lang

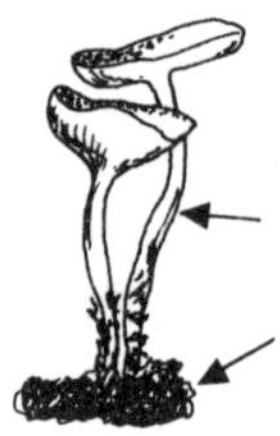

Stiel nur kurz, 5–6 mm lang

Pilz nur auf Brandstellen od. verkohlten Nadelbaumwurzeln

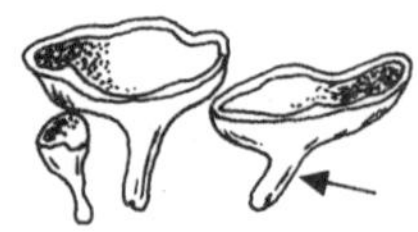

Pilz auf Erde, Mist, Kompost, in Gewächshäusern, Frühbeetkästen od. auf morschem Holz

Außenseite des Bechers weißlich; Innenseite ockerbraun, bald dunkelbraungrau

auf Holz od. Pflanzenresten

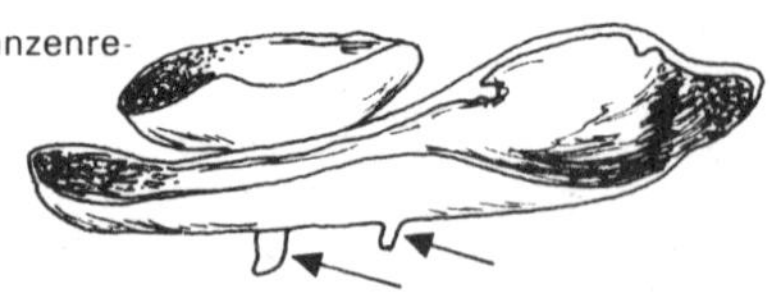

Außenseite des Bechers gelb bis ocker; Innenseite weißlich-ocker bis hell gelbbraun

auf gedüngten Böden, Mist, Kompost, in Champignon-Kulturen

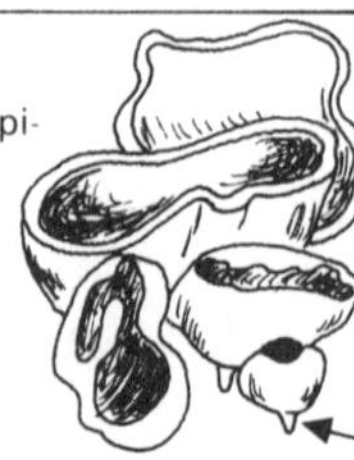

Oberteil gleichmäßig schüsselförmig, Rand eingerissen, 2–4 (–8) cm breit, 1–5 cm tief; Innenteil rauchgrau bis schwarz; Mitte faltig; Außenteil graubraun; Basis weiß; im Nadelwald, an Wegrändern, auf humusarmen Böden, meist auf Kalk; 5–6	**Schwarzweiße Lorchel** *Helvella leucomelaena* Kein Speisepilz MHK II,228
jung halbkugelig, alt becher- bis schüsselförmig, lappig, 3–6 cm ∅, 2–4 cm tief, jung braun, alt in der Außenschicht dunkelolivbraun, innen weißlich bis blaßgrau, bereift-flaumig, dünn, zerbrechlich; Fleisch weiß, mild	**Hochgerippte Lorchel** *Helvella acetabulum* Kein Speisepilz MHK II,227
jung kugelig, alt becher- bis schüsselförmig, 3–15 cm ∅, außen jung gelbbraun, dann graugelblich, kleiig-filzig, durch vom Stiel aufsteigende Rippen aderig; innen graubraun bis dunkelrotbraun, faltig, runzelig, Rand gelappt; Stiel blaßgrau, gerippt	**Langfuß-Lorchel** *Helvella bulbosa* = *Macropodia marcropus* = *Cyathipodia macropus* Kein Speisepilz MHK II,229 / Ce 356
jung kugelig, alt birnen- od. trichterförmig, 1–2,5 cm ∅, glatt; innen dunkelbraun bis rötlich lederbraun; außen ockergelb bis hellbraun; Sklerotium knollig, 1–3 cm lang, 1 cm ∅, außen schwarz, innen weißfleischig; in Laubwäldern, auf Wiesen, stets bei Anemonen; 3–5	**Anemonenbecherling** *Sclerotinia tuberosa* Kein Speisepilz MHK II,252 / Ce 818
jung kugelig, alt becher- od. schüsselförmig, 1–2 cm ∅, Rand zerschlitzt; außen gelb bis ocker, kleiig; innen orange bis fleischrot; Stiel meist weniger als 1 cm lang, 1–2 mm ∅, ledergelb; meist im Gebirge; 5–10	**Kohlenbecherling** *Geopyxis carbonaria* Kein Speisepilz MHK II,244 / Ce 1222
schon jung napf- od. schüsselförmig, alt ausgebreitet, 2–10 cm ∅, Rand oft umgeschlagen, lappig, außen kleiig-feinschuppig; fleischig; Stiel weiß, gefurcht, 5–6 mm lang; an Holz u. Holzabfällen; 5–10; ganzjährig an Holz in Gewächshäusern u. Gebäuden	**Riesen-Becherling** *Peziza varia* = *Aleuria varia* = *Plicaria varia* Speisepilz MHK II,231 / Ce 1219
jung meist kugelig geschlossen, alt, da büschelig wachsend, unregelmäßig blasenförmig; 5–15 cm ∅; Rand verbogen, gekerbt, eingerissen; Fleisch wachsartig, zerbrechlich; 4–9	**Blasenförmiger Becherling** *Peziza vesiculosa* Speisepilz MHK I,198

Morchel, Lorchel, Verpel, Stinkmorchel, Gallertköpfchen

(von Tafel 1)

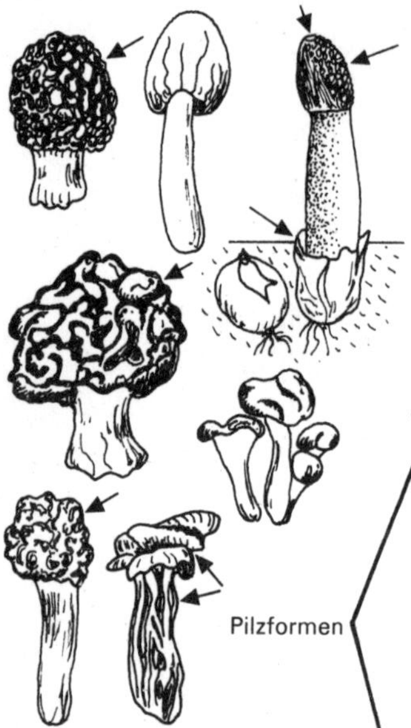

Pilzformen

Hutteil bienenwabenartig gekammert; Pilze zur Bestimmung längs durchschneiden

Stielbasis mit eiförmiger Scheide (im Boden)

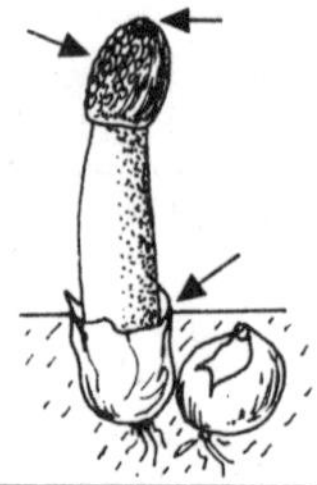

Pilz 10–20 cm hoch; aasartig stinkend; Hutteil jung glatt, dann wabig-grubig, jung mit olivgrünem Schleim bedeckt, alt weißlich; Jugendstadium des Pilzes als Hexenei

Längsschnitt

Stielbasis ohne Scheide

Hutrand in den Stiel übergehend

Pilz bis 16 cm hoch

Hut spitzkegelig

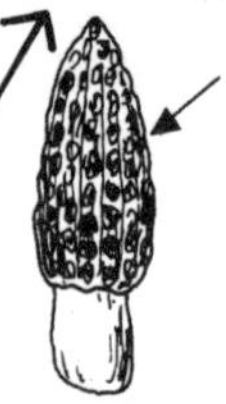

Hut rundlich

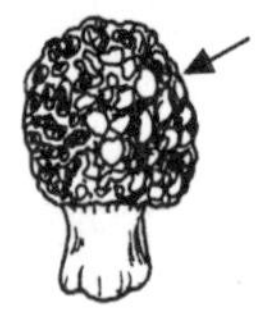

Pilz 20–30 cm hoch

Hutrand am Stiel überhängend

Hutteil nur zur Hälfte mit dem Stiel verwachsen

Längsschnitt

Hutteil nicht bienenwabenartig gekammert, sondern glatt, lappig, wellig, gewunden-gefurcht od. sattelartig von der Stielspitze herabhängend; siehe Tafel 97

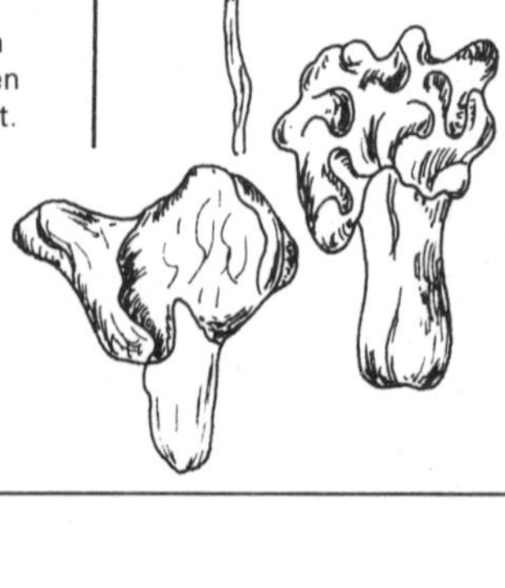

Die hier angeführten **Morcheln, Lorcheln, Verpeln** u. **Gallertköpfchen** (nicht die Stinkmorchel) gehören zu den Schlauchpilzen (Askomyzeten) mit gestieltem Hutteil. Die besonderen Formen u. die Erscheinungszeit im Jahresablauf geben gute Hinweise für die Bestimmung dieser Pilze. Die exakte Artbestimmung ist aber oft nur bei Beachtung mikroskopischer Merkmale (Sporengröße u. -form) möglich. Unter den Lorcheln gibt es gefährliche Giftpilze, wobei die besondere Art des Giftes früher eine regional unterschiedliche Bewertung der Genießbarkeit bedingte.

Im Gebiet gibt es etwa 25 Arten, davon wurden hier 16 aufgeschlüsselt.

Hutteil 3 cm hoch, nur an der Stielspitze angewachsen, glockenförmig frei am Stiel herabhängend, oben mit Loch; Stiel weiß, 10–20 cm hoch u. 2–4 cm ∅, löchrig-zellig-schwammig, nach oben verjüngt; in Wäldern, Parks, Gärten; 5–11

Stink-Morchel
Phallus impudicus
Der Stielteil des Hexeneies ist eßbar
MHK I,188 / SKE 280 / Ce 797 / He 115

Hutteil mit fast parallel verlaufenden Längsrippen, die durch kurze Querrippen verbunden sind; Hutteil bis 7 cm hoch u. 4 cm ∅; Stiel 6–9 cm lang u. 3 cm ∅, hohl, jung weißlich, alt gelblich; Nadel- u. Laubwald, auf Kalk; 3–6

Spitz-Morchel
Hohe Morchel
Morchella elata
= *M. conica*
Speisepilz
MHK I,193 / SKE 74 / Ce 802 / He 118

Hutteil mit gleichmäßiger Wabenstruktur (nicht längs orientiert), 6–12 cm hoch u. 4–8 cm ∅, gelbbraun bis graubraun, alt u. abgeregnet gelb; Stiel bis 10 cm hoch u. 1–2 cm ∅, hohl, weißlichgelb; in Laubwäldern, Parks, Gärten, oft bei Eschen, auf Kalk; 4–5

Speise-Morchel
Rund-Morchel
Morchella esculenta
Speisepilz
MHK I,192 / SKE 72 / Ce 359 / He 117

Hutteil rundlich bis kegelförmig, mit unregelmäßigen, tiefen, wabigen Gruben, 8–10 cm hoch u. 6–7 cm ∅, bräunlich bis grau; Stiel 10–13 cm hoch u. 4–7 cm ∅, hohl, gelbbräunlich, körnig-mehlig; in Bergwäldern; 4–5

Dickfüßige Morchel
Morchella esculenta
var. *crassipes*
Kein Speisepilz
MHK II,209 / Ce 1203

Hutteil 2–3 cm hoch u. 1,5–4 cm ∅, bräunlich; Stiel 4–7 cm hoch u. 1–1,5 cm ∅, weißlich-cremefarben; Hutwaben unregelmäßig; in feuchten Laubwäldern, oft unter Esche; 4–5

Käppchen-Morchel
Halbfreie Morchel
Morchella gigas
= *M. semilibera*
= *M. rimosipes*
= *M. hybrida*
= *Mitrophora hybrida*
Speisepilz
MHK II,210

Lorchel, Verpel, Gallertköpfchen

(von Tafel 96)

Hutteil nicht bienenwabenartig gekammert, sondern glatt, lappig-wellig, gewunden, gefurcht od. sattelartig von der Stielspitze herabhängend

- Stiel tief längsfurchig, längsgrubig, hohl
  - Pilz in allen Teilen graublau-schwärzlich
  - Pilz weiß od. weißgelb — meist im Laubwald; auf Kalk od. neutralen Böden; 8–11

- Stiel glatt od. nur wenig längsgefaltet

  - Hutteil od. Hutlappen nur an der Stielspitze angewachsen; Pilz nicht gelatinös-gallertig
    - Hutteil glocken- od. fingerhutartig herabhängend
      - Hutteil glatt

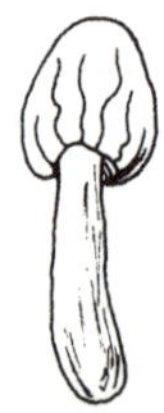

      - Hutteil gewunden, gefaltet

    - Hutteil flach ausgebreitet od. Ränder aufwärts gebogen
      - Hutteil gelbgrau, hellgrau

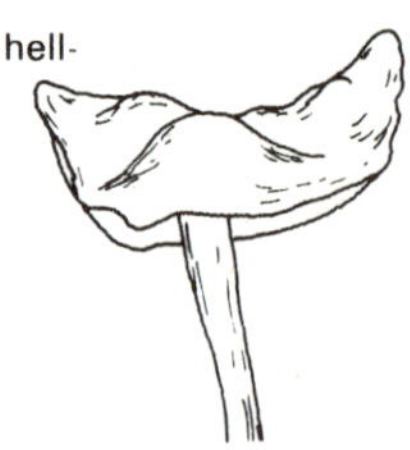

      - Hutteil schwarzbraun od. schwarz

  - Hutteil in den Stiel übergehend od. Pilzstiele gelatinös-gallertig, schleimig-schmierig; siehe Tafel 98

Pilz 5–12 cm hoch, davon Hutteil 2–4 cm, 2–3 umgeschlagene Lappen, wellig, am Stiel angewachsen od. hochgeschlagen, innere Lappenseiten graurußig, außen kahl; Stiel 8–12 mm ∅; Fleisch weiß bis grau, dünn, brüchig, geruchlos; im Laub- u. Nadelwald; 7–9	**Gruben-Lorchel** *Helvella lacunosa* Speisepilz MHK II,219 / Ce 811
Pilz 2–10 (–25) cm hoch; Hutteil 2–3 cm breit u. im ∅, mehrere unregelmäßig faltige, dünnfleischige Lappen, deren Enden hochstehen od. am Stiel angewachsen sind, alt leicht bräunend, fein behaart; Stiel 1,5 bis 3,5 cm ∅, manchmal sehr kurz, Basis verdickt; Fleisch weißlich, brüchig	**Herbst-Lorchel** **Krause Lorchel** *Helvella crispa* Speisepilz MHK I,189 / Ce 814
Hutteil hellbraun od. braun, meist schwach faltig, 2–3 cm hoch, 1–1,5 cm ∅; Stiel hellgelb, fleischfarben, querrunzelig, hohl, mit fast ringartigen Flockenschüppchen, 7–10 cm hoch, 1–1,5 cm ∅, sehr zerbrechlich; Fleisch wachsartig, mild; in Gebüschen, Parks, Gärten, an Ufern, meist auf Kalk; 4–5	**Fingerhut-Verpel** *Verpa conica* = *V. digitaliformis* Speisepilz MHK II,211 / Ce 808
Hutteil gelbbräunlich, Runzeln verzweigt u. querverbunden, 2–4 cm ∅; Stiel 7–14 cm lang, gelblich, mit kleiigen, feinen Schüppchen, hohl; Fleisch wachsartig, angenehmer Geruch; in Laubwäldern u. Gebüschen, meist auf Kalkböden; 4–5	**Runzel-Verpel** **Böhmische Verpel** *Verpa bohemica* = *Ptychoverpa bohemica* Speisepilz MHK II,212 / SKE 74 / Ce 807
Hutteil 1,5–3 cm ∅, Unterseite auch weißlich bis fleischrötlich; Lappen 1 mm dick; Stiel weißgelb, alt blaßbraun, 3–6 cm lang, 5 mm ∅, leicht grubig; Fleisch wachsartig; im Laub- u. Nadelwald, auf Kalk u. Lehm; 7–10	**Elastische Lorchel** *Helvella elastica* Kein Speisepilz MHK II,223 / Ce 363
Hutteil meist zweilappig, zum Teil am Stiel angeheftet, 2–4 cm breit; Stiel grauschwarz, mit feinen Härchen, schwach grubig, 3–5 cm hoch, 3–6 mm ∅, voll, in Laubwäldern, Parks, Gärten, auf humosen Böden; 6–11	**Schwarze Lorchel** *Helvella atra* Kein Speisepilz MHK II,226 / Ce 1208

Lorchel, Gallertköpfchen

(von Tafel 97)

Hutteil in den Stiel übergehend od. Pilze gelatinös-gallertartig, schleimig-schlüpfrig

- Pilz od. Hutteil schleimig-schlüpfrig, gelatinös-gallertig
  - Hutteil orangegelb

    in Waldbächen, Tümpeln u. Mooren, auf untergetauchten Holzstücken, Zapfen, Blättern, meist im Gebirge; 4–9
  - Hutteil olivgrün, grüngelb, olivbräunlich (trocken auch schwärzlich)

    auf feuchten Waldböden, an Wegrändern; 7–10

- Pilze nicht schleimig-schlüpfrig, gelatinös-gallertig, sondern zerbrechlich
  - Hutteil wie eine Bischofsmütze gelappt, mit meist 2 od. 4 aufragenden, tütenförmigen Spitzen

    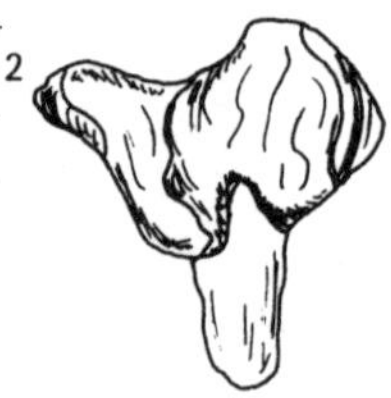

    im Nadelwald, über Kalk u. Silikat, meist bei Fichten, aber auch an Brandstellen; selten im Flachland; 8–10
  - Hutteil hirnartig gewunden, in den Stiel übergehend
    - Hutteil dunkelbraun, kastanienbraun

    - Hutteil ocker bis zimtfarben

      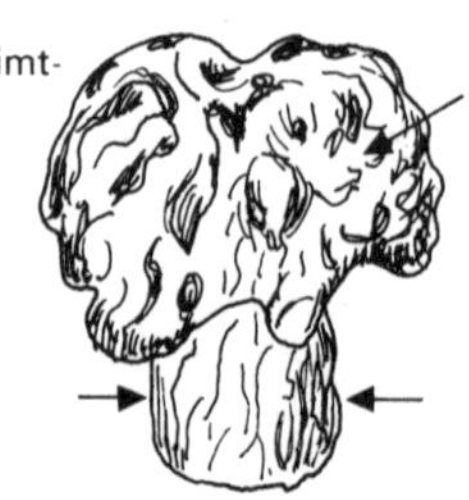

Hutteil auch dottergelb, honiggelb, 1–2 cm lang, 5–10 mm ∅, birnen- bis keulenförmig, leicht breitgedrückt, Rand weißflockig, gesäumt, hohl; Stiel 2–3 cm lang, 2–3 mm ∅, gelbweiß, Basis haarig, hohl; Fleisch weiß, innen schwammig	**Sumpf-Haubenpilz** *Mitrula paludosa* Kein Speisepilz MHK II,267 / Ce 835
Hutteil rundlich bis gewölbt, nagelkopfartig abgeflacht, 1–2 (–3) cm breit; Rand nach unten eingerollt; Stiel zitronen- bis goldgelb, alt zimtbraun, körnig-rauh, oft flachrinnig, 3–6 cm lang, 2–5 mm ∅; Fleisch weißgelb, modriger Geruch;	**Grüngelbes Gallertkäppchen** *Leotia lubrica* = *L. gelatinosa* Kein Speisepilz MHK II,259 / SKE 66 / Ce 1228
Hutteil zimt- bis kastanienbraun, 10 cm hoch, 8 cm breit, Ränder oft mit dem Stiel verwachsen; Hut innen hohl u. weiß; Stiel 4–10 cm lang, 1,5–3 cm ∅, weißgrau, feinfilzig, alt hohl, Basis leicht faltig; Fleisch wachsartig, zerbrechlich, Geruch angenehm	**Bischofsmütze** **Mützen-Lorchel** *Gyromitra infula* = *Helvella infula* Speisepilz MHK I,190 / SKE 72 / Ce 364
Hutteil 2–10 cm ∅, auch schwarzbraun, innen schmutzigweiß; Stiel grauweiß bis gelblich, 3–6 cm lang, 1,5–3 cm ∅, leicht filzig, faltig, alt hohl; Fleisch wachsartig, zerbrechlich, Geschmack u. Geruch angenehm; in Kiefernwäldern, auf Sandböden od. Silikat, auch auf Kahlschlägen unter Reisig; 3–5	**Frühjahrs-Lorchel** **Gift-Lorchel** *Gyromitra esculenta* Kein Speisepilz MHK I,191 / SKE 72 / He 116 / Ce 362
Hutteil in Form großer Lappen, unregelmäßig rundlich od. knollig, übereinanderliegend, 8–12 cm hoch, 6–8 cm ∅, auch größer; Stiel weißlich, 3–6 cm hoch u. im ∅, feinfilzig, faltig, oft tief im Boden, zellig-hohl; Fleisch gelbweiß, wachsartig, Geruch angenehm; in Nadelwäldern, oft an Stubben; 2–5	**Riesen-Lorchel** *Gyromitra gigas* = *Neogyromitra gigas* = *Discina gigas* = *Maublancomyces gigas* Kein Speisepilz MHK II,216 / SKE 70 / Ce 809

Porlinge
(von Tafel 1)

Porlinge;
Pilze mit nicht od. schlecht ablösbarer Porenschicht; wenn zentralgestielt, dann Substanz zähfleischig, korkig od. holzig

→ Pilze gestielt

→ Stiel deutlich ausgebildet, seitlich od. zentral

→ Stiel undeutlich, seitlich od. Pilz kreiselförmig

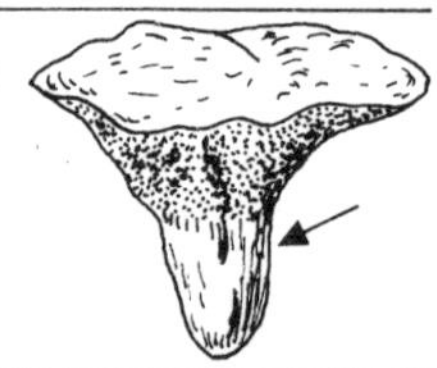

→ Pilze ungestielte Konsolen od. flach ausgebreitet (effus)

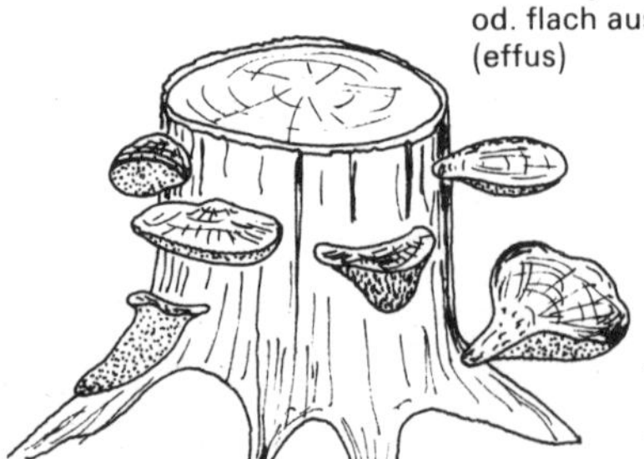

→ Pilze nicht auffällig zinnoberrot, fleischrot, gelb, orange od. bläulich gefärbt

→ Konsolen ungeschichtet, nur eine Porenschicht bildend

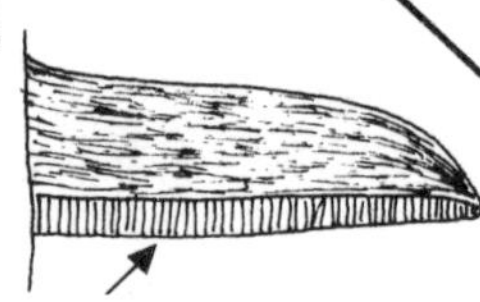

→ Konsolen geschichtet, mehrjährig, mit mehreren Porenschichten übereinander

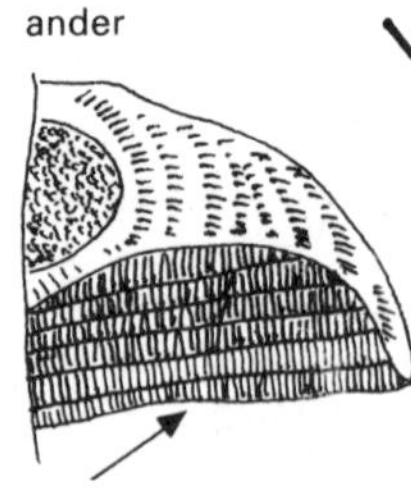

→ Pilze mit auffälliger zinnoberroter, gelber, oranger, fleischroter od. bläulicher Farbe

Pilze mit ± zentralem Stiel, meist auf dem Erdboden, aber oft um Stubben od. Bäume, manchmal auch direkt an Holz	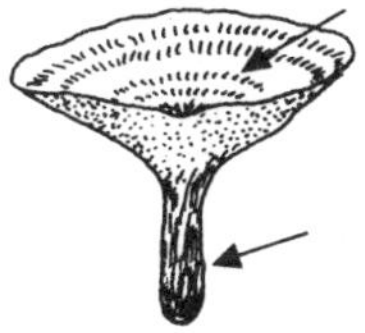	Tafel 100
Pilze immer direkt an Holz wachsend	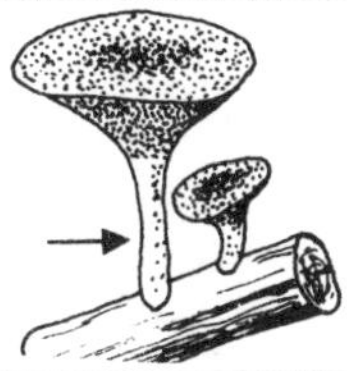	Tafel 101
		Tafel 102
Unterseite des Fruchtkörpers lamellig, labyrinthisch od. mit sehr langgestreckten Poren	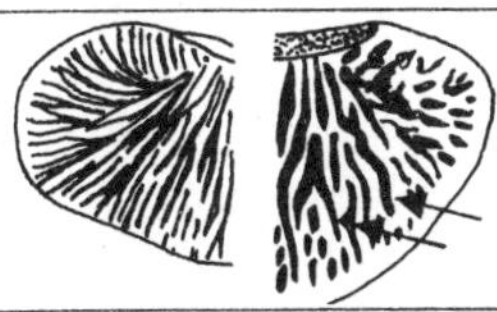	Tafel 103
Unterseite des Fruchtkörpers mit runden, eckigen od. zerrissenen Poren, aber nicht mit sehr langgestreckten Poren	→ Substanz sehr fest, korkig od. holzig	Tafel 104
	→ Substanz jung weich, saftig-schwammig, od. doch weich faserig	Tafel 105
Oberseite des Fruchtkörpers ohne feste Kruste	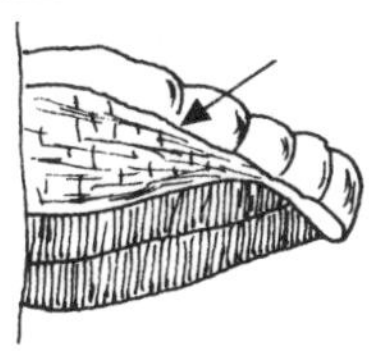	Tafel 107
Oberseite des Fruchtkörpers mit fester Kruste	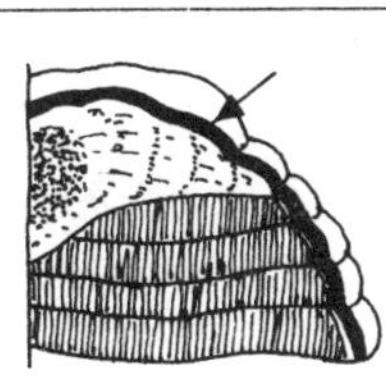	Tafel 108
		Tafel 109

Porlinge

(von Tafel 99)

Porlinge;
auf dem Erdboden wachsend, meist um Bäume od. Baumstubben, manchmal auch direkt an Holz

Pilze wie gelackt aussehend, mit glänzender Kruste

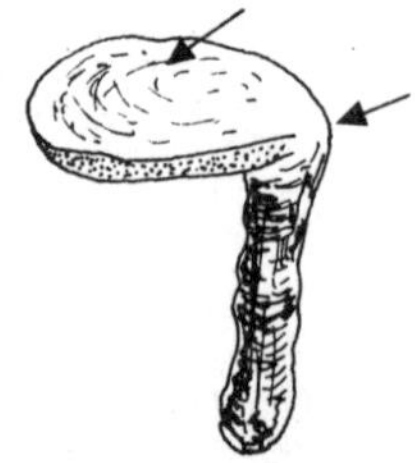

Pilze mit matten Farben, nicht lackartig glänzend

Pilze mehrhütig, d.h. auf einem verzweigten gemeinsamen Strunk stehen viele Hüte

Hüte zentral gestielt

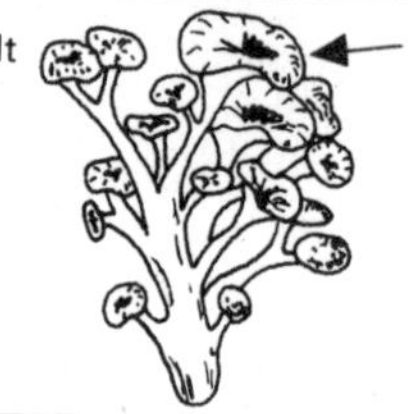

Hüte seitlich gestielt, fächerförmig od. nierenförmig

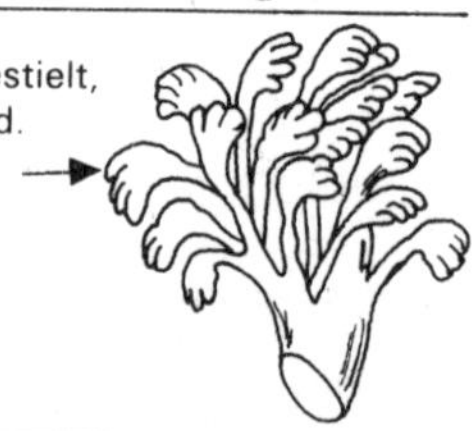

Pilze einhütig, zuweilen mehrere Exemplare nur an der Stielbasis verwachsen

Pilze dickfleischig

Pilze mit weißen od. hellbraunen Farben

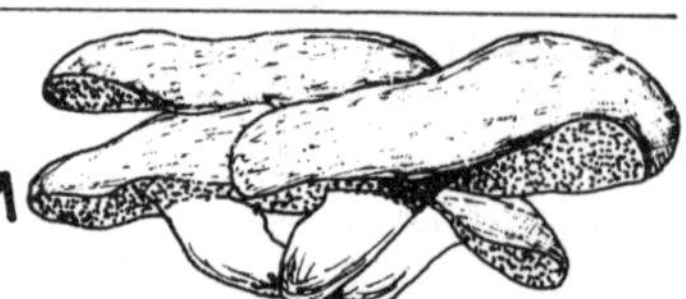

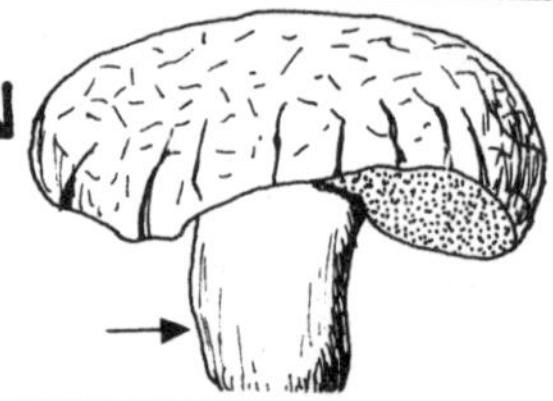

Pilze mit grauen Farben

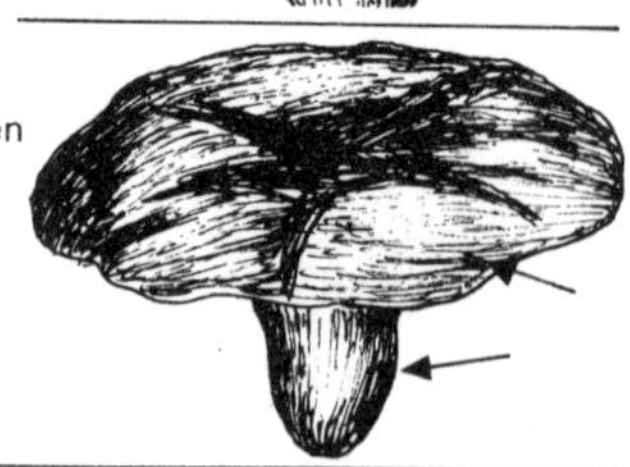

Pilze mit dünnfleischigem Hut u. dünnem Stiel

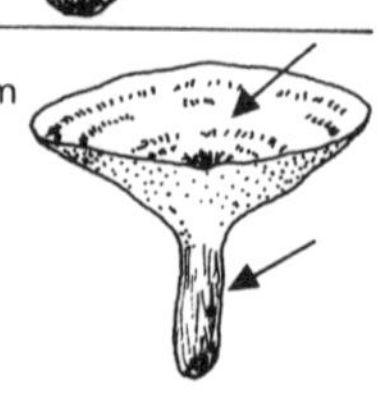

Von den **Porlingen** konnte hier nur ein kleiner Teil aufgenommen werden. Als Speisepilze kommen nur wenige Arten in Betracht. Für die Bestimmung sind genügend ausgereifte Pilze erforderlich. Andererseits sollten auch junge Exemplare zur Verfügung stehen, da nur sie zeigen können, ob die Konsistenz saftig (frisch) od. ob der Pilz von Anfang an holzig od. korkig ist. In Zweifelsfällen sollte man in beiden Gruppen nachschauen. Resupinat nennen wir Fruchtkörper, die flach auf dem Substrat ausgebreitet wachsen u. die keine Konsolen bilden.

Hut 5–30 cm breit, 1–3 cm dick, rotbraun glänzend; Röhren ungeschichtet, 6–10 mm lang, rostbraun; Poren weißlich; Stiel 8–10 cm hoch, bis 2 mm ∅, seitlich am Hut; Substanz hellbraun od. fast weißlich, zäh; Wälder, vorzugsweise Auwälder; 7–10	**Glänzender Lackporling** *Ganoderma lucidum* Kein Speisepilz MHK II,73 / Ce 731
Pilze sehr groß, bis zu 30 cm hoch, mit zahlreichen Einzelhüten; Hüte 1–4 cm ∅, gelbbraun bis rußbraun, Rand wellig, unregelmäßig; Röhren weiß, sehr kurz; Poren rundlich, eng; Stiel an der Basis schwarzbraun, nach oben hin blaß creme-weiß; Fleisch weiß; meist am Erdboden um Eichen od. Eichenstubben; 7–10	**Eichhase** *Polyporus umbellatus* Speisepilz MHK II,31 / SKE 102 / Ce 311
Pilze sehr groß, mit zahlreichen Einzelhüten; Hüte 4–8 cm breit, lappig, blattförmig, oberseits gerieft, braungrau; Röhren weiß, 2–4 mm lang, herablaufend; Poren rundlich, eng, alt zerschlitzt, weißlich bis blaß bräunlich; Stiel mehrfach verzweigt, bis 50 cm hoch, weißlich; meist am Erdboden um Eichen u. Eichenstubben; 8–10	**Klapperschwamm** *Grifola frondosa* Speisepilz, wenn jung MHK II,32 / Ce 310
Hut 10–15 cm ∅, oft mehrere Pilze miteinander verwachsen, semmelfarben, im Alter bräunlich; Hutoberseite rissig; Röhren weißlich; Poren sehr eng; Stiel weiß; Fleisch saftig, weiß, im Alter oft bitter; sandige Gebirgsnadelwälder; 7–10	**Semmel-Porling** *Albatrellus confluens* Speisepilz, wenn jung MHK I,166 / SKE 106 / Ce 307 / E 797
Hut 5–10 cm ∅, weißlich-gelbbräunlich, unregelmäßig; Röhren 1–3 mm lang; Poren rundlich, fein, weiß, bei Druck fleckend; Stiel kurz und dick, weiß; Fleisch weiß, etwas zah; im Nadelwald; 7–10	**Schafeuter** **Schaf-Porling** *Albatrellus ovinus* Speisepilz MHK I,165 / Ce 308 / SKE 106
Hut 5–14 cm ∅, dickfleischig, rauchgrau; Röhren sehr kurz, Mündungen ziemlich weit, bei Druck u. im Alter grauend; Stiel grau (wie der Hut), 5–8 cm lang, 1–3 cm ∅; Fleisch weiß; in sandigen Nadelwäldern, meist im Gebirge; 9–11	**Grauer Rußporling** **Rußgrauer Porling** *Boletopsis leucomelaena* Kein Speisepilz, da oft bitter MHK II,28
Hut 3–8 cm ∅, konzentrisch gezont, gelbbraun-rotbraun, lederig dünn; Röhren kurz; Mündungen eckig, eng, anfangs weiß bereift, dann bräunlich, Stiel 2–4 cm lang, dünn; sandige Nadelwälder; 7–11	**Dauer-Porling** *Coltricia perennis* Kein Speisepilz MHK II,72 / SKE 92 / Ce 746

Porlinge

(von Tafel 99)

Porlinge mit Stiel, an Holz wachsend

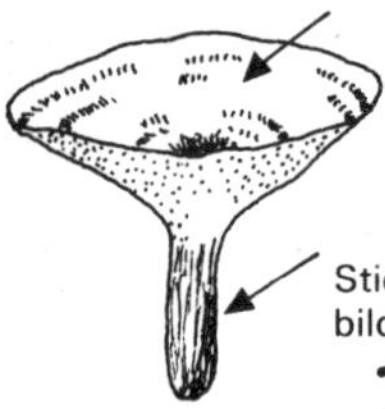

Stiel deutlich ausgebildet

Stiel zumindest an der Basis schwarz od. schwarzbraun (Schwarzfuß-Porlinge)

Hut mit breiten anliegenden Schuppen

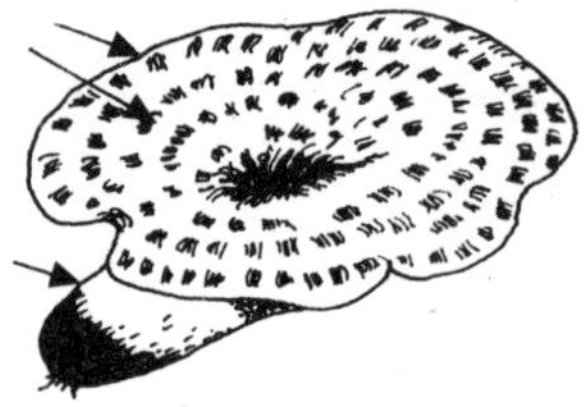

Hut nicht schuppig

Hut löwengelb

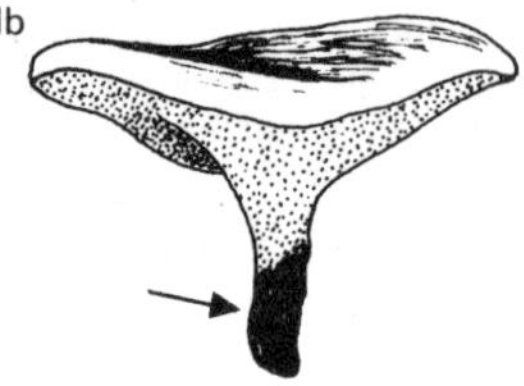

Hut kastanienbraun

Stiel nirgends schwarz od. schwarzbraun; Stiel zentral am Hut

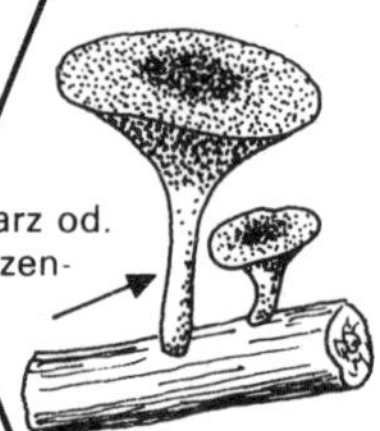

Pilz von Oktober bis April wachsend

Poren etwa 1 mm weit, eckig

Pilz von April bis August wachsend

Poren sehr fein, wie Nadelstiche

Poren rhombisch, bis 2 mm groß

Stiel undeutlich; Pilz kreiselförmig od. seitlich stielartig verschmälert

siehe Tafel 102

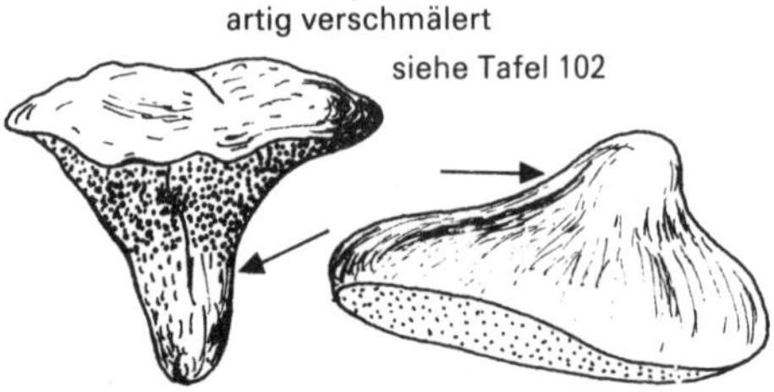

Hut 10–50 cm breit, nierenförmig, auf strohgelbem Grund mit braunen, angedrückten Schuppen; Hutrand jung eingerollt; Röhren kurz, am Stiel herablaufend, Mündungen weit, eckig; Stiel kurz u. dick (bis 4 cm ∅); Fleisch weiß, zäh, mild, mit Mehlgeruch; an lebenden Laubbäumen, Stubben; 4–7 (–9)

Schuppen-Porling
Polyporus squamosus
Jung Speisepilz
MHK I,169 / SKE 104 / E 788 / Ce 324

Hut 3–10 cm ∅, unregelmäßig, braungelb; Röhren kurz; Poren weiß, dann zimtgelb, rundlich, eng; Stiel kurz, 1–2 cm lang, 0,5–1 cm ∅, oben weißlich; Fleisch bräunlich, zäh lederig; an Stämmen u. Stubben von Laubbäumen; 6–10

Löwengelber Porling
Polyporus varius
Kein Speisepilz
MHK II,36 / Ce 320 / SKE 104

Hut 5–20 cm ∅, glatt, anfangs ocker, bald kastanienbraun, etwas trichterförmig; Röhren kurz, am Stiel herablaufend; Poren sehr fein, weißlich bis holzfarbig; Stiel 2–7 cm lang, 1–2 cm ∅; Fleisch weiß bis holzfarbig, zäh, Geruch süßlich; an Laubholz in Auwäldern; 5–9

Schwarzroter Porling
Polyporus badius
Kein Speisepilz
MHK II,39 / Ce 723 / SKE 104

Hut 3–7 cm ∅, rußbraun, graubraun, feinschuppig od. glatt; Röhren kurz, Mündungen weißlich; Stiel 3–5 cm lang, schlank, wie der Hut gefärbt; Fleisch weiß; auf abgefallenen Ästen von Laubholz u. an Stubben; 10–4

Winter-Porling
Polyporus brumalis
Kein Speisepilz
Ce 724

Hut 1–10 cm ∅, graubraun, fein filzig bis fein schuppig; Röhren sehr kurz, am Stiel herablaufend, Mündungen erst gräulich, dann weiß; Fleisch reinweiß, zäh; an Laubholz, an am Boden liegenden Ästen, Stubben; 4–8 (–9)

Mai-Porling
Polyporus ciliatus
= *P. lepideus*
Kein Speisepilz
MHK II,35 / SKE 104

Hut 2–4 cm ∅, graubraun bis rötlichbraun, feinschuppig; Hutrand bewimpert; Fleisch weißlich, zäh; an Stubben u. abgefallenen Ästen von Laubholz; nur im Süden der DDR; 4–7

Weitlöcheriger Porling
Polyporus arcularius
Kein Speisepilz
Ce 716

Porlinge

(von Tafel 99)

Porlinge mit **undeutlichem** od. **seitlichem Stiel** od. **Pilz kreiselförmig**

Pilz mit glänzender, harter, lackartiger Kruste

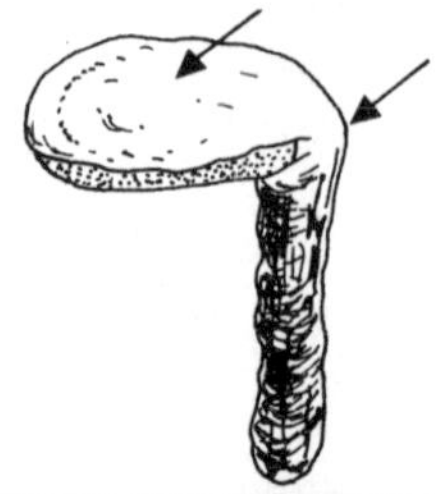

Pilz nicht mit harter Kruste, wenn glänzend, dann aber weichfleischig

Pilz weichfleischig, beim Anschneiden mit blutrotem Saft

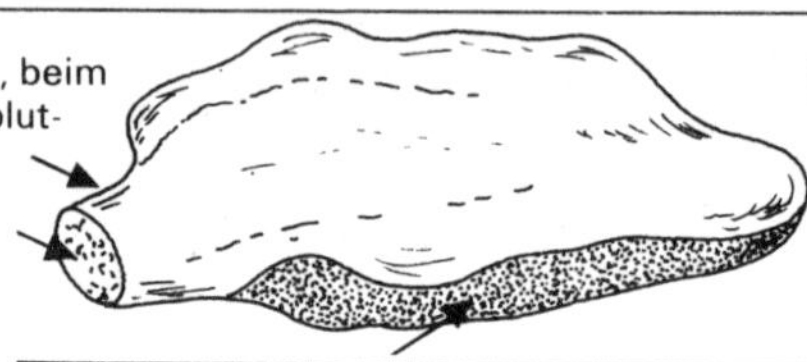

Pilz ohne roten Saft

Substanz rotbraun, gelbbraun, rostbraun

Hut u. Stiel sehr dünn

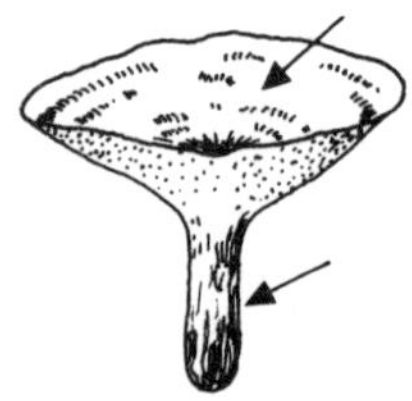

Hut u. Stiel dickfleischig

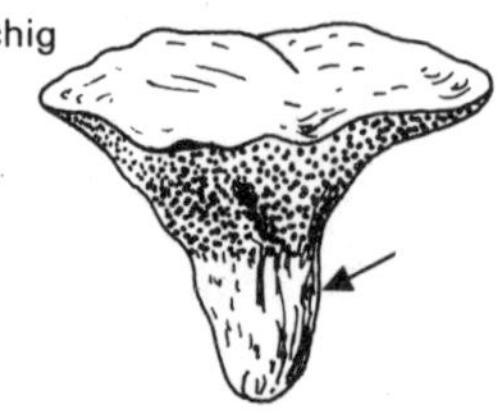

Substanz weiß, weißlich bis schwach rötlich

Substanz bei Druck schwärzend

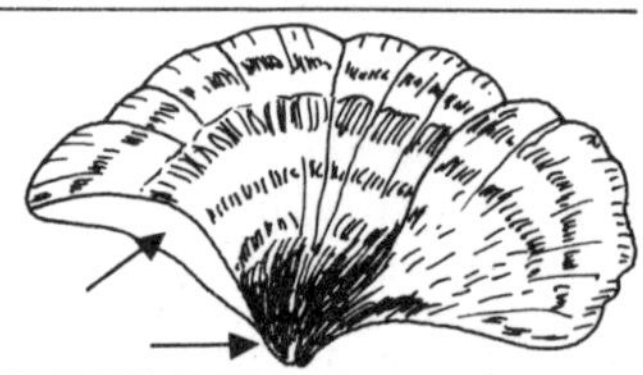

Substanz nicht schwärzend

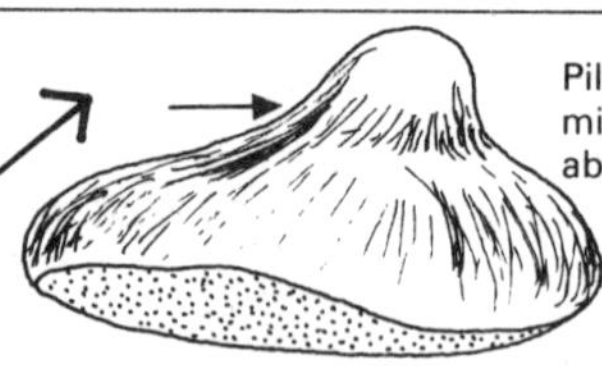

Pilz kissenförmig, weiß, mit brauner papierartiger, abziehbarer Haut

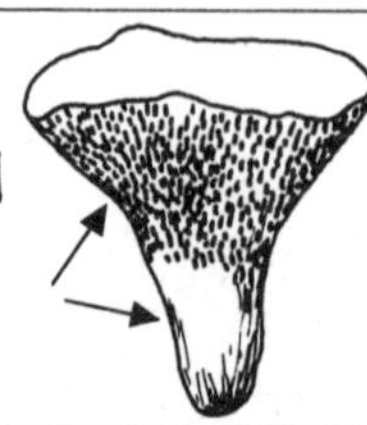

Pilz flach od. kreiselförmig, im Alter rosa

Hut 5–30 cm breit, 1–3 cm dick, rotbraun, glänzend; Röhren ungeschichtet, 6–10 mm lang, rotbraun, Poren weißlich; Substanz hellbraun od. fast weißlich, zäh; Stiel 8–10 cm hoch, bis 2 cm ∅, seitlich am Hut; Wälder; 7–10	**Lackporling** *Ganoderma lucidum* Kein Speisepilz MHK II,73 / Ce 731
Fruchtkörper 10–30 cm breit, 3–6 cm dick, blutrot, braunrot, zungen- od. nierenförmig, Unterseite blaßgelblich mit isoliert stehenden, 0,5–1 cm langen Röhren; Fleisch fleisch-blutrot mit weißen Streifen; an lebenden Eichen; 8–10	**Leberpilz, Ochsenzunge** *Fistulina hepatica* Speisepilz MHK I,168 / Ce 322 / E 926
Hüte 3–8 cm ∅, kreisrund, trichterförmig, gelbbraun-graubraun, konzentrisch gezont; Poren erst weißlich, später gelbbräunlich, rundlich-eckig; Röhren sehr kurz, 2–3 mm; Stiel 2–4 cm lang, allmählich in den Hut verbreitert; meist im Nadelwald, selten in Laubwald, am Boden; 7–11	**Gebänderter Dauerporling** *Coltricia perennis* Kein Speisepilz MHK II,72 / SKE 92 / Ce 746
Fruchtkörper 6–20 cm breit, gelbbraun, kastanienbraun, fein filzig; Röhren blaßgelb bis olivgrün; Poren 1–2 mm weit, zerschlitzt bis labyrinthisch; Substanz schwammig-korkig; im Nadelwald, meist bei Kiefern, an der Basis der Stämme od. auf Wurzeln; 6–10	**Kiefern-Braunporling** *Phaeolus schweinizii* Kein Speisepilz MHK II,40 / E 806
Fruchtkörper bis 1 m ∅, dachziegelig übereinander stehend, oberseits hell- bis dunkelbraun, unterseits bananengelb; Röhren 4–6 mm lang, herablaufend sehr fein, rundlich, schwärzend; Substanz faserig zäh, Geruch angenehm pilzartig; an Laubholz, besonders an Buche, Eiche, Roßkastanie; 7–10	**Riesenporling** *Meripilus giganteus* Kein Speisepilz MHK II,34 / Ce 309 / E 802
Fruchtkörper 8–22 cm breit, 2–6 cm dick; Poren sehr fein, weißgelblich; Röhren 2–4 mm lang, leicht ablösbar; Substanz weiß, jung saftig, später zäh, Geruch stark säuerlich; an lebenden und toten Birken; 7–10	**Birken-Porling** *Piptoporus betulinus* Kein Speisepilz MHK II,41 / Ce 314 / SKE 96
Fruchtkörper 5–15 cm ∅, weißlich bis rötlich, fein samtig; Poren weißlich bis rosa-gelblich, labyrinthisch; Substanz lederig-faserig, jung schwammig, weiß bis rosa; am Erdboden auf Holzresten, vorwiegend an Laubholz; 6–8	**Rötender Blätterwirrling** *Heteroporus biennis* Kein Speisepilz Ce 740

Porlinge

(von Tafel 99)

Porlinge, ungestielt; Unterseite lamellig od. **labyrinthisch** od. **langgestreckt porig**

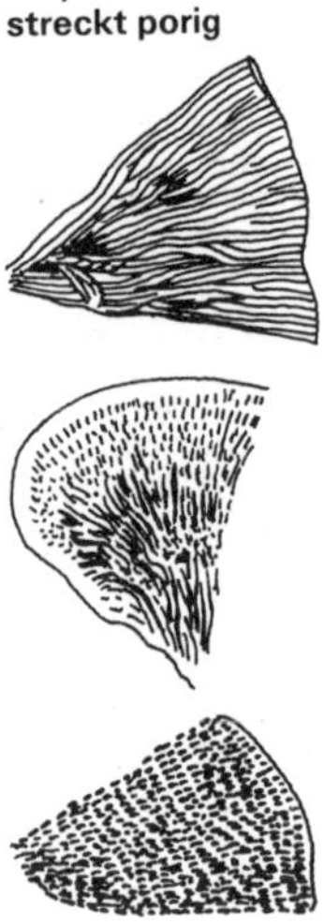

Substanz dunkelbraun

8–11 Lamellen pro Zentimeter

14–24 Lamellen pro Zentimeter

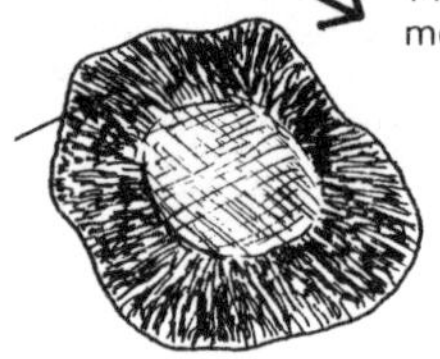

Substanz weiß bis korkfarben

Substanz weiß

Lamellen weiß bis hellbräunlich, unveränderlich

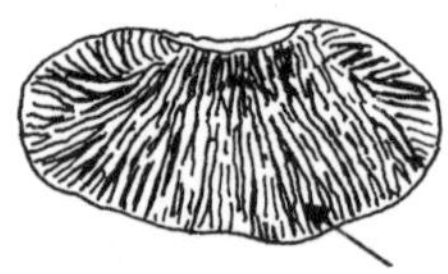

Lamellen od. Poren weißgrau, bei Druck rötlichfleischfarben

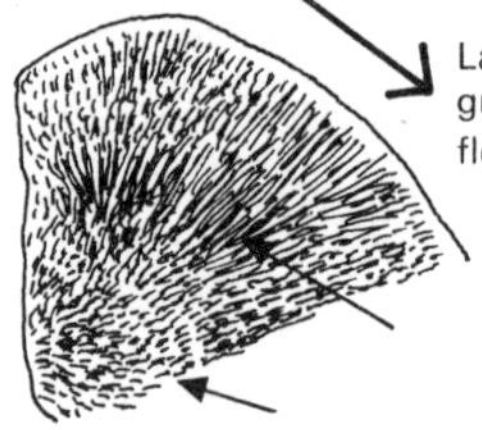

Substanz korkfarbig od. hell holzfarbig

Fruchtkörper sehr dick, kaum an der Basis herablaufend

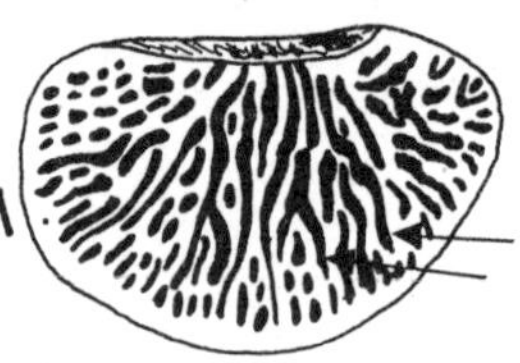

Fruchtkörper sehr dünn, an der Basis stark herablaufend

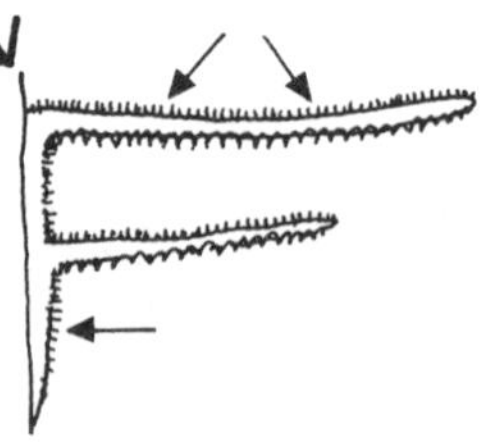

Fruchtkörper rußbraun, schwarzbraun, oft in schmalen, bis zu 30 cm langen Bändern, an der Unterseite des Holzes mit der ganzen Rückseite aufgewachsen, an den Seiten schmale Konsolen bildend; oft auf der Schnittfläche von Nadelholzstümpfen, aber auch an verarbeitetem Holz; ganzjährig

Tannen-Blättling
Gloeophyllum abietinum
Kein Speisepilz
MHK II,61

Fruchtkörper nierenförmig, (auf Schnittflächen von Stubben auch fast kreisrund), dünn, 0,5–1,5 cm, bis 10 cm groß, rostbraun bis schwarzbraun, Rand orangegelb; an Nadelholz (auch verbautem), meist auf Lichtungen, Kahlschlägen; ganzjährig

Zaun-Blättling
Gloeophyllum sepiarium
Kein Speisepilz
MHK II,60 / SKE 100 / Ce 748

Fruchtkörper blaßgrau, blaß ockergelblich, hellbräunlich, flache Konsolen, 4–10 cm lang, 4–6 cm breit, 1–1,5 cm dick; Oberseite fein filzig, striegelhaarig; Lamellen dünn, z.T. durch Queradern verbunden; an Laubholz, besonders an Birke, Buche u. Eiche; ganzjährig

Birken-Blättling
Lenzites betulinus
Kein Speisepilz
MHK II,51 / Ce 743

Fruchtkörper konzentrisch gezont, isabellfarbig, rosabräunlich, bei Berührung rötend; flache Konsolen, 1–1,5 cm dick, 5–20 cm breit, fächerförmig; Poren sehr langgestreckt bis lamellig, beides oft am gleichen Fruchtkörper; an Laubholz, oft in Auwäldern; 7–10

Rötender Blätterwirrling
Daedaleopsis confragosa
Kein Speisepilz
MHK II,55 / SKE 98 / Ce 1184

Fruchtkörper im Schnitt 3eckig konsolenförmig, mit der ganzen Basis aufgewachsen, 5–20 cm breit, oberseits holzfarben bis dunkler braun (auch mit violett); Substanz korkig, zoniert; an Eichen (selten an Buche); ganzjährig

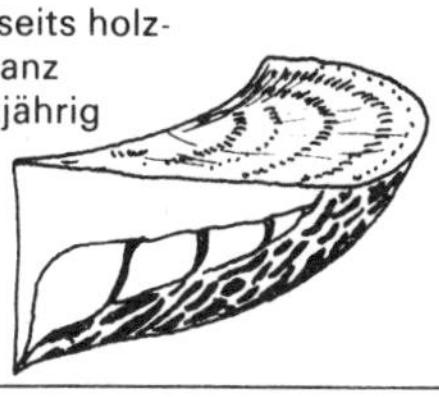

Eichen-Wirrling
Daedalea quercina
Kein Speisepilz
MHK II,58 / SKE 100 / Ce 319

Konsolen 3–10 cm breit, Oberseite rauhhaarig, konzentrisch gezont, oft grün (von Algen); Rand scharf, Unterseite gelblichgrau, Poren labyrinthisch, zerrissen; unter dem Hutfilz schwarze Linie in der Substanz; an Laubholz; ganzjährig

Aschgrauer Wirrling
Cerrena unicolor
= *Trametes unicolor*
Kein Speisepilz
MHK II,57 / Ce 1183

Porlinge
(von Tafel 99)

Porlinge; Unterseite der Fruchtkörper mit **runden, eckigen** od. **zerrissenen Poren**; Substanz fest, korkig od. holzig; Substanz weiß

Oberseite der Konsolen filzig-borstig, konzentrisch gezont

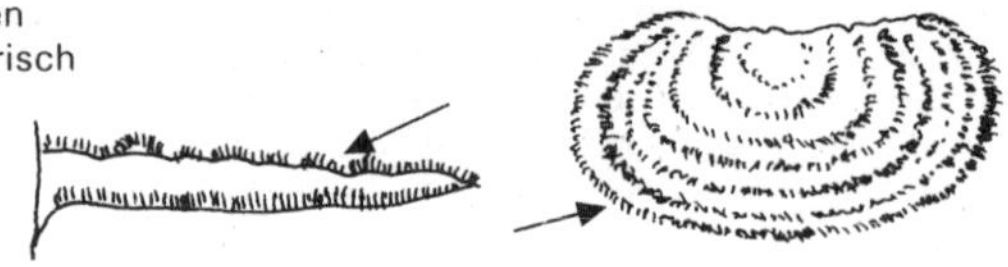

Oberseite höchstens feinsamtig

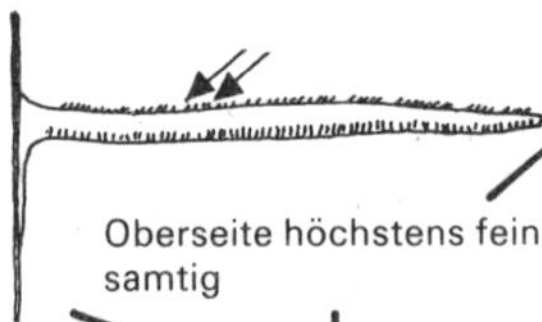

Pilz mit starkem Anisgeruch

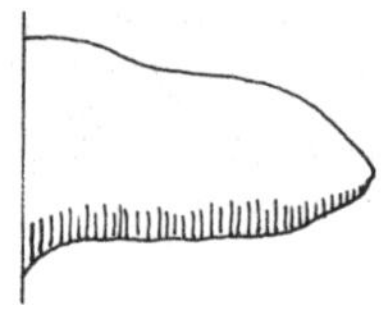

Geruch unauffällig od. pilzartig

Pilz sehr dick, im Schnitt fast 3eckig, an der Ansatzstelle mit Buckel

Pilz relativ dünn u. fast gleichmäßig in der Dicke

Pilz mit gut ausgebildeten Konsolen

Oberseite mehrfarbig, in konzentrischen Zonen bunt, glänzend

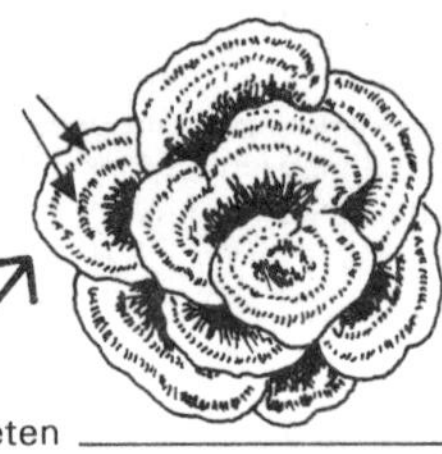

Oberseite matt, einfarbig

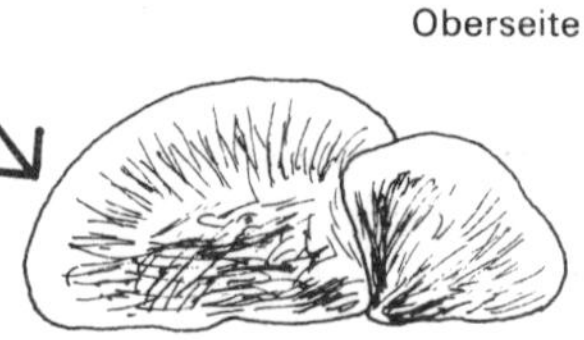

Pilz oft mit der ganzen Rückseite dem Substrat aufgewachsen (resupinat); nur selten gut entwickelte Konsolen

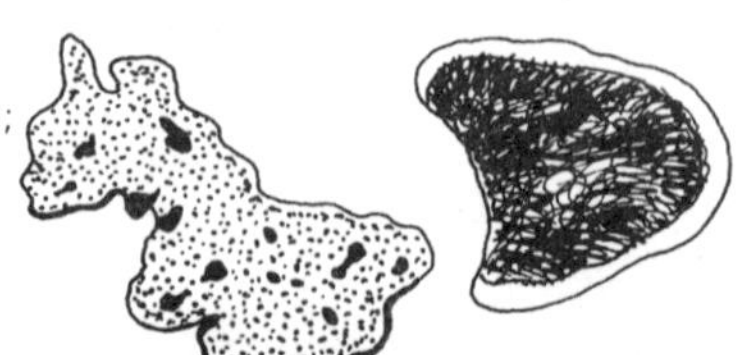

Konsolen 1 cm dick, 5–8 cm lang, 3–4 cm breit, nierenförmig, graugelblich, hellbräunlichgrau, Rand stumpf u. dunkler braun; Röhren kurz; Poren rund, 0,2–0,4 mm weit, an Laubholz, Buche, Eiche (selten an Nadelholz); ganzjährig	**Striegelige Tramete** *Trametes hirsuta* Kein Speisepilz MHK II,48 / SKE 98 / Ce 735
Konsolen 5–15 cm breit, 1,5–4 cm dick, oberseits kissenförmig, weiß od. grauweißlich, ungezont, halbkreisförmig mit scharfem Rand, Röhren 0,5–2 cm lang, weiß; Poren dickwandig, 0,3–1 mm weit, rundlich; meist an Weiden, auch an Pappeln, selten an Birken; ganzjährig	**Anis-Tramete** *Trametes suaveolens* Kein Speisepilz MHK II,53 / Ce 1182
Konsolen 5–15 (–20) cm, halbkreisförmig, mit scharfem Rand, an der Basis herablaufend, weiß, grauweiß bis holzbräunlich, oberseits konzentrisch gefurcht, oft grün (von Algen), Rand braun; Röhren 4–10 mm lang, weißlich; Poren eckig, etwas gestreckt, 0,3–0,5 mm breit; an Laubholz, besonders an Buche; ganzjährig	**Gebuckelte Tramete** *Trametes gibbosa* Kein Speisepilz MHK II,52 / Ce 742
Konsolen dachziegelig übereinander stehend, gleichmäßig 2–4 mm dick, 6–12 cm breit, nieren-, halbkreis- bis kreisförmig, mit scharfem Rand; Röhren 1–2 mm lang, weiß; Poren sehr fein, rundlich, weiß, im Alter oft zerrissen; häufig an Laubholz (selten an Nadelholz); ganzjährig	**Schmetterlings-Tramete** *Trametes versicolor* Kein Speisepilz MHK II,49 / SKE 96 / Ce 313
Konsolen dachziegelig übereinander, nach hinten dicker werdend, 0,5–1,5 cm dick, Ansatz gebuckelt, Oberseite grau, graubraun, rotbraun, mit kahlen Zonen; Röhren 1–2 mm lang; Poren fein, weiß; an Laubholz; ganzjährig	**Gezonte Tramete** *Trametes multicolor* = *T. zonata* Kein Speisepilz SKE 98
Fruchtkörper 5–20 cm breit, flach, meist scharfrandig, Oberseite mit rot- bis dunkelbrauner höckeriger Kruste; Röhren im Alter geschichtet, weißlich bis hellholzfarbig, 3–10 mm lang; Poren weißlich, rundlich, eckig, labyrinthisch, 0,3–0,6 mm breit; an Nadelholz, oft auf freiliegenden Wurzeln, an Stubben u. lebenden Bäumen; ganzjährig	**Wurzelschwamm** *Heterobasidion annosum* = *Fomitopsis annosa* = *Fomes annosus* Kein Speisepilz MHK II,62

Porlinge

(von Tafel 99)

Porlinge; Unterseite der Fruchtkörper mit **runden, eckigen** od. **zerrissenen Poren**; Substanz jung weich, saftig od. fleischig, später meist korkig, weiß, weißlich od. bräunlich

Substanz weiß od. weißlich, bei Druck manchmal blauend, bräunend od. schwärzend

Pilz bläulich, gelbgrau, rauchgrau bis schwärzlich

Pilze mit blauer Farbe od. doch bei Druck blauend

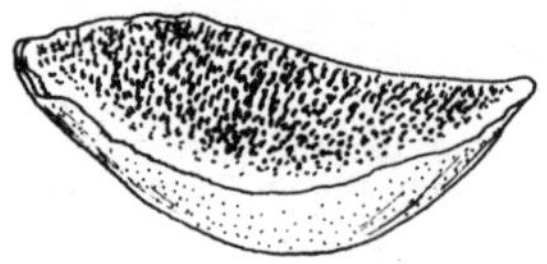

Pilze mit graugelben bis schwarzen Farben

Pilz 0,5–1,5 cm dick; Poren graugelblich

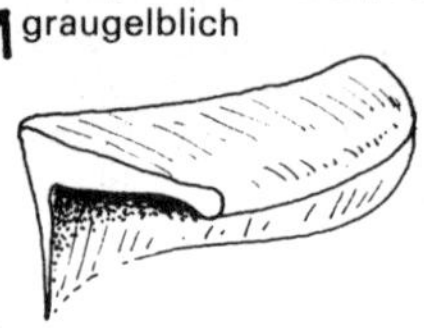

Pilz 0,2–0,4 cm dick; Poren silbergrau bis schwarzbraun

Pilz weiß, gelblich od. gelblichweiß

Pilze mit gut entwickelten dickeren Konsolen

Pilz zusammenziehend bitter

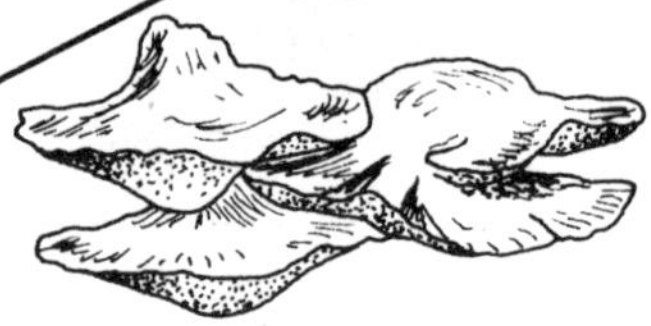

Pilz mild

Pilze krustenartig, nur sehr schmale Konsolen ausbildend

Substanz nicht weiß, weißlich od. bläulich siehe Tafel 106

Konsolen 3–6 cm breit, 1–1,5 cm dick, halbkreisförmig; Substanz weich saftig, später zäh; Röhren weiß bis schmutzig graubläulich, 5–8 mm lang; Poren weiß, bei Druck blauend, 0,2–0,3 mm weit, unregelmäßig bis labyrinthisch; an totem Nadelholz (selten an Laubholz); ganzjährig

Blauender Saftporling
Spongiporus caesius
= *Tyromyces caesius*
Kein Speisepilz
MHK II,45 / Ce 721 / SKE 94

Konsolen 6–15 cm breit, bis 3 cm dick, oberseits ocker- bis gelbbraun, Rand oft etwas dunkler; Substanz blaß holzfarben, mit dunkler Linie über den Poren; Röhren 1–3 mm lang; Poren jung weiß, dann ocker, bei Druck bräunend, 0,25–0,5 mm weit; an Laubholz; ganzjährig

Graugelber Rauchporling
Bjerkandera fumosa
= *Gloeoporus fumosus*
Kein Speisepilz

Konsolen 3–8 cm breit, 2–4 mm dick, an der Basis herablaufend, oberseits hellgraubraun; Substanz weißlichgrau bis hellbräunlich; Röhren 0,5–2 mm lang, grau bis schwarzbraun; Poren erst silbergrau, dann blaßbräunlich, bei Druck schwärzend, 0,2–0,8 mm weit, an Laub u. Nadelholz; ganzjährig

Angebrannter Rauchporling
Bjerkandera adusta
= *Gloeoporus adustus*
Kein Speisepilz
MHK II,42 / E 818

Konsolen 4–9 cm breit, 2–3 cm dick, meist dachziegelig; Substanz erst weich, dann korkig; Röhren weiß, bis 6 mm lang; Poren rundlich, 0,2–0,4 mm weit; an Nadelholz (selten Laubholz); 7–12

Herber Saftporling
Spongiporus stypticus
= *Tyromyces stypticus*
Kein Speisepilz
MHK II,46 / Ce 1176

Konsolen 4–10 cm breit, 2–5 cm dick, herablaufend; Substanz erst weich, dann korkig; Röhren weiß, 10 mm lang; Poren eckig, 2–3 mm weit; an Laubholz; 7–12

Grauweißer Saftporling
Spongiporus tephroleucus
Kein Speisepilz

Krusten ca. 5 mm dick, etwa 10 cm breit; Oberseite weißlich, nur 1–3 cm abstehend; Porenschicht orangefarbig bis rötlich, 0,5–1,5 mm dick; Poren 0,2–0,5 mm weit, unregelmäßig; Substanz bitter; an Nadelholz; ganzjährig

Orangeporiger Knorpelporling
Skeletocutis amorpha
= *Gloeoporus amorphus*
Kein Speisepilz
MHK II,43

Porlinge

(von Tafel 105)

Porlinge; Unterseite der Fruchtkörper mit runden, eckigen od. zerrissenen Poren; Substanz jung weich, saftig od. fleischig, später meist korkig, nicht weiß, weißlich od. bläulich od. Poren wabig-grubig

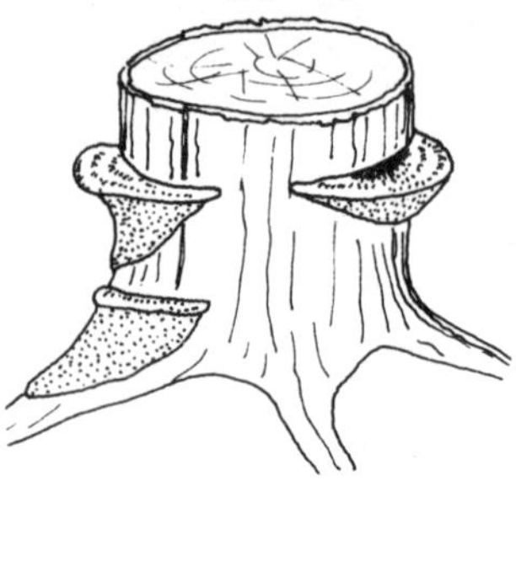

Hutunterseite wabig grubig, keine Poren, zinnoberrot

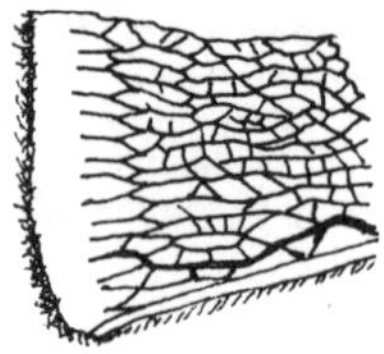

Hutunterseite mit runden od. eckigen Poren

Fruchtkörper auf der Oberseite höckerig-grubig, mit hellen bis dunklen Tröpfchen besetzt

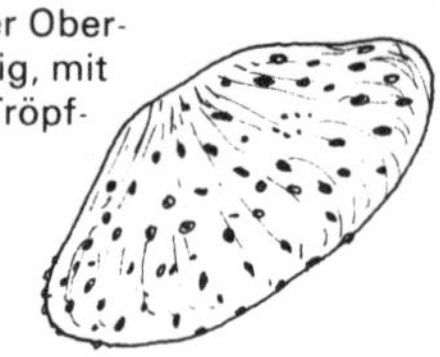

Fruchtkörper ohne Tröpfchenbildung auf der Oberseite

Oberseite rostgelb, zottig-filzig; Unterseite mit Tröpfchenbildung aus weiten Poren der Porenschicht

Oberseite nur samtig od. kahl; ohne Tröpfchenbildung an der Unterseite

Konsolen mit scharfer Kante; Poren anfangs mit silbrigem Reif überzogen, schillernd, dann rostbraun

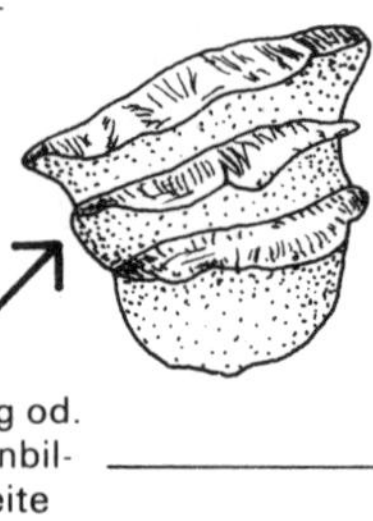

Konsolen mit stumpfem Rand, Poren rostbraun, ohne Reif, vieleckig, 2,5–5 mm weit

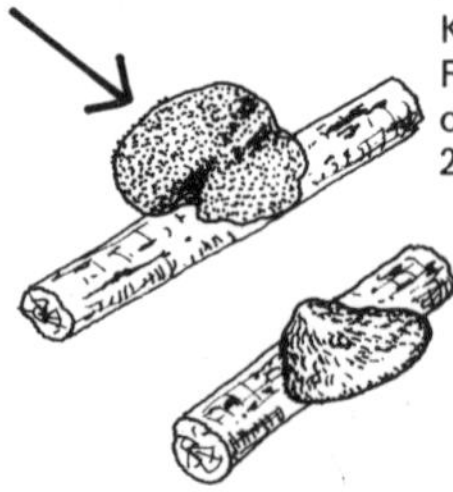

Fruchtkörper grob filzig, dem Holz flach aufgewachsen, am oberen Rand konsolenförmig abgebogen, bis 4 cm abstehend, weißlich, knorpelig, muschelförmig; an Laubholzstämmen u. toten Bäumen, (Buche, Birke, Weide); 9–12

Gallertfleischiger Fältling
Merulius tremellosus
Kein Speisepilz
MHK II,76 / Ce 736

Konsolen 10–30 (–80) cm breit, halbkreisförmig, 2–12 cm dick, mit stumpfem, wulstigem Rand, hellholzgelblich, -bräunlich; Substanz saftig, später verhärtend, zimtrostfarbig; Röhren 0,5–2 cm lang, kastanienbraun; Poren anfangs weiß bereift, dann rostgelb, rundlich, 0,2–0,4 mm weit; am Grunde von Eichen, selten an Buche u. Edelkastanie; 7–11

Tropfender Schillerporling
Inonotus dryadeus
Kein Speisepilz
MHK II,71

Konsolen halbkreisförmig, 10–30 (–60) cm breit, sehr dick, Substanz schwammig-fleischig, später faserig-korkig, ockergelb, Geruch u. Geschmack säuerlich; Röhren 1–5 cm lang, goldgelb bis orangegelb; Poren rostgelb, eng; besonders an Apfelbäumen, aber auch an anderen Laubbäumen; 7–9

Zottiger Schillerporling
Inonotus hispidus
Kein Speisepilz
MHK II,70 / Ce 728

Konsolen 4–6 cm breit, 2–3 cm dick, mit herablaufender Basis, dachziegelig, löwengelb, rostbraun, Oberseite gefurcht, Rand gelb, scharf; Substanz ledrig-holzig, gelbrostbraun; Röhren bis 1 cm lang, olivbräunlich; Poren klein, rundlich; an Laubholz, besonders an Erle; 8–12

Strahliger Schillerporling
Inonotus radiatus
Kein Speisepilz
MHK II,68

Konsolen halbkreisförmig, zimtbraun, 2–15 cm breit, 1–3 cm dick; Substanz zimtbraun, weichfaserig, dann fest korkig, betupft mit Lauge hellviolett; Röhren 6 mm lang, rostbraun; an Laubholz, oft an Ästen von Eiche, Buche u. Birke; 7–1

Zimtfarbener Weichporling
Hapalopilus rutilans
Kein Speisepilz
MHK II,47 / SKE 92 / Ce 738

Porlinge

(von Tafel 99)

Porlinge; Konsolen geschichtet, in der Regel wird jedes Jahr eine neue Porenschicht auf der vorjährigen angelegt

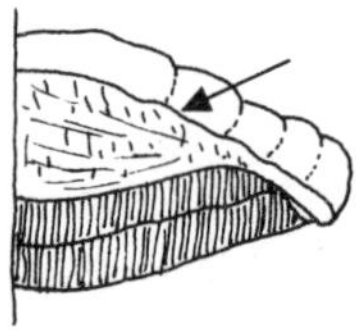

die Oberseite der Konsolen ist nicht von einer besonderen Kruste bedeckt

Pilze mit auffälligem Fenchel- od. Anisgeruch

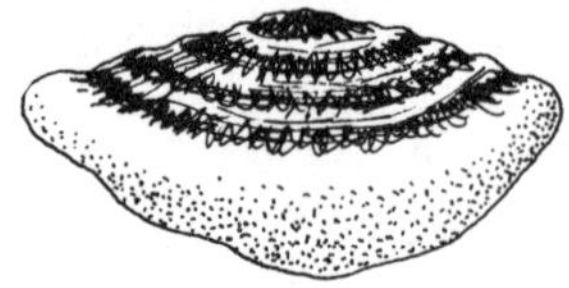

Geruch unauffällig od. jedoch nicht fenchel- od. anisartig

Pilze an Nadelholz; Oberseite tief konzentrisch gefurcht

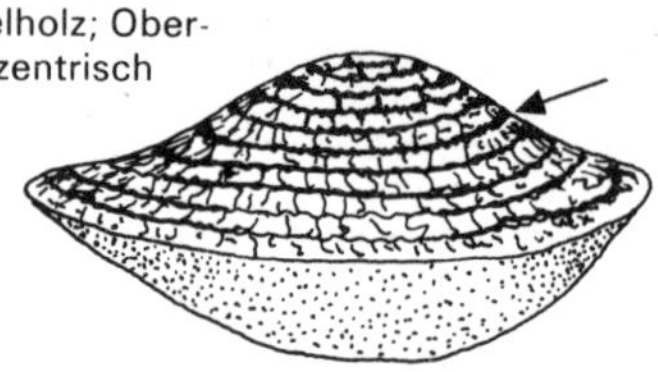

Pilze an Laubholz; Oberseite nicht tief konzentrisch gefurcht

Substanz weiß bis creme; an Pappel, Weide, Esche, Ahorn u. anderen Laubbäumen

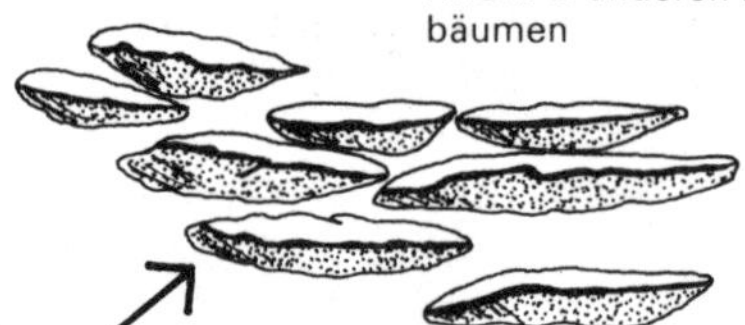

Substanz rostgelb bis tabakbraun; am Grunde von Johannisbeer-, Stachelbeer- u. Pfaffenhütchensträuchern

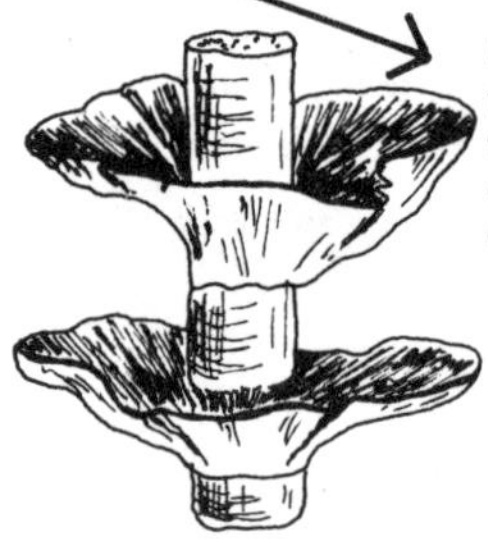

auf der Oberseite der Konsolen befindet sich eine besondere, abgegrenzte Kruste

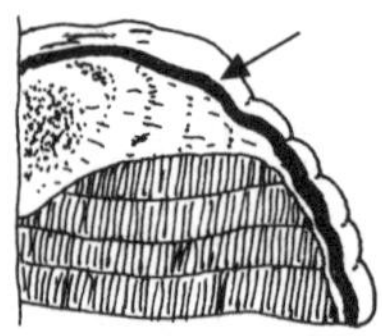

siehe Tafel 108

Konsolen 8–20 cm breit, dick, halbkreisförmig, unregelmäßig, mit undeutlicher Kruste; Substanz korkig; Röhren 3–10 mm lang; Poren zimtfarben bis ockergelblich, eckig od. labyrinthisch, 0,3–0,4 mm weit; ganzjährig

Fenchel-Tramete
Gloeophyllum odoratum
= *Osmoporus odoratus*
= *Anisomyces odoratus*
Kein Speisepilz
MHK II,59 / Ce 317

Konsolen 5–15 cm breit, 4–8 cm dick, halbkreisförmig, rot-, dunkel- od. schwarzbraun, durch Algen oft grün; Substanz korkig-holzig, gelbbraun, rostfuchsig; Röhren 5–8 mm lang; Poren erst gelb, dann ockerbraun, rundlich od. eckig, 0,2–0,3 mm weit; an lebenden Kiefern (selten an Fichte); ganzjährig

Kiefern-Feuerschwamm
Phellinus pini
Kein Speisepilz
MHK II,67 / Ce 1174

Konsolen dachziegelig, scharfrandig, 3–7 (–10) cm lang, 2–5 cm breit; Oberseite feinfilzig, grauweiß od. graugelblich; Substanz korkig-zäh, später sehr hart werdend; Röhren 2–4 mm lang, ockerweißlich; Poren sehr regelmäßig, 1,5–2 mm weit, gelblichweißlich; ganzjährig

Treppenförmiger Scharfporling
Oxyporus populinus
Kein Speisepilz

Konsolen 10–15 cm breit, bis 1 cm dick, zum Rande verjungt, unregelmäßig halbkreis- od. fächerförmig, rostfuchsig bis schwärzlichbraun mit fuchsigem Rand; Substanz korkig-holzig; Röhren 2 mm lang; Poren olivgelb bis zimtbraun, sehr fein, rund; ganzjährig

Stachelbeer-Strauchporling
Phylloporia ribis
= *Phellinus ribis*
Kein Speisepilz
MHK II,66

Porlinge
(von Tafel 99)

Porlinge; Konsolen mit **geschichteten Röhren**; Oberseite mit Kruste

Substanz weiß, gelblich od. hell holzfarbig

dicke Konsolen mit rotbraunem Rand; Substanz weißlich, hell-holzfarben

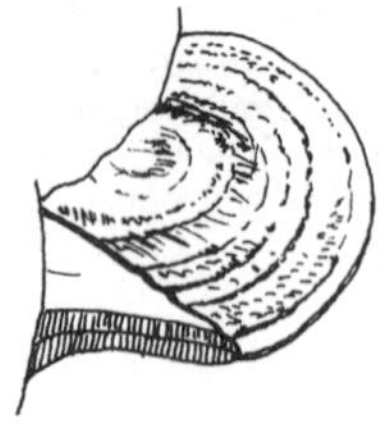

Pilz oft krustenartig auf Wurzeln, die Poren nach oben gerichtet; Oberseite rotbraun mit weißem Rand

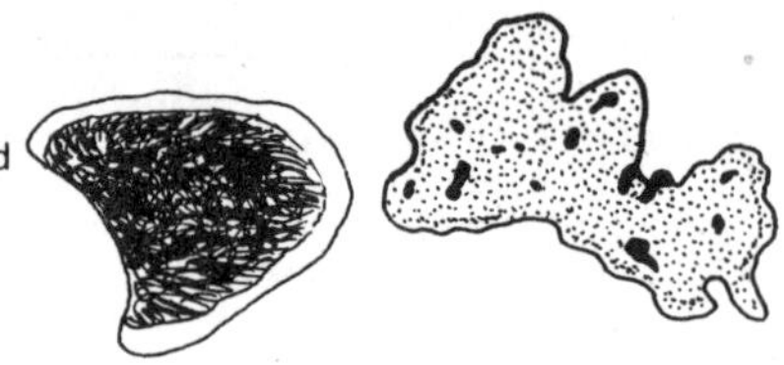

Substanz braun, dunkelbraun od. rostfarbig

Porenmündungen weiß, bei Berührung braun; Substanz dunkelbraun

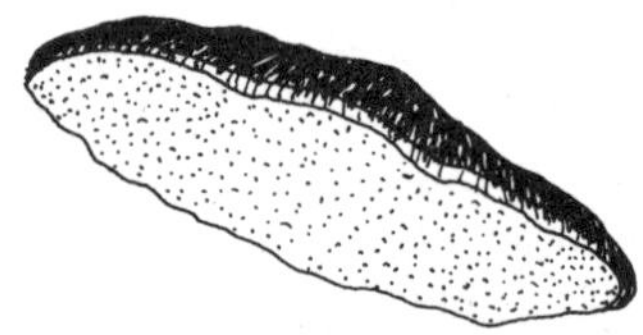

Porenmündungen anders gefärbt, nicht weiß

Poren zitronen- od. braungelb

Poren rostbraun, anfangs bereift

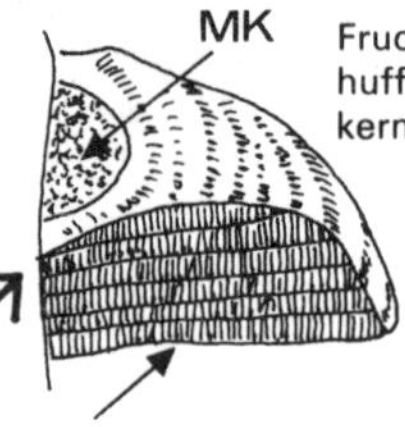

Fruchtkörper scharfrandig, hufförmig, mit Myzelialkern (MK)

Fruchtkörper mit rundem, wulstigem Rand

Konsolen 15–30 (–50) cm breit, 4–15 cm dick; Oberseite schwarzbraun, Rand anfangs weißlich, dann zinnoberrot bis rotbraun; Kruste über der Streichholzflamme schmelzend; Röhren holzblaß bis zu 20 Schichten übereinander, je Schicht 5–10 mm; Poren sehr fein, rundlich, blaß holzgelb; an Laub- u. Nadelholz; ganzjährig

Rotrandiger Schichtporling
Fomitopsis pinicola
Kein Speisepilz
MHK II,63 / Ce 726 / E 843 / SKE 102

Fruchtkörper 5–20 cm breit, 1–2 cm dick, Konsolen od. resupinat; Oberseite unregelmäßig höckerig, mit schwarzbrauner, matter Kruste; Substanz weißlich, hell holzfarben; Röhren 3–10 mm lang, weißlich; Poren weißlich, rundlich bis eckig 0,3–0,6 mm weit; an Nadelholz, selten an Laubholz; ganzjährig

Wurzelschwamm
Heterobasidion annosum
= *Fomitopsis annosa*
= *Fomes annosus*
Kein Speisepilz
MHK II,62

---

große flache Konsolen, 10–25 (–60) cm breit, 5–20 cm dick; Oberseite konzentrisch gezont, dunkelbraun bis schwarzbraun, matt, oft mit Sporen bestäubt; Röhren 8–12 mm lang, dunkelbraun; Poren rund, 2,5–3 mm weit; am Grunde von Laubbäumen, Buche, Ahorn, Roßkastanie; ganzjährig

Flacher Lackporling
Abgeflachter Porling
Ganoderma lipsiense
= *G. applanatum*
Kein Speisepilz
MHK I,170 / SKE 92 / Ce 312

Konsolen hufförmig, 10–30 (–50) cm breit, 5–15 cm dick; Oberseite konzentrisch gefurcht, hellgrau bis kastanienbraun; Kruste dünn; Substanz hellgelb bis zimtfarbig, sehr hart; Röhren heller als die Substanz; Poren zitronengelb bis zimtbraun, etwa 1 mm weit; an lebenden Eichen, seltener an anderen Laubhölzern; ganzjährig

Eichen-Feuerschwamm
Phellinus robustus
Kein Speisepilz
MHK II,64 / SKE 92 / Ce 1171

Konsolen sehr dick, 10–30 (–50) cm breit, mit sehr harter Kruste, die über der Streichholzflamme verkohlt, Oberseite dunkelgrau bis nußbraun, mit heller Zuwachskante; Unterseite flach; Substanz zäh-wergartig, rostbraun; Röhren bis 1 cm lang; Poren sehr fein, graubräunlich; an Stubben u. lebenden Bäumen, besonders Buche u. Birke; ganzjährig

Echter Zunderschwamm
Fomes fomentarius
Kein Speisepilz
MHK II,171 / SKE 102 / Ce 720

Konsolen sehr dick, mit vielen Röhrenschichten, 5–25 cm breit; Kruste hart, grau- bis schwarzbraun; Substanz hart holzig, dunkelbraun; Röhren 2–6 mm lang; Poren fein, rundlich, rostbraun, grauweiß bereift; an lebenden Bäumen, besonders Weide, Pappel, Apfel; ganzjährig

Gemeiner Feuerschwamm
Falscher Zunderschwamm
Phellinus igniarius
Kein Speisepilz
MHK I,172 / Ce 719 / E 860

Porlinge

(von Tafel 99)

Porlinge; ungestielt, konsolenförmig, mit auffälliger **nicht weißer** od. **braungetönter Farbe**

Pilz in allen Teilen zinnoberrot

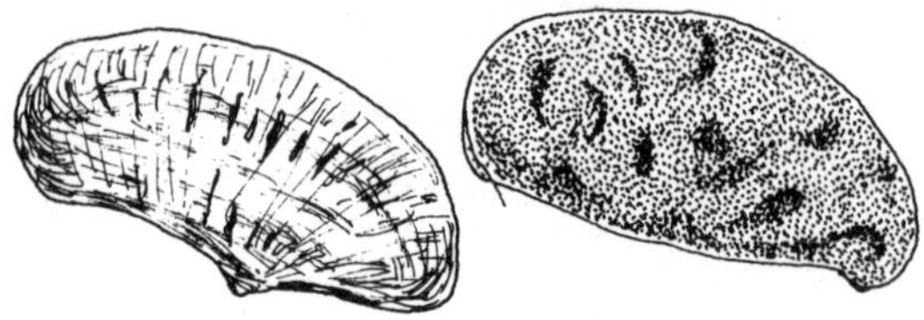

Pilz wenn rot, dann blutrot, violettrot od. aber Pilz gelb, orange od. bläulich

Pilz mit blutrotem Saft, beim Anschneiden wie Fleisch aussehend

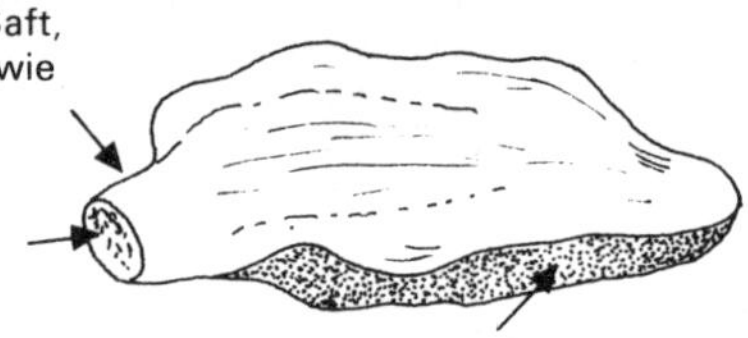

Pilz ohne blutroten Saft

Pilz schwefelgelb od. orangegelb

Pilz mit bläulich-weißer bis blauschwarzer Farbe, vor allem bei Druck blauend

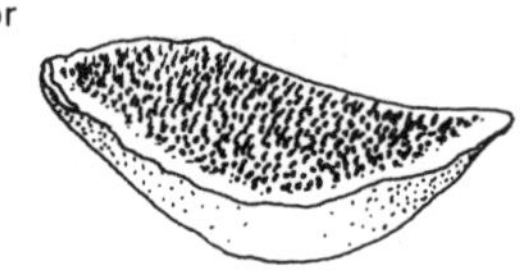

Konsolen 3–9 cm breit, 0,5–1 cm dick, halbkreisförmig, einzeln od. dachziegelig; Substanz lederig-korkig; Röhren 2–6 mm lang; Poren 0,5–0,3 mm weit, unregelmäßig; an Laubholz, meist außerhalb des Waldes (Kirsche, Pflaume, Buche, Birke); ganzjährig

Zinnoberrote Tramete
Pycnoporus cinnabarinus
= *Trametes cinnabarina*
Kein Speisepilz
MHK II,56 / Ce 739

Fruchtkörper 10–30 cm breit, 3–6 cm dick, blutrot, braunrot, zungen- od. nierenförmig; Unterseite blaßgelblich, mit isoliert stehenden, 0,5–1 cm langen Röhren; Fleisch fleisch-blutrot, mit weißen Streifen; am Grunde lebender Eichen; 8–10

Leberpilz
Ochsenzunge
Fistulina hepatica
Speisepilz
MHK I,168 / Ce 322 / E 926

Konsolen dachziegelig, Basis herablaufend, halbkreis- od. fächerförmig, 10–30 (–100) cm; Substanz jung saftig, später trocken u. zäh, brüchig, blaßgelblich, mit aromatischem Geruch u. herbsäuerlichem Geschmack; Röhren 2–4 mm lang, schwefelgelb; Poren sehr fein, rundlich; an Laubholz, Eiche, Kirschbaum, Robinie, Birnbaum, Weide; 6–8

Schwefel-Porling
Laetiporus sulphureus
Speisepilz (nur jung),
mit Alkohol unverträglich
MHK I,167 / SKE 96 / E 804

Konsolen 3–6 cm breit, 1–1,5 cm dick, halbkreisförmig; Substanz weiß bis bläulich, weich saftig, später zäh; Röhren weiß bis schmutzig graubräunlich, 5–8 mm lang; Poren weiß, bei Druck blauend, 0,2–0,3 mm weit, unregelmäßig bis labyrinthisch; an totem Nadelholz (selten auch an Laubholz); ganzjährig

Blauender Saftporling
Spongiporus caesius
= *Tyromyces caesius*
Kein Speisepilz
MHK II,45 / Ce 721 / SKE 94

Anmerkung: Pilze mit orangerötlicher Farbe an Holz, ohne Poren od. Lamellen; flach ausgebreitet mit kammartigem Rand; Konsistenz fleischig-wachsig; 3–9 cm groß; meist an Laubholz; 10–2

Orangeroter Kammpilz
Phlebia merismoides
= *Ph. radiata*
= *Ph. aurantiaca*
Kein Speisepilz
MHK II,75

Literaturverzeichnis

Berger, K. (Herausgeber): Mykologisches Wörterbuch, 1980, VEB Gustav Fischer Verlag, Jena

Bickerich-Stoll, K.: Heimische Pilze, 1978, Urania-Verlag, Leipzig, Jena, Berlin

Bickerich-Stoll, K.: Pilze sicher bestimmt, 1984, Urania-Verlag, Leipzig, Jena, Berlin

Bickerich-Stoll, K.: Pilze, 1987, Kinderbuchverlag, Berlin

Cetto, B.: Der große Pilzführer, Bde. 1–4, 1979–1980, BLV Verlagsgesellschaft, München, Bern, Wien

Dörfelt, H.: Erdsterne, Die Neue Brehmbücherei Nr. 573, 1985, Ziemsen Verlag, Wittenberg

Engel, F., F. Gröger: Pilzwanderungen, Eine Pilzkunde für jedermann, 21. Aufl., 1984, Ziemsen Verlag Wittenberg

Hennig, B., Kreisel, H.: Taschenbuch für Pilzfreunde, 1987, VEB Gustav Fischer Verlag, Jena

Jülich, W.: Basidiomyceten. 1. Teil, Die Nichtblätterpilze, Gallertpilze und Bauchpilze, In: Gams, Kleine Kryptogamenflora Bd. IIb/1, 1984, VEB Gustav Fischer Verlag, Jena

Kreisel, H. (Herausgeber): Pilzflora der Deutschen Demokratischen Republik – Basidiomycetes (Gallert-, Hut- und Bauchpilze), 1987, VEB Gustav Fischer Verlag, Jena

Kreisel, H.: Die phytopathogenen Großpilze Deutschlands, 1961, VEB Gustav Fischer Verlag, Jena

Michael/Hennig/Kreisel: Handbuch für Pilzfreunde, Bde. I–VI, 1975–1987, VEB Gustav Fischer Verlag, Jena

Moser, M.: Ascomyceten (Schlauchpilze), In: Gams, Kleine Kryptogamenflora Bd. IIa, 1963, VEB Gustav Fischer Verlag, Jena

Moser, M.: Die Röhrlinge und Blätterpilze (Agaricales), 5. Aufl., In: Gams, Kleine Kryptogamenflora, Bd. IIb/2, 1983, VEB Gustav Fischer Verlag, Jena

Ricken, A.: Die Blätterpilze (Agaricaceae) Deutschlands und der angrenzenden Länder, 2 Bde., 1915, Weigel Verlag, Leipzig

Rothmaler, W.: Exkursionsflora für die Gebiete der DDR und der BRD, Bd. 1 Niedere Pflanzen – Grundband, Herausg. Schubert, H., Handke, H. H. und Pankow H., 1983, VEB Volk und Wissen Verlag, Berlin

Svrček, M., J. Kubička, M., und J. Erhart: Pilzführer, 1979, Artia, Praha

Urania-Pflanzenreich, Bd. Niedere Pflanzen, 1974, Urania-Verlag, Jena, Leipzig, Berlin

Für weiterführende Spezialliteratur verweisen wir auf die Literaturverzeichnisse im systematischen Teil der einzelnen Pilzgattungen in den 6 Bänden von Michael/Hennig/Kreisel, Handbuch für Pilzfreunde.

Verzeichnis der wissenschaftlichen Pilznamen

Die Zahlen bezeichnen die Tafel-Nr., nicht die Seite. Halbfett sind die Gattungsnamen, kursiv die Synonyme gedruckt.

abietinum, Gloeoph. 103
abruptibulbus, Ag. 82
acerbum, Trich. 44
acerosum, Leptogl. 60
acerrimus, Lact. 25
acetabulum, Helv. 95
acrifolia, Russ. 29
acris, Lact. 24
acutesquamosa, Lep. 57
acutoconica, Hygr. 18
adaequata, In. 71
adiposa, Phol. 70
adusta, Bjerkand. 105
adusta, Russ. 29
aegerita, Agr. 15, 68
aereus, Bol. 6
aeruginascens, In. 72
aeruginascens, Suill. 4
aeruginea, Russ. 30
aeruginosa, Stroph. 80
Agaricus 81, 82
agathosmus, Hygr. 19
agrestis, Clit. 53
Agrocybe 15, 67, 68
Albatrellus 100
albobrunneum, Trich. 44
albocyanea, Stroph. 80
albonigra, Russ. 29
alboviolaceus, Cort. 76
album, Trich. 41
alcalina, Myc. 13, 49
Aleuria 94
alliaceus, Mar. 50
allutus, Cort. 73
alnicola, Phol. 70
alpestris, Heric. 90
Amanita 54, 55, 59
amanitae, Coll. 47
amethystea, Lacc. 40
amethystina, Russ. 35
amianthinum, Cyst. 56
amoenolens, Russ. 27
amorpha, Skeletoc. 105
ampla, Am. 55
androsaceus, Mar. 50
Anisomyces = Gloeophyllum
annosum, Heterob. 104, 108
anomalus, Cort. 76
Anthurus = Clathrus
apicrea, Phol. 70
aporos, Cono. 67
appendiculatus, Bol. 6, 7
applanatum, Gano 108
archeri, Clathrus 89
arcularius, Pol. 101
argillacea, Clav. 92
arhizos, Pisolithus 87
Armillaria 13, 55
armillatus, Cort. 77
Artomyces 91
arvensis, Ag. 82
asema, Coll. 46
aspera, Lep. 57
Aspropaxillus 51
assimilata, In. 71
asterospora, In. 71
astragalina, Phol. 70
atra, Helv. 97
atramentarius, Copr. 85
atricapillus, Plut. 63
atrocoerulea, Hoh. 61
atromarginatus, Plut. 63
atropurpurea, Russ. 35, 38
atrotomentosus, Pax. 66
augeana, Clit. 51
augustus, Ag. 82
aurantia, Aleuria 94
aurantiaca, Hygroph. 52, 93
aurantiaca, Phlebia 109
aurantiacum, Lecc. 3
aurantiomarginata, Myc. 48
aurantium, Scler. 87
aurantium, Trich. 43
aurata, Russ. 37
aurea, Russ. 37
Auriscalpium 90
aurivella, Phol. 14, 68
autumnalis, Galer. 68

badia, Pez. 94
badia, Russ. 34, 38
badius, Pol. 101
badius, Xeroc. 7
batschii, Trich. 43
battarrae, Am. 54
bernardii, Ag. 81
betulinus, Lenz. 103
betulinus, Piptop. 102
biennis, Heterop. 102
birnbaumii, Leucocop. 56
birrus, Hebel. 75
bisporus, Ag. 81
bitorquis, Ag. 81
Bjerkandera 105
blennius, Lact. 24, 25
bohemica, Verpa 97
bolaris, Cort. 77
Bolbitius 69
Boletinus 4
Boletopsis 100
Boletus 2, 7, 8
bombycina, Volv. 63
botrytis, Ram. 91
bovinus, Suill. 9
Bovista 87
brevipes, Melan. 42
brumalis, Clit. 52
brumalis, Pol. 101
brunneoincarnata, Lep. 58
brunneoviolacea, Russ. 34
bulbiger, Leucocort. 43
bulbosa, Helv. 95
butyracea, Coll. 46

caelata, Calv. 46
caerulea, Stroph. 80
caesarea, Am. 59
caesius, Spong. 105, 109
caligatum, Trich. 58
Calocera 91
calochrous, Cort. 73
Calocybe 41
calopus, Bol. 8
Calvatia 88
Camarophyllus 17
campestris, Ag. 81
camphoratus, Lact. 20
candicans, Clit. 51
candolleana, Psath. 79
caninus, Cort. 76
caninus, Mutinus 89

Cantharellula 93
Cantharellus 93
caperatus, Roz. 67
capnoides, Hyph. 79
caput-medusae, Psath. 79
carbonaria, Geop. 95
carbonaria, Phol. 67
carcharias, Cyst. 56
carpini, Russ. 31, 32
castanea, Lep. 58
cavipes, Boletinus 4
ceciliae, Am. 54
Cerrena 103
cerussata, Clit. 51, 64
cervicolor, In. 72
cervinus, Plut. 63
Chalciporus 8
chamaeleontina, Russ. 33
charteri, Melastiza 94
chloroides, Russ. 29
Choiromyces 89
Chroogomphus 84
chrysapsis, Hygr. 16
chrysenteron, Xeroc. 9
chrysodon, Hygr. 16
chrysorrheus, Lact. 23
cibarius, Canth. 93
cicilioides, Lact. 21
ciliatus, Pol. 101
cimicarius, Lact. 20
cinerea, Clavu. 91
cinereus, Copr. 85
cinereus, Pseudocrat. 93
cinnabarina, Derm. 78
cinnabarinus, Pycno. 109
cinnamomea, Derm. 78
cinnamomeolutea, Derm. 78
cirratus, Creol. 90
citrina, Am. 59
citrinum, Scler. 87
claroflava, Russ. 28
clathroides, Heric. 90
Clathrus 89
Clavaria 91, 92
Clavariadelphus 92
clavatus, Gomphus 93
clavipes, Clit. 53
Clavulina 91, 92
cliduchus, Cort. 75
Clitocybe 51–53
Clitopilus 64
clypeatum, Ent. 65
clypeolaria, Lep. 58
coccinea, Hygr. 18
coccineocrenata, Hygr. 18
cochleatus, Lentinell. 62
coerulea, Russ. 35, 36
collinitus, Cort. 74
collinitus, Suill. 9
Collybia 13, 45–47, 64
colossus, Trich. 43
Coltricia 100, 102
columbetta, Trich. 41
comatus, Copr. 85
commune, Schiz. 61
comtulus, Ag. 82
confluens, Alb. 100
confluens, Coll. 47
confragosa, Daedaleopsis 103
conglobatum, Lyoph. 40
conica, Hygr. 17
conica, Morch. 96
conica, Verpa 97
conigena, Pseudohiat. 45
connatum, Lyoph. 40
Conocybe 67, 69
conspersa, Tub. 69
constans, Hygr. 18
cookei, Coll. 47
cookei, In. 71
Coprinus 15, 83–85
coralloides, Clav. 91
coralloides, Heric. 90
Cordyceps 92
corniculata, Ram. 91
cornucopiae, Pleur. 60
cornucopioides, Crat. 93
coronaria, Sarcosph. 94
coronilla, Stroph. 80
corrugis, Psath. 86
corticatus, Pleur. 62
Cortinarius 73–76
corydalina, In. 72
cossus, Hygr. 16
cotonea, Psath. 79
cotoneus, Cort. 77
crassipes, var. Morch. 96
Craterellus 93
Creolophus 90
Crepidotus 61
crispa, Helv. 97
crispa, Spar. 90
cristata, Lep. 58
cristata, Ram. 91
crocata, Myc. 48
crocea, Am. 54
crocea, Derm. 78
Crucibulum 94
crustuliniforme, Hebel. 75
cyanea, Stroph. 80
cyanescens, Gyrop. 7
cyanescens, Psil. 83
cyanoxantha, Russ. 30–32
cyathiformis, Pseudoclit. 52, 93
Cyathipodia 95
Cyathus 94
cylindracea, Agr. 15, 68
Cystoderma 56

Daedalea 103
Daedaleopsis 103
dealbata, Clit. 51
decastes, Lyoph. 40
decembris, Clit. 53
decipiens, Lact. 23
decolorans, Russ. 28, 37
delibutus, Cort. 74
delica, Russ. 29
deliciosus, Lact. 22
densifolia, Russ. 29
Dermocybe 77, 78
destruens, Phol. 14, 68
deterrimus, Lact. 22
dicolor, Clit. 53
digitaliformis, Verpa 97
Discina 98
disseminatus, Copr. 83
distorta, Coll. 46
domesticus, Copr. 84
dryadeus, Inonot. 106
dryinus, Pleur. 62
Dryodon = Hericium
dryophila, Coll. 46
dulcamara, In. 71
dura, Agr. 67
duracinus, Cort. 76
duriusculum, Lecc. 3

eburneus, Hygr. 16
echinatum, Lycop. 88

edulis, Bol. 6
edurum, Hebel. 75
elaeodes, Russ. 30
elastica, Helv. 97
elata, Morch. 96
elatior, Cort. 74
elegans, Suill. 4
elongatum, Hyph. 83
emetica var. betularum, Russ. 39
emetica var. emetica, Russ. 39
emetica var. silvestris, Russ. 39
Entoloma 65
epiphyllus, Mar. 50
epipterygia, Myc. 48
epixanthum, Hyph. 79
equestre, Trich. 41
erebia, Agr. 67
erinaceus, Heric. 90
erythropus, Bol. 5
esculenta, Gyrom. 98
esculenta, Morch. 96
esculentus, Strobil. 45
excelsa, Am. 55
excipuliformis, Calv. 88
excoriata, Macrolep. 57
eximia, Sarcosph. 94

fagi, Hygr. 19
faginea, Russ. 34
farinipes, Russ. 27
fasciculare, Hyph. 79
fastigiata, In. 72
fechtneri, Bol. 7
fellea, Russ. 27
felleus, Tylop. 8
filiformis, Macrotyph. 92
fimbriatum, Geast. 89
fimicola, Panae. 86
Fistulina 102, 109
fistulosa, Macrotyph. 92
flaccida, Lepista 52
flagellum, Heric. 90
Flammulina 13, 46
flava, Russ. 28
flavidus, Lact. 21
flavidus, Suill. 4
flavoalba, Myc. 49
flavobrunneum, Trich. 44
flavovirens, Trich. 41
flavus, Suill. 4
floccopus, Strobilom. 2
fluryi, Suill. 9
focale, Trich. 58
foenisecii, Panae. 83
foetens, Russ. 27
fomentarius, Fomes 108
Fomes 108
Fomitopsis 108
fracticum, Trich. 43
fragilipes, Xeroc. 9
fragilis, Russ. 31, 38, 39
fragrans, Clit. 51
frondosa, Grifola 100
fulva, Am. 54
fulvum, Trich. 44
fumosa, Bjerkand. 105
fumosa, Clav. 92
fumosum, Lyoph. 40
furfuracea, Tub. 69
fuscopurpurea, Coll. 47
fuscus, Lact. 25
fusipes, Coll. 13, 45

galericulata, Myc. 13, 49
Galerina 14, 67, 68
galopoda siehe galopus, Myc.
galopus, Myc. 48
gambosa, Calocybe 41
Ganoderma 100, 102, 108
Geastrum 89
gelatinosa, Leotia 98
gemmata, Am. 54, 59
gemmatum, Lyc. 88
gentilis, Cort. 78
geogenia, Hoh. 60, 62
geophylla, In. 72
geophylla var. lilacina, In. 72
Geopyxis 95
georgii, Trich. 41
geotropa, Clit. 52
gibba, Clit. 52
gibbosa, Tram. 104
gigantea, Lang. 87
giganteus, Aspropax. 51
giganteus, Merip. 102
gigas, Gyrom. 98
gigas, Morch. 96
gilva, Lepista 52
Gloeophyllum 103, 107
Gloeoporus = Bjerkandera
gloiocephala, Volv. 63
glutinosus, Gomph. 84
glyciosmus, Lact. 25
godeyi, In. 71
Gomphidius 84
Gomphus 93
gracilis, Gomph. 84
gracilis, Psath. 86
grammopodia, Melan. 42
granulatus, Suill. 9
granulosum, Cyst. 56
grevillei, Suill. 4
Grifola 100
grisea, Russ. 31
griseum, Lecc. 3
gummosa, Phol. 70
Gymnopilus 14, 68, 70
Gyromitra 98
Gyroporus 7

Hapalopilus 106
hariolorum, Coll. 47
Hebeloma 68, 75
Helvella 95, 97, 98
helveola, Lep. 58
helvus, Lact. 20
hemitrichus, Cort. 77
hepatica, Fist. 102, 109
Hericium 90
Heterobasidium 104, 108
heterophylla, Russ. 30, 32
Heteroporus 102
hirsuta, Tram. 104
hispidus, Inon. 106
Hohenbuehelia 60–62
holopun, Lecc. 3
hortensis, Ag. 81
hortensis, var. Macrolep. 56
hybrida, Morch. 96
hybridus, Gymn. 68, 70
Hydnum 90
Hydrocybe = Cortinarius
hydrogramma, Omph. 53
hydrophila, Psath. 83
Hygrocybe 17, 18
Hygrophoropsis 52, 93
Hygrophorus 16, 19
Hypholoma 15, 79, 83
hypnorum, Galer. 67
hypothejus, Hygr. 16

ichoratus, Lact. 20
igniarius, Phell. 108
imbricatus, Sarc. 90
imbricatum, Trich. 43
impudicus, Phallus 89, 96
inamomeum, Trich. 41
inclinata, Myc. 13
infractus, Cort. 75
infula, Gyrom. 98
infundibuliformis, Clit. 52
Inocybe 71
Inonotus 106
inquilina, Psil. 75
integerrimus, Cort. 74
integra, Russ. 34, 37
inversa, Clit. 52
involutus, Pax. 66
ionochlora, Russ. 31, 32
irina, Lepista 64

josserandii, Lep. 58
juncea, Macrotyph. 92
junonius, Gymn. 14, 68
jurana, In. 72

Kuehneromyces 14, 68

Laccaria 40
laccata, Lacc. 40
lacera, In. 72
lacrymabunda, Lacr. 86
Lacrymaria 86
Lactarius 20–25
lactea, Cono. 69
lactescens, Myc. 48
lacunosa, Helv. 97
Laetiporus 109
laeve, Crucib. 94
lagopus, Copr. 85
langei, Ag. 81
Langermannia 87
lanipes, Ag. 81
largus, Cort. 73
lascivum, Trich. 41
lateritia, In. 71
laurocerasi, Russ. 27
Leccinum 3
legaliae, Bol. 5
lenta, Phol. 67
Lentinellus 62
Lentinus 13, 62
Lenzites 103
leoninus, Plut. 63
Leotia 98
lepideus, Lent. 62
lepideus, Pol. 101
Lepiota 57, 58, 82
Lepista 52, 53, 64
leporina, Otidea 94
Leptoglossum 60
Leucoagaricus 57, 63, 82
Leucocoprinus 56
Leucocortinarius 43
leucogala, Myc. 48
leucomelaena, Boletopsis 100
leucomelaena, Helv. 95
leucothites, Leucoag. 57, 63, 82
lignyotus, Lact. 24
ligula, Clavariadelph. 92
lipsiense, Ganod. 108
lividum, Lyc. 88
longipes, Oudem. 45
lubrica, Leotia 98
lucidum, Ganod. 100, 102
lucifera, Phol. 67
lucorum, Hygr. 16
lupinus, Bol. 5
luridus, Bol. 5
lutea, Russ. 33
luteotacta, Russ. 39
luteus, Suill. 4
Lycoperdon 88
Lyophyllum 40

Macrolepiota 56, 57
Macropodia 95
macropus, Macropodia 95
Macrotyphula 92
maculata, Coll. 45, 64
maculata, Myc. 49
maculata, Russ. 39
maculatus, Gomph. 84
mairei, Russ. 39
mammosus, Lact. 45
Marasmius 47, 50
marginata, Galer. 14, 68
marzuolus, Hygr. 19
mastoidea, Macrolep. 57
meandriformis, Choir. 89
Megacollybia 42, 46
melaleuca, Melan. 42
melanocephalum, Geast. 89
Melanoleuca 42
Melastiza 94
meleagris, Ag. 82
mellea, Arm. 55
merdaria, Psil. 83
Meripilus 102
merismoides, Phlebia 109
Merulius 106
mesophaeum, Hebel. 75
metachroa, Clit. 53
micaceus, Copr. 85
Micromphale 50
miniata, Hygr. 18
miniatoporus, Bol. 5
mitis, Pan. 60
mitissimus, Lact. 20
Mitrophora = Morchella
Mitrula 98
mixtilis, In. 71
molle, Lyc. 88
mollis, Crep. 61
Morchella 96
mucida, Oudem. 13, 46, 55
mucifluum, Myxat. 74
mucosus, Cort. 74
multicolor, Tram. 104
muscaria, Am. 55
mustelina, Russ. 34
mutabilis, Kuehn. 14, 68
Mutinus 89
Mycena 13, 48, 49
Myxacium = Cortinarius

Naematoloma = Hypholoma
nanus, Plut. 63
naucina, Lep. 57, 82
nauseosa, Russ. 37
nebularis, Lepista 53
necator, Lact. 21
nemorensis, Cort. 73
nemoreus, Hygr. 19
Neogyromitra 98
nigrescens, Bov. 87
nigrescens, Hygr. 17
nigrescens, Lecc. 3
nigricans, Russ. 29
nitida, Russ. 35, 36
niveus, Cam. 17

niveus, Copr. 85
nuda, Lepista 64

obrussea, Hygr. 18
obscura, Arm. 55
obscura, Russ. 28
ochroleuca, Russ. 28, 32, 33
odora, Clit. 53
odoratum, Gloeoph. 107
olearius, Omphalotus 52
olivacea, Russ. 32, 36
olivaceoalbus, Hygr. 16
Omphalia = Clitocybe
Omphalotus 52
onotica, Otidea 94
oreades, Mar. 47, 50
orellanus, Cort. 77, 78
orirubens, Trich. 42
Osmoporus = Gloeophyllum
ostreatus, Pleur. 60
Otidea 94
Oudemansiella 13, 45–46, 56
ovinus, Alb. 100
oxydabile, Lecc. 3
Oxyporus 107

palmata, Teleph. 91
paludosa, Mitrula 98
paludosa, Russ. 37
Panaeolus 83, 86
Panellus 60, 62
pantherina, Am. 59
panuoides, Tapinella 61
Panus 62
papilionaceus, Panae. 86
parasiticus, Xeroc. 2
parazurea, Russ. 32
pardolatum, Trich. 42
pargamenus, Lact. 25
patouillardii, In. 71
Paxillus 66
pectinatoides, Russ. 27
penarius, Hygr. 19
penetrans, Gymn. 14, 70
perennis, Coltricia 100, 102
perforans, Micromph. 50
perlatum, Lyc. 88
peronata, Coll. 47
perrarus, Ag. 82
persicina, Russ. 39
personata, Lepista 64
pessundatum, Trich. 44
Peziza 94, 95
Phaeolus 102
phaeophthalma, Clit. 53
Phaeotellus 60
phalloides, Am. 59
Phallus 89, 96
Phellinus 107, 108
Phlebia 109
Phlegmacium = Cortinarius
phoenicea, Derm. 78
Pholiota 14, 67–68, 70
phollideus, Cort. 77
phyllophila, Clit. 51, 64
Phylloporia 107
Phyllotus 61
picaceus, Copr. 85
picinus, Lact. 24
piluliformis, Psath. 83
pini, Phell. 107
pinicola, Bol. 6
pinicola, Fomit. 108
pinophilus, Bol. 6
piperatus, Bol. 8
Piptoporus 102
Pisolithus 102
pistillaris, Clav. 92
placidus, Suill. 9
placomyces, Ag. 82
platyphylla, Megacoll. 42, 46
Pleurocybella = Phyllotus
Pleurotus 60–62
plicatilis, Copr. 84
plumbea, Bov. 87
Pluteus 63
poëtarum, Hygr. 19
polygramma, Myc. 13, 49
polymorpha, Bov. 87
Polyporus 100, 101
populinum, Trich. 44
populinus, Oxyporus 107
Porphyrellus 2
porphyria, Am. 59
porphyrosporus, Porph. 2
porrigens, Phyllotus 61
portentosum, Trich. 42
praecox, Agr. 67
praetervisa, In. 71
prasiosmus, Mar. 50
pratense, Vascell. 88
pratensis, Cam. 17
procera, Macrolep. 57
prona, Psath. 84
prunuloides, Ent. 65
prunulus, Clitop. 64
psammopun, Trich. 43
Psathyrella 15, 79, 83, 84, 86
Pseudoclitocybe 52, 93
Pseudocraterellus 93
pseudodelica, Russ. 29
Pseudohiatula = Strobilurus
pseudoscaber, Porphyr. 2
Psilocybe 75, 83
psittacina, Hygr. 18
Ptychoverpa = Verpa 97
pubescens, Lact. 21
pudens, Xerula 45
pudorinus, Hygr. 19
puellaris, Macrolep. 57
puellaris, Russ. 35
pulchella, Russ. 38
pulverulentus, Bol. 7
punicea, Hygr. 18
pura, Myc. 49
purpurea, Clavul. 92
purpurellus, Ag. 82
purpureus, Bol. 5
pusilla, Bov. 87
pustulatus, Hygr. 19
Pycnoporus 109
pyriforme, Lyc. 88
pyrotricha, Lacr. 86
pyxidatus, Artom. 91

quadrifidum, Geast. 89
queletii, Bol. 5
queletii, Russ. 35, 38
quercina, Daedalea 103
quietus, Lact. 20

rachodes, Macrolep. 56
rachodes var. hortensis, Macro. 56
radiatus, Inon. 106
radicans, Bol. 7, 8
radicata, Phlebia 109
radicata, Xerula (Oudem.) 45
radicosum, Hebel. 68
radicosum, Hyph. 79

Ramaria 91
Ramariopsis 91
ramosum, Heric. 90
regalis, Am. 55
regius, Bol. 6
repandum, Hyd. 90
repraesentaneus, Lact. 21
resimus, Lact. 21
reticulatus, Bol. 6
reticulatus, Bolb. 69
retirugris, Panae. 86
rhacodes siehe rachodes
Rhodophyllus = Entoloma
rhodopolium, Ent. 65
rhodoxanthus, Bol. 5
ribis, Phylloporia 107
rickenii, Cono. 69
rickenii, In. 71
rigida, Macrotyph. 92
rimosa, In. 71
rimosipes, Morch. 96
rivulosa, Clit. 51
robustus, Phell. 108
romellii, Russ. 31, 32, 36
rosella, Myc. 48
roseus, Gomph. 84
rotula, Mar. 50
Rozites 67
rubellus, Xeroc. 9
ruber, Clathrus 89
rubescens, Am. 55
rufescens, Geastr. 89
rufescens, Hyd. 90
rufoolivaceus, Cort. 73
rufum, Lecc. 3
rufus, Lact. 25
rugosa, Clavul. 92
rugosoannulata, Stroph. 80
rusiophyllus, Ag. 82
Russula 26–39
russula, Hygr. 19
rutilans, Hapalop. 106
rutilans, Trich. 13, 40
rutilus, Chroog. 84

saccatum, Lyc. 88
saeva, Lepista 64
salmonicolor, Lact. 22
sanguifluus, Lact. 22
sanguinea, Derm. 78
sanguinea, Russ. 39
sanguinolenta, Myc. 48
sapineus, Gymn. 70
saponaceum, Trich. 42
Sarcodon 90
Sarcomyxa 60
Sarcosphaera 94
sardonia, Russ. 35, 38
satanas, Bol. 5
satanoides, Bol. 5
scabrosus, Sarc. 90
scabrum, Lecc. 3
Schizophyllum 61
schweinizii, Phaeolus 102
sciodes, Trich. 42
Scleroderma 87
Sclerotinia 95
scorodonius, Mar. 50
scrobiculatus, Lact. 21
semiglobata, Stroph. 80
semilibera, Morch. 96
semisanguifluus, Lact. 22
semisanguinea, Derm. 78
semotus, Ag. 82
senescens, Hebel. 75
sepiarium, Gloeoph. 103
sepium, Ent. 65
sericeum, Ent. 65
serifluus, Lact. 20
serotina, Sarcomyxa 60
sessile, Geastr. 89
silvaticus, Ag. 81
silvicola, Ag. 82
sinapizans, Hebel. 75
sinopica, Clit. 52
sinuatum, Ent. 65
Skeletocutis 105
solaris, Russ. 27
solitaria, Am. 59
sordida, Lepista 64
spadiceogrisea, Psath. 83
spadiceum, Lyc. 88
Sparassis 90
speciosa, Volv. 63
speciosissimus, Cort. 77, 78
spectabilis, Gymn. 14, 68
sphinctrinus, Panae. 86
spissa, Am. 55
splendens, Clit. 52
Spongiporus 105, 109
squamosa, Stroph. 90
squamosus, Pol. 101
squarrosa, Phol. 14, 68
stephanocystis, Strobil. 45
stiparophyllum, Trich. 41
strangulata, Am. 54
striatus, Cyathus 94
stricta, Ram. 91
strobilaceus, Strobilom. = floccopus
strobiliformis, Am. 59
Strobilomyces 2
Strobilurus 45
Stropharia 79, 80, 83
stypticus, Pan. 60, 62
stypticus, Spongip. 105
suaveolens, Clit. 51, 64
suaveolens, Tram. 104
subannulatum, Trich. 43
subbalteatus, Panae. 86
subdulcis, Lact. 20
sublateritium, Hyph. 79
subovalis, Cono. 69
subtomentosus, Xeroc. 9
succosa, Pez. 94
Suillus 4, 7–9
sulphureum, Trich. 41
sulphureus, Laet. 109

tabidus, Lact. 23
Tapinella 61
Telamonia = Cortinarius
tenacellus, Strobil. 45
tenera, Cono. 69
tephroleucus, Spongip. 105
terreum, Trich. 42
terrigena, In. 71
testaceoscabrum, Lecc. 3
theiogalus, Lact. 23
Thelephora 91
tigrinum, Trich. 42
tigrinus, Lent. 13, 62
torminosus, Lact. 21
torosus, Bol. 5
torvus, Cort. 76
traganus, Cort. 76
Trametes 103, 104, 109
tremellosus, Merul. 106
Tricholoma 41, 58, 47–44
Tricholomopsis 13, 40

tridentinus, Suill. 4
triplex, Geastr. 89
trivialis, Cort. 74
trivialis, Lact. 23
truncatus, Clavariadelph. 62
tubaeformis, Canth. 93
Tubaria 69
tuberosa, Coll. 47
tuberosa, Sclerot. 95
turci, Russ. 35
turpis, Lact. 21, 25
Tylopilus 8
Tyromyces = Spongiporus

umbellatus, Pol. 100
umbonata, Cantharellula 93
umbrina, In. 71
umbrinolutea, Am. 54
umbrinum, Lyc. 88
unguinosa, Hygr. 17
unicolor, Cerrena 103
unicolor, Galer. 68
ustale, Trich. 44
utriformis, Calv. 88
uvidus, Lact. 23

vaginata, Am. 54
vaporarius, Ag. 81
varia, Pez. 95
variabilis, Crep. 61
variegatus, Suill. 7, 9
variicolor, Lecc. 3
varius, Cort. 73
varius, Pol. 101
Vascellum 88
velenovskyi, Russ. 37
vellereus, Lact. 21, 25
velutina, Psath. 86
velutinus, Lact. 21
velutipes, Flammulina 13,46
venenata, Macrolep. 56
venosus, Choir. 89
verna, Am. 59
vernum, Ent. 65
Verpa 97
verrucosum, Scler. 87
versicolor, Russ. 38
versicolor, Tram. 104
versipelle, Lecc. 3
vesca, Russ. 37
vesiculosa, Pez. 95
veternosa, Russ. 39
vibecina, Clit. 53
vietus, Lact. 24, 25
vinosa, Russ. 28, 36
violacea, Pez. 94
violacea, Russ. 31
violaceus, Cort. 77
violascens, Lact. 23
violeipes, Russ. 33
virescens, Russ. 30
virgatum, Trich. 42
virgineus, Cam. 17
virosa, Am. 59
viscidus, Suill. 4
viscosa, Calocera 91
vitellinus, Bolb. 69
volemus, Lact. 20
volvacea, Volv. 63
Volvariella 63
vulgare, Auriscalp. 90
vulgaris, Melan. 42
vulgaris, Myc. 48
xanthodermus, Ag. 82
xanthothrix, Copr. 84
xerampelina, Russ. 36
Xerocomus 2, 7, 9
Xerula 45
Xylaria 92

zonata, Tram. 104

Verzeichnis der deutschen Pilznamen

Die Zahlen bezeichnen die Tafel-Nr., nicht die Seite.

Ackerling 15, 67, 68
Frühlings- 67
Lederbrauner 67
Rissiger 67
Südlicher 15, 68
Anemonenbecherling 95
Austernpilz 60

Bärentatze 91
Becherkoralle 91
Becherling 94, 95
Blasenförmiger 95
Gelbmilchender 94
Kastanienbrauner 94
Riesen- 95
Violetter 94
Birkenpilz 3
Moor- 3
Rötender 3
Bischofsmütze 98
Bitterröhrling, Wurzelnder 7, 8
Bitterpilz 8
Blätterwirrling, Rötender 102, 103
Blättling 103
Birken- 103
Tannen- 103
Zaun- 103
Borstling, Mennigfarbiger 94
Bovist 87, 88
Beutel- 88
Bleigrauer- 87
Eier- 87
Hasen- 88
Heide- 87
Riesen- 87
Schwärzender 87
Brätling 20
Braunhäuptchen 7
Braunporling, Kiefern- 102
Breitblatt 42
Brotpilz 74
Butterpilz 4

Champignon siehe Egerling

Dachpilz 63
Flockigbereifter 63
Löwengelber 63
Rehbrauner 63
Schwarzschneidiger 63
Dauerporling, Gebänderter 102
Dickfuß 76, 77
Dunkelvioletter 77
Graubräunlicher 76
Lila 76
Rostbrauner 76
Safranfleischiger 76
Schuppiger 77
Weißvioletter 76
Düngerling 83, 86
Blasser 86
Dunkelrandiger 86
Dunkler 86
Glocken- 86
Heu- 83
Runzliger 86

Egerling 81, 82
Blut- 81
Breitschuppiger 81
Dünen- 81
Dünnfleischiger Anis- 82
Großer Wald- 81
Karbol- 82
Kleiner Blut- 81
Kompost- 81
Perlhuhn- 82
Riesen- 82
Schaf- 82
Scheiden- 81
Schiefknolliger Anis- 82
Stadt- 81
Strumpfband- 81
Tinten- 82
Wald- 81
Weißer Anis- 82
Weißer Gift- 82
Wiesen- 81
Wollfuß- 81
Zucht- 81
Zweisporiger 81
Zwerg- 82
Eichhase 100
Eierschwamm 93
Ellerling 17
Glasigweißer 17
Jungfern- 17
Orange- 17
Schnee- 17
Wiesen- 17
Erbsenstreuling 87
Erdschieber 25
Erdstern 89
Fransen- 89
Halskrausen- 89
Kleiner Nest- 89
Riesen- 89
Rotbrauner 89
Wimper- 89
Eselsohr 94

Fälbling 68, 75
Bräunender 75
Dunkelscheibiger 75
Gemeiner 75
Großer Kakao- 75
Kleiner Rettich- 75
Marzipan- 68
Rettich- 75
Tongrauer 75
Wurzelnder 68
Faltenschirmling, Gelber 56
Fältling, Gallertfleischiger 106
Faserkopf 66, 71, 72
Erdblättriger 72
Ziegelroter 71
Fette Henne 90
Feuerschwamm 107, 108
Eichen- 108
Gemeiner 108
Kiefern- 107
Flämmling 14, 68, 70
Ansehnlicher 68
Beringter 14, 68
Faserigberingter 68, 70
Geflecktblättriger 14, 70
Samtschuppiger 70
Tannen- 70
Fliegenpilz 55
Brauner 55
Königs- 55
Roter 55

Gabeling, Rötender 93
Gallertkäppchen, Grüngelbes 98
Gelbfuß, Kupferroter 84
Gitterling, Roter 89
Grünling 41
Gürtelfuß 76, 77
  Geschmückter 77
  Weißflockiger 77
  Wohlriechender 76

Haarschleierlinge 73–78
Haarstern 89
Habichtspilz 90
Hahnenkamm 91
Hallimasch 13, 55
  Braunschuppiger 55
  Dunkler 55
  Honiggelber 55
Hartbovist 87
  Braunwarziger 87
  Kartoffel- 87
Hartpilz 43
Hasenohr 94
Hasenpfote 85
Haubenpilz, Sumpf- 98
Häubling 14, 67, 68
  Moos- 67
  Nadelholz- 14, 68
  Überhäuteter 68
Hautkopf 78
  Blutblättriger 78
  Blutroter 78
  Gelbblättriger 78
  Zimt- 78
  Zinnoberroter 78
Helmling 12, 13, 48, 49
  Buntstieliger 13
  Gefleckter 49
  Gelbmilchender 48
  Klebriger 48
  Orangeschneidiger 48
  Purpurschneidiger 48
  Rettich- 49
  Rillstieliger 13, 49
  Rosablättriger 13, 49
  Rosaschneidiger 48
  Salpeter- 13, 49
  Überhäuteter 48
  Weißmilchender 48
  Zitronengelber 49
Herbsttrompete 93
Herkuleskeule 92
  Große 92
  Abgestutzte 92
Herrenpilz 6
Hexenröhrling 5
  Flockenstieliger 5
  Glattstieliger 5
  Netzstieliger 5
Holzritterling, Rötlicher 13, 40
Hörnling, Klebriger 91
Hundsrute, Gemeine 89

Kahlkopf 75, 83
  Dung- 83
  Klebhaut- 75
Kaiserling 59
Kammpilz, Orangeroter 109
Kapuziner 3
Karoffelbovist, Dickschaliger 87
Keule 92
  Heide- 92
  Rauchgraue 92
  Runzlige 92
  Zungen- 92
Klapperschwamm 100
Klumpfuß 73
  Bereifter 73
  Rosablättriger 73
  Violettroter 73
Knäuling, Birken- 62
Knoblauchpilz 50
Knollenblätterpilz 59
  Gelber 59
  Grüner 59
  Spitzhütiger 59
  Weißer 59
Knorpelporling, Orangeporiger 105
Kohlenbecherling 95
Koralle 91
  Kammförmige 91
  Rötliche 91
  Steife 91
Korallenpilz 91, 92
  Grauer 91
  Runzliger 92
Körnchenschirmling 56
  Amiant- 56
  Rauher 56
  Rostroter 56
  Starkriechender 56
Krause Glucke 90
Krempentricherling, Riesen- 51
Krempling 66
  Empfindlicher 66
  Kahler 66
  Samtfuß- 66
Kronenbecherling, Violetter 94
Krüppelfuß 61
  Gallertfleischiger 61
  Gemeiner 61
Kuhmaul 84
Kuhpilz 9

Lackporling 100, 102, 108
  Flacher 108
  Glänzender 100
Lacktrichterling 40
  Amethystblauer 40
  Rötlicher 40
Leberpilz 102, 109
Lederkoralle, Stinkende 91
Leistling 93
  Durchbohrter 93
  Grauer 93
Lorchel 95, 97, 98
  Elastische 97
  Frühjahrs- 98
  Gift- 98
  Gruben- 97
  Herbst- 97
  Hochgerippte 95
  Krause 97
  Langfuß- 95
  Mützen- 98
  Riesen- 98
  Schwarze 87
  Schwarzweiße 95

Maipilz 41
Medusenhaupt 79, 80
Mehlpilz 64
Milchling 20–25
  Birken- 21
  Blasser Duft- 25
  Blasser Violett- 24
  Dunkler Duft- 25
  Eichen- 20

Filziger 20
Flaumiger 21
Fransen- 21
Goldflüssiger 23
Graugefleckter 24, 25
Graugrüner 24, 25
Grubiger 21, 24
Kampfer- 20
Klebriger Violett- 23
Milder 20
Olivbrauner 21, 25
Orangeroter 20
Pechschwarzer 24
Pfeffer- 25
Queradriger 25
Rosaanlaufender 24
Rotbrauner 25
Runzel- 24
Samtiger 21
Schwarzkopf- 24
Schwefel- 23
Süßlicher 20
Trockener Violett- 23
Wäßriger 20
Wolliger 21, 25
Mistpilz 69
Gold- 69
Netzadriger 69
Mohrenkopf 24
Mönchskopf 52
Morchel 96
Dickfüßige 96
Halbfreie 96
Hohe 96
Käppchen- 96
Rund- 96
Speise- 96
Spitz- 96
Stink- 96
Mürbling 79, 83, 84, 86
Langstieliger 79
Lilablättriger 79
Rotschneidiger 86
Schmalblättriger 83
Wäßriger 83
Weg- 84
Muscheling 60–62
Blauschwarzer 61
Erd- 60, 62
Gelatinöser 61
Muschelkrempling 61
Muschelseitling, Gelbstieliger 60

Nagelschwamm = Zapfenrübling
Nebelkappe 53

Ochsenzunge 102, 109
Öhrling, Rötlicher 94
Ohrlöffel 90
Ölbaumtrichterling 52
Orangebecherling 94

Pantherpilz 59
Paprikapilz 25
Parasol 57
Pasterle 24
Perlpilz 55
Grauer 55
Pfifferling 52, 93
Echter 93
Falscher 52, 93
Trompeten- 93
Porling 100–102, 108, 109
Abgeflachter 108
Birken- 102
Dauer- 100
Löwengelber 101
Mai- 101
Riesen- 102
Rußgrauer 100
Schaf- 100
Schuppen- 101
Schwarzroter 101
Schwefel- 109
Semmel- 100
Weitlöcheriger 101
Winter- 101

Räsling, Mehl- 64
Rasling 40
Büschel- 40
Frost- 40
Lerchensporn- 40
Weißer 40
Rauchporling 105
Angebrannter 105
Graugelber 105
Rauhfuß 3
Gelber 3
Hainbuchen- 3
Pappel- 3
Rauhkopf 77, 78
Goldgelber 78
Olivbrauner 77
Orangefuchsiger 77, 78
Rotschuppiger 77
Spitzgebuckelter 77, 78
Rehpilz 90
Reifpilz 67
Reizker 20–25
Alpen- 22
Blut- 22
Bruch- 20
Echter 22
Edel- 22
Fichten- 22
Flatter- 23
Kiefern- 22
Lachs- 22
Moor- 21
Nordischer 23
Schmieriger Korallen- 24
Tannen- 21, 25
Zottiger 21
Riesenbovist 87
Rißpilz 66, 71, 72
Gerandetknolliger 71
Grünender 72
Grüngebuckelter 72
Häutigberingter 71
Hirschbrauner 72
Kegeliger 72
Rötender 71
Rundknolliger 71
Seidiger 72
Sternsporiger 71
Strohgelber 71
Struppiger 72
Weinroter 72
Ziegelroter 71 = Mai–
Ritterling 12, 40–44, 58, 41–44
Brandiger 44
Braungefleckter 58
Brennender 42
Echter 41
Erd- 42
Fastberingter 43
Gelbblättriger 44
Gerippter 44

Gestiefelter 58
Getropfter 44
Graublättriger 42
Halsband- 58
Krokodil- 58
Lärchen- 43
Lästiger 41
Mai- 41
Orangeroter 43
Pappel- 44
Riesen- 43
Rötender 42
Schnee- 42
Schuppiger 43
Schwarzfaseriger 42
Schwefel- 41
Seidiger 41
Seifen- 42
Strohblasser 41
Tiger- 42
Unangenehmer 41
Unverschämter 41
Weißbrauner 44
Widerlicher 41
Röhrenkeule 92
Binsen- 92
Stumpfe 92
Röhrling 2–8
Anhängsel- 6, 7
Bitter- 8
Blaßgelber 4
Blutroter 9
Bronze- 6
Butter- 4
Dickfuß- 8
Düsterer 2
Elfenbein- 9
Filziger 9
Gallen- 8
Gelber Bronze- 6
Gold- 4
Goldgelber Lärchen- 4
Grauer Lärchen- 4
Hohlfuß- 4
Königs- 6
Kornblumen- 7
Körnchen- 9
Kuh- 9
Maronen- 7
Moor- 4
Pfeffer- 5, 8
Porphyr- 2
Purpur- 5
Rostroter Lärchen- 4
Rotfuß- 9
Sand- 7, 9
Satans- 5
Schmarotzer- 2
Schwarzblauender 7
Sommer- 6, 7
Wurzelnder Bitter- 7, 8
Rötelritterling 52, 64
Fleischbrauner 64
Fuchsiger 52
Lilastieliger 64
Veilchen- 64
Violetter 64
Rotfüßchen 9
Rotkappe 3
Braune 3
Espen- 3
Schwarzschuppige 3
Rötling 65
Blaßbrauner Schlehen- 65
Frühlings- 65
Gift- 65
Mehl- 65
Niedergedrückter 65
Riesen- 65
Schild- 65
Seidiger 65
Rübling 12, 13, 45–47, 64
Braunknolliger 47
Breitblättriger 46
Brennender 47
Butter- 46
Drehstiel- 46
Fichtenzapfen- 45
Gefleckter 45, 64
Gelbknolliger 47
Horngrauer 46
Knopfstieliger 47
Purpurbrauner 47
Samtfuß- 13, 46
Seidiger 47
Spindeliger 13, 25
Striegeliger 47
Verdrehter 46
Waldfreund- 46
Winter- 13, 46
Rußporling, Grauer 100

Saftling 17, 18
Gebuckelter 18
Granatroter 18
Grauer 17
Kegeliger 17
Kirschroter 18
Mennigroter 18
Papageigrüner 18
Rußflockiger 18
Schuppiger 18
Schwärzender 17
Zitronengelber 18
Saftporling 105, 109
Blauender 105, 109
Grauweißer 105
Herber 105
Sägeblättling 62
Getigerter 13, 62
Schuppiger 62
Samthäubchen 67, 69
Dung- 69
Frühlings- 67
Milchweißes 69
Rotbraunes 69
Sandpilz 9
Satanspilz 5
Saumpilz 15, 79, 86
Lilablättriger 15
Tränender 86
Zarter 15, 79
Schafeuter 100
Scharfporling, Treppenförmiger 107
Scheidling 63
Ansehnlicher 63
Schwarzstreifiger 63
Wolliger 63
Scheintrichterling, Kaffeebrauner 93
Schichtporling, Rotrandiger 108
Schillerporling 106
Strahliger 106
Tropfender 106
Zottiger 106
Schirmling 58
Fleischbräunlicher 58
Fleischrötlicher 58
Kamm- 58

Rotbrauner 58
Stink- 58
Wollstiel- 58
Schirmpilz 56, 57, 63, 82
Acker- 57
Garten- 56
Geschundener 57
Gift- 56
Jungfern- 57
Kegelschuppiger 57
Riesen- 57
Rosablättriger 57, 63, 82
Rötender 56
Safran- 56
Warzen- 57
Schleierritterling, Knolliger 43
Schleimfuß 74
Blaublättriger 74
Blaustiel- 74
Heide- 74
Kastanienbrauner 74
Langstieliger 74
Natterstieliger 74
Runzeliggeriefter 74
Schleimkopf 73, 75
Bitterer 75
Blasser 73
Gelbgegürtelter 75
Semmelbrauner 73
Verfärbender 73
Schleimrübling 13, 45, 46, 55
Beringter 55
Buchen- 13, 46, 55
Wurzel- 45
Schmerling 9
Brauner 9
Schmierling 84
Fleckender 84
Gefleckter 84
Großer 84
Rosenroter 84
Schneckling 16, 19
Elfenbein- 16
Fester 19
Frost- 16
Gelbblättriger 16
Gelbflockiger 16
Gelbrandiger 16
Goldzahn- 16
Hain- 19
Isabellrötlicher 19
Lärchen- 16
März- 19
Natternstieliger 16
Olivbrauner 16
Orange- 19
Purpur- 19
Rosa 19
Schwarzflockiger 19
Schwarzpunktierter 19
Trockener 19
Verfärbender 16
Wald- 19
Wohlriechender 19
Schüppling 14, 15, 67, 68, 70
Erlen- 70
Fettiger 67
Hochthronender 14, 68
Kohlen- 67
Pappel- 14, 68
Runzel- 67
Safranroter 70
Schleimiger 70
Sparriger 14, 68
Strohblasser 70
Tonfalber 67
Südlicher 15
Weißbehangener 70
Schwefelkopf 15, 79, 83
Geselliger 83
Graublättriger 79
Grünblättriger 15, 79
Rauchblättriger 15, 79
Torfmoos- 83
Wurzelnder 79
Ziegelroter 15, 79
Schweinsohr 93
Schwindling 12, 47, 50
Aderblättriger 50
Großer Knoblauch- 50
Halsband- 50
Küchen- 50
Langstiel Knoblauch- 50
Nadel- 50
Nelken- 47, 50
Roßhaar- 50
Seitling 60–62
Austern- 60
Berindeter 62
Ohrförmiger 61
Rillstieliger 60
Spaltblättling 61
Spargelpilz 85
Stachelbart 90
Alpen- 90
Ästiger 90
Dorniger 90
Igel- 90
Tannen- 90
Stacheling 90
Gallen- 90
Habichts- 90
Stachelseitling, Dorniger 90
Staubbecher, Wiesen- 88
Stäubling 88
Beutel- 88
Birnen- 88
Brauner- 88
Flaschen- 88
Getäfelter 88
Igel- 88
Kastanienbrauner 88
Wiesen- 88
Steinpilz 6, 7
Eichen- 6
Gelber 6, 7
Kiefern- 6
Rothütiger 6
Schwarzhütiger 6
Sommer- 6
Tannen- 6
Stinkmorchel, Gemeine 89
Stockschwämmchen 14, 68, 83
Weißstieliges 15, 83
Stoppelpilz 90
Rotgelber 90
Semmel- 90
Strauchporling, Stachelbeer- 107
Streifling 54
Fuchsiger 54
Grauer 54
Orangegelber 54
Riesen- 54
Verfärbender 54
Strubbelkopf 2

Täubling 26–39
Amethyst- 35
Apfel- 37

Birken-Spei- 39
Blaugrüner 32
Blutroter 39
Brauner Leder- 34, 37
Buchen-Herings- 34
Buchen-Spei- 39
Buckel- 35, 36
Camembert- 27
Dickblättriger Schwarz- 29
Dotter- 33
Felderiger 30
Fleischroter Speise- 37
Frauen- 30, 31, 32
Gallen- 27
Gefleckter 39
Gelber Graustiel- 28
Gelbfleckender 39
Gelbweißer 28, 32
Gemeiner Weiß- 29
Geriefter Weich- 37
Glanz- 35, 36
Gold- 37
Grasgrüner 30
Grasgrüner Birken- 30
Grüner Herings- 30
Grüner Speise- 30, 32
Grünschuppiger 30
Hainbuchen- 31, 32
Heimtückischer 34
Jodoform- 35
Kiefern-Spei- 39
Kratzender Kamm- 27
Mandel- 27
Mehlstiel- 27
Milder Wachs- 35
Orangeroter Graustiel- 28, 37
Papagei- 31, 32
Purpurschwarzer 35, 38
Rauchbrauner 29
Roter Herings- 36
Rotstieliger Leder- 32, 36
Scharfblättriger 29
Scharfer Honig- 39
Schmalblättriger Weiß- 29
Schwarzanlaufender 29
Schwarzfleckender 39
Sonnen- 27
Spei- 39
Stachelbeer- 35, 38
Stink- 27
Tauben- 31
Tränen- 35
Verblassender 38
Vielfarbiger 38
Violettbrauner 34
Violetter 31
Violettgrüner 30–32
Violettstieliger 33
Wechselfarbiger Spei- 31, 38, 39
Weicher 33
Weinroter Graustiel- 28, 36
Weißstieliger Leder- 31, 32, 36
Wiesel- 34
Zedernholz- 34, 38
Ziegelroter 37
Zitronen- 32, 33
Zitronenblättriger 35
Zitronenblättriger Tränen- 38
Teuerling 94
Gestreifter 94
Tiegel- 94
Tintenfischpilz 89
Tintling 15, 83–85
Elstern- 85
Falten- 85
Gelbschuppiger 84
Gesäter 83
Glimmer- 85
Grauer 85
Haus- 84
Knoten- 85
Scheibchen- 84
Schneeweißer 85
Schopf- 85
Specht- 85
Struppiger 85
Totentrompete 93
Tramete 104, 107, 109
Anis- 104
Fenchel- 107
Gebuckelte 104
Gezonte 104
Schmetterlings- 104
Striegelige 104
Zinnoberrote 109
Träuschling 80
Blauer 80
Bläulicher 80
Grünspan- 80
Halbkugeliger 80
Krönchen- 80
Kultur- 80
Riesen- 80
Schuppiger 80
Trichterling 12, 51–53, 64
Bitterer 53, 64
Bleiweißer 51
Duft- 51, 64
Falber Riesen- 52
Feld- 51
Gelbbrauner 52
Grüner Anis- 53
Kaffeebrauner 52
Keulenfuß- 53
Nebelgrauer 53
Ranziger 53
Rinnigbereifter 51
Staubfüßiger 53
Treibhaus- 51
Wachsstieliger 51
Wasserfleckiger 52
Weicher 53
Wiesen- 51, 53
Winter- 52
Trompetenschnitzling 69
Flockiger 69
Winter- 69
Trüffel 87, 89
Böhmische 87
Deutsche 89

Verpel 97
Böhmische 97
Fingerhut- 97
Runzel- 97

Wachstrichterling, Rötender 93
Warzenpilz, Stinkender 91
Wasserkopf, Wurzelnder 76
Weichporling, Zimtfarbener 106
Weichritterling 42
Kurzstieliger 42
Schwarzweißer 42
Weißtrüffel 89
Wiesenkoralle, Mehl- 91
Wirrkopf 66, 72
Gemeiner 72
Wirrling 103

Aschgrauer 103
Eichen- 103
Wulstling 54, 55, 59
Einsiedler 59
Fransiger 59
Gedrungener 55
Grauer 55
Kartoffel- 59
Kegelhütiger 59
Nazissengelber 54, 59
Porphyrbrauner 59
Wurzelrübling, Samtiger 45
Wurzelschwamm 104, 108

Zähling, Anis- 62
Zapfenrübling 45
Milder 45
Bitterer 45
Ziegenlippe 9
Zigeuner 67
Zunderschwamm 108
Echter 108
Falscher 108
Zwergknäuling 60, 62
Eichen- 60, 62
Herber 60, 62
Milder 60
Zwergmuscheling, Nadel- 60